東京大学工学教程

基礎系 数学
非線形数学

東京大学工学教程編纂委員会 編

吉田善章
永長直人
石村直之　著
西成活裕

Nonlinear
Mathematics
SCHOOL OF ENGINEERING
THE UNIVERSITY OF TOKYO

丸善出版

東京大学工学教程

編纂にあたって

　東京大学工学部，および東京大学大学院工学系研究科において教育する工学はいかにあるべきか．1886年に開学した本学工学部・工学系研究科が125年を経て，改めて自問し自答すべき問いである．西洋文明の導入に端を発し，諸外国の先端技術追奪の一世紀を経て，世界の工学研究教育機関の頂点の一つに立った今，伝統を踏まえて，あらためて確固たる基礎を築くことこそ，創造を支える教育の使命であろう．国内のみならず世界から集う最優秀な学生に対して教授すべき工学，すなわち，学生が本学で学ぶべき工学を開示することは，本学工学部・工学系研究科の責務であるとともに，社会と時代の要請でもある．追奪から頂点への歴史的な転機を迎え，本学工学部・工学系研究科が執る教育を聖域として閉ざすことなく，工学の知の殿堂として世界に問う教程がこの「東京大学工学教程」である．したがって照準は本学工学部・工学系研究科の学生に定めている．本工学教程は，本学の学生が学ぶべき知を示すとともに，本学の教員が学生に教授すべき知を示す教程である．

2012年2月

　　　　　2010–2011年度
　　　　　東京大学工学部長・大学院工学系研究科長　　北　森　武　彦

東京大学工学教程

刊行の趣旨

　現代の工学は，基礎基盤工学の学問領域と，特定のシステムや対象を取り扱う総合工学という学問領域から構成される．学際領域や複合領域は，学問の領域が伝統的な一つの基礎基盤ディシプリンに収まらずに複数の学問領域が融合したり，複合してできる新たな学問領域であり，一度確立した学際領域や複合領域は自立して総合工学として発展していく場合もある．さらに，学際化や複合化はいまや基礎基盤工学の中でも先端研究においてますます進んでいる．

　このような状況は，工学におけるさまざまな課題も生み出している．総合工学における研究対象は次第に大きくなり，経済，医学や社会とも連携して巨大複雑系社会システムまで発展し，その結果，内包する学問領域が大きくなり研究分野として自己完結する傾向から，基礎基盤工学との連携が疎かになる傾向がある．基礎基盤工学においては，限られた時間の中で，伝統的なディシプリンに立脚した確固たる工学教育と，急速に学際化と複合化を続ける先端工学研究をいかにしてつないでいくかという課題は，世界のトップ工学校に共通した教育課題といえる．また，研究最前線における現代的な研究方法論を学ばせる教育も，確固とした工学知の前提がなければ成立しない．工学の高等教育における二面性ともいえ，いずれを欠いても工学の高等教育は成立しない．

　一方，大学の国際化は当たり前のように進んでいる．東京大学においても工学の分野では大学院学生の四分の一は留学生であり，今後は学部学生の留学生比率もますます高まるであろうし，若年層人口が減少する中，わが国が確保すべき高度科学技術人材を海外に求めることもいよいよ本格化するであろう．工学の教育現場における国際化が急速に進むことは明らかである．そのような中，本学が教授すべき工学知を確固たる教程として示すことは国内に限らず，広く世界にも向けられるべきである．2020 年までに本学における工学の大学院教育の 7 割，学部教育の 3 割ないし 5 割を英語化する教育計画はその具体策の一つであり，工学の

教育研究における国際標準語としての英語による出版はきわめて重要である．

　現代の工学を取り巻く状況を踏まえ，東京大学工学部・工学系研究科は，工学の基礎基盤を整え，科学技術先進国のトップの工学部・工学系研究科として学生が学び，かつ教員が教授するための指標を確固たるものとすることを目的として，時代に左右されない工学基礎知識を体系的に本工学教程としてとりまとめた．本工学教程は，東京大学工学部・工学系研究科のディシプリンの提示と教授指針の明示化であり，基礎（2年生後半から3年生を対象），専門基礎（4年生から大学院修士課程を対象），専門（大学院修士課程を対象）から構成される．したがって，工学教程は，博士課程教育の基盤形成に必要な工学知の徹底教育の指針でもある．工学教程の効用として次のことを期待している．

- 工学教程の全巻構成を示すことによって，各自の分野で身につけておくべき学問が何であり，次にどのような内容を学ぶことになるのか，基礎科目と自身の分野との間で学んでおくべき内容は何かなど，学ぶべき全体像を見通せるようになる．
- 東京大学工学部・工学系研究科のスタンダードとして何を教えるか，学生は何を知っておくべきかを示し，教育の根幹を作り上げる．
- 専門が進んでいくと改めて，新しい基礎科目の勉強が必要になることがある．そのときに立ち戻ることができる教科書になる．
- 基礎科目においても，工学部的な視点による解説を盛り込むことにより，常に工学への展開を意識した基礎科目の学習が可能となる．

　　　　　東京大学工学教程編纂委員会　　委員長　光　石　　　衛
　　　　　　　　　　　　　　　　　　　　幹　事　吉　村　　　忍

基礎系 数学
刊行にあたって

　数学関連の工学教程は全17巻からなり，その相互関連は次ページの図に示すとおりである．この図における「基礎」，「専門基礎」，「専門」の分類は，数学に近い分野を専攻する学生を対象とした目安であり，矢印は各分野の相互関係および学習の順序のガイドラインを示している．その他の工学諸分野を専攻する学生は，そのガイドラインに従って，適宜選択し，学習を進めて欲しい．「基礎」は，ほぼ教養学部から3年程度の内容ですべての学生が学ぶべき基礎的事項であり，「専門基礎」は，4年生から大学院で学科・専攻ごとの専門科目を理解するために必要とされる内容である．「専門」は，さらに進んだ大学院レベルの高度な内容で，「基礎」，「専門基礎」の内容を俯瞰的・統一的に理解することを目指している．

　数学は，論理の学問でありその力を訓練する場でもある．工学者はすべてこの「論理的に考える」ことを学ぶ必要がある．また，多くの分野に分かれてはいるが，相互に密接に関連しており，その全体としての統一性を意識して欲しい．

＊　　＊　　＊

　本書では，近年急速に発展している非線形現象の数学的アプローチについて述べる．「重ね合わせの原理」に基づく線形な系の解析は大きな成功を収めており数学の古典的内容を形成しているが，一方で自然界，社会現象など現実の世界は非線形性に満ちており，その数学的記述は工学にとって極めて重要なテーマである．前半の2つの章では，非線形数学の基礎的事項をまとめ，全体像を概観する．後半は，非線形現象の3つの典型例として，スケーリングとくりこみ群，分岐・アトラクター・カオス，非線形波動・ソリトンを取り上げ，その解析方法を詳述する．

東京大学工学教程編纂委員会
数学編集委員会

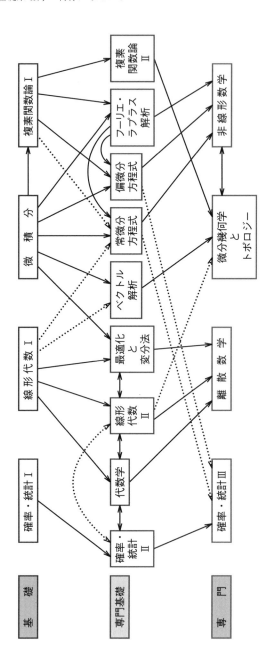

工学教程（数学分野）の相互関連図

目　　　次

はじめに 1

1 非線形数学へ向けた序説 5
　1.1 線形理論の概観 5
　　1.1.1 ベクトル空間と線形写像 5
　　1.1.2 定義域，値域 8
　　1.1.3 核，余核 9
　　1.1.4 スペクトル分解 10
　　1.1.5 グラフ 15
　　1.1.6 線形作用素の環 17
　　1.1.7 線形作用素の関数 20
　1.2 非線形現象の原形 22
　　1.2.1 スケール 23
　　1.2.2 非線形領域 24
　　1.2.3 特異性 26
　　1.2.4 襞 29

2 基本となる方法 33
　2.1 トポロジー的方法 33
　　2.1.1 写像度 33
　　2.1.2 不動点定理 35
　2.2 解析学的方法 37
　　2.2.1 逐次代入法 38
　　2.2.2 単調作用素 42
　　2.2.3 変分法 48
　2.3 代数学的方法 50

　　　　2.3.1　線形理論に潜む非線形問題 50
　　　　2.3.2　Lax 方程式 51
　　　　2.3.3　代数的構造と対称性 57
　　2.4　幾何学的方法 63
　　　　2.4.1　Hamilton 力学の一般的形式 63
　　　　2.4.2　正準形式とシンプレクティック幾何学 74
　　　　2.4.3　非正準 Hamilton 力学系と葉層構造 77
　　　　2.4.4　対称性と可積分性 81

3　スケーリングとくりこみ群　　　　　　　　　　　　　　　　　87
　　3.1　問題の導入——相転移と臨界現象 87
　　3.2　汎関数積分と鞍点法 90
　　3.3　スケーリング仮説と異常次元 94
　　3.4　くりこみ群 100
　　　　3.4.1　くりこみ群の方程式 101
　　　　3.4.2　固定点 102
　　　　3.4.3　固定点のまわりの挙動 103
　　　　3.4.4　臨界指数の計算 105

4　分岐・アトラクター・カオス　　　　　　　　　　　　　　　　113
　　4.1　典型的な非線形方程式 113
　　　　4.1.1　Lorenz 方程式 113
　　　　4.1.2　反応拡散方程式 114
　　　　4.1.3　Navier-Stokes 方程式 115
　　4.2　平衡点の安定性 117
　　　　4.2.1　線形系の場合 117
　　　　4.2.2　線形化方程式 120
　　　　4.2.3　安定多様体・不安定多様体 122
　　4.3　分岐理論 125
　　　　4.3.1　1パラメタ分岐 126
　　　　4.3.2　中心多様体定理 130
　　4.4　アトラクター 133

- 4.4.1 作用素の半群 134
- 4.4.2 吸引集合とアトラクター 138
- 4.4.3 例: Lorenz 方程式 142
- 4.4.4 例: 非線形偏微分方程式 143
- 4.4.5 アトラクターの安定性 145
- 4.5 カ オ ス 146
  - 4.5.1 Li-Yorke の定理 147
  - 4.5.2 カオスとは何か 150
  - 4.5.3 Hausdorff 次元・フラクタル次元 152
  - 4.5.4 Lyapunov 次元 155

5 非線形波動・ソリトン 159
- 5.1 は じ め に 159
  - 5.1.1 ソリトン小史 159
  - 5.1.2 非線形と分散 160
  - 5.1.3 ソリトン方程式と物理系 165
  - 5.1.4 ソリトンの性質 168
- 5.2 ソリトン理論 170
  - 5.2.1 直 接 法 170
  - 5.2.2 Lax ペ ア 173
- 5.3 Painlevé テスト 177
  - 5.3.1 常微分方程式の Painlevé 性 178
  - 5.3.2 偏微分方程式の Painlevé 性 181
- 5.4 ソリトン方程式の階層 183
  - 5.4.1 Burgers 方程式の階層 183
  - 5.4.2 KP 階 層 188
  - 5.4.3 ソリトン解の構成 192
- 5.5 曲線の運動とソリトン 194
- 5.6 超 離 散 法 199
  - 5.6.1 セルオートマトン 199
  - 5.6.2 超離散法とは 201
  - 5.6.3 超離散 Burgers 方程式 202

5.6.4 超離散法の課題 205

参 考 文 献 **207**

索　　引 **209**

は じ め に

　無定形なものは体系にはならない．しかし，新しいものはいつも最初は無定形である．「非線形」とは，無定形な概念だ．そもそも「線形ではないもの」という規定の仕方が「線形」という定形概念に依存しているのだから，その定義からして派生的あるいは二次的である．実際，非線形に係る数学は，その定義の曖昧さもあって，研究上も教育上も線形理論の「二の次」におかれてきた．状況が一変するのは 20 世紀も終わりに近づいてからだ．非線形は新しい数学を生み出す母胎として期待を集め始めたのである．

　本書の目標は，したがって，非線形を体系として語ることではない．新しい学問を生み出す母胎としての非線形を，その中に生まれたテーマを中心として記述することである．同時に，テーマを理論にしていくための方法を概観することである．

　非線形数学の対象は，線形理論の補集合ではなく，線形理論を包摂する，より大きな世界だと考えよう．2 つの変数の間にまず発見されるのは比例関係 (線形法則) であろう．理科で教わるのも，だいたい最初は比例関係である．Ohm の法則は電流と電圧の比例関係 (比例係数は電気抵抗)，バネの弾性法則は荷重とバネの伸びの比例関係 (比例係数は弾性係数)，Newton の第 2 法則は加速度と力の比例関係 (比例係数は質量)，などなど．これらは，変数の変動範囲が小さいときだけに成り立つ近似法則であることが，やがて明らかになる．非線形の世界には，線形モデルでは記述すること，理解することができない，より根本的な秩序あるいは複雑性が現れる．それらに迫る挑戦が非線形数学である．

　本書は，4 人の著者によるオムニバスであり，現代の科学技術諸分野で問題となっている非線形現象の数理をおよそ総覧できる内容にしたつもりである．

　前半の 1 章および 2 章は非線形数学の基礎的事項をまとめたものであり，吉田善章が執筆した．1 章は非線形数学への序章である．まず線形理論の体系を概観し，その版図を確認する．次に，線形モデルを変形することでどのような非線形現象が生まれるのかをみる．数学の理論は，極言すれば空間の理論である．非線

形というテーマが数学において何を意味するのかを，空間の高次元・無限次元化と空間の変形という2つの軸で概観する．

2章「基本となる方法」では，非線形数学の基本的な方法をトポロジー的，解析学的，代数学的，幾何学的というカテゴリーに整理して学ぶ．これらはすでに古典ともいえるが，現代的な理論の礎となるものであり，本書の後半の章を学ぶために必要な事項である．非線形という「テーマの交差点」から，ここに交流しあうさまざまな数学の広がりを見渡すことも大きな喜びである．脚注などを利用しながら，本書のレベルを超えると思われる事項についても簡単な解説を (粗雑だとの誹りをおそれず) 試みた．参考文献をあげるので発展的な学習の手掛かりにしてもらいたい．

後半では，非線形現象の典型を3つのカテゴリーに整理し，具体的な問題を参照しつつ，数学的なアプローチを説明した．

3章「スケーリングとくりこみ群」は永長直人が執筆した．本章では，非線形な相互作用を扱う汎用性のある方法論の1つとして，スケーリング理論とくりこみ群理論を説明する．非線形性を一度に扱うのではなく「少しずつほぐすように繰り返し」取り入れることで，理論の形がどのように変化していくかを追跡する一連の微分方程式を導くことができる．この微分方程式自身は解析的だが，その漸近解として特異性をもつ解が現れるのである．「困難を微小部分に分割し，それぞれを解析した後に統合する」という近代科学の精神が見事に具現化した格好のテーマである．物理学における相転移と臨界現象を例にとって，この方法論の実践例を示す．

4章「分岐・アトラクター・カオス」は石村直之が執筆した．本章では，Lorenz方程式や拡散方程式などの，主に散逸系の非線形方程式を例にして，非線形数学における基本的な解析手法である分岐理論やアトラクターの理論を概観する．アトラクターの理論では，偏微分方程式の定める半群の性質を利用して，適用範囲の広い一般的な観点からの取扱いを紹介する．さらに，散逸系のカオスに関して，カオスを判定するためのHausdorff次元やフラクタル次元などを学ぶ．

5章「非線形波動・ソリトン」は西成活裕が執筆した．本章では，厳密に解ける非線形を扱うソリトン理論について説明する．物理的に重要な役割を果たしている非線形波動を表す偏微分方程式は，残念ながら一般に解析的に解くことは困難である．しかし，その中でも厳密解を求めることができる一群の方程式が存在する．本章ではこれら可解な非線形方程式のさまざまな解法やヒエラルキー，そ

して非線形方程式が可解かどうか判定する方法等について学ぶ．さらにソリトン理論の発展として，幾何学への応用や超離散法についても述べた．

初めに述べたように，「非線形」は体系を成した学問領域を指す形容詞ではない．新しい領域を探求する，あるいは構造化してしまった体系を解体する「動き」を表現する言葉である．しかし，新しいものを求める運動には常にあるように，非線形を標榜するさまざまな言説や研究には，粗暴なものが入り混じっていることも否めない．ほとんどの非線形方程式は解析的には解けないのだから，もはや数学は役に立たないだとか，本当は非線形だから線形理論は嘘(フィクション)だとか，およそ数学ができないことの言い訳にしか聞こえないような説を唱えるむきもある．そもそも数学の概念である非線形とは何かを数学的に正しく理解し，創造的な理論につなげていくために必要な事項を学んでもらうこと，これが本書の目的である．非線形数学とよび得るものを網羅できたとは考えていないが，基本的な概念，考え方，模範的な技法をコンパクトにまとめたと思う．オムニバスという執筆形式を採ったことは，この目的のために妥当な選択であったと考えている．

本書は工学教程 基礎系 数学の専門に位置付けられる教科書として書かれたものであるから，初等的な数学(線形代数や基本的な解析学)の知識を前提としている．しかし，逆にある程度先端的なテーマを学ぶことで初等的な事項の「意味」が明らかになることもある．必ずしも盤石な基礎がなくても，まず理論の雰囲気を知ることは有用である．本書が，非線形とは何かのインスピレイションを与えることを期待する．

1 非線形数学へ向けた序説

非線形とは,いわゆる「線形理論」という限定された数学的枠組みでは記述したり分析したりすることができない対象を包括的に指示する言葉である.したがって,まず線形理論の守備範囲を了解し,どのような問題がその埒外に存在するのかを知る必要がある.1.1 節では,まず線形理論を概観する.その本質は空間 (あるいはグラフ) の高次元化そして無限次元化である.これに対して,非線形理論が目指す方向は,いわば空間の変形である.1.2 節では,x-y 平面の範囲で「非線形現象」すなわち変形したグラフによって発現する数理現象を観察しよう.現代の非線形数学は,高次元・無限次元の世界で非線形を考える.それへ向けた序説として,この 2 つの軸 ——空間の高次元化と変形—— を準備するのが本章の目的である.

1.1 線形理論の概観

比例関係 $y = ax$ (a は比例係数とよばれる定数) が線形モデルの基本である.この関係を表すグラフが直線であることから,比例関係を一般化する諸概念を **線形** (linear) という形容詞で表す.

ここで一般化というのは,変数 x と y それぞれが属する空間を多次元のベクトル空間へ拡張すること,さらにベクトル空間を関数空間 (いわゆる無限次元のベクトル空間) にすること,もっといくと数ではない作用素を係数とする加群へ拡張することである.それに伴って,比例係数であった a は,数から行列へ,さらに一般化された作用素へと拡張されるのである.

1.1.1 ベクトル空間と線形写像

線形理論の壮大な体系を根本で支えているのは,分解・合成という概念操作である.私たちが最初にベクトルという概念を習うのは,物理で力の分解・合成を教わるときであろう.「矢印」によって表象されるベクトルは「平行四辺形」を使っ

て幾何学的に分解・合成できるのであった．このことを抽象化して代数的に表現するためには，和とスカラー倍で構成される**ベクトル算法**を約束として定める必要がある．ベクトル算法が定義された集合を**ベクトル空間** (あるいは線形空間) という．つまり集合 X がベクトル空間であるとは，X 上で自由に

$$a_1\boldsymbol{x}_1 + a_2\boldsymbol{x}_2$$

という計算ができるということを意味する．ここで $\boldsymbol{x}_1, \boldsymbol{x}_2$ (これらを**ベクトル**という) は X の元であり，比例係数にあたる a_1, a_2 (これらを係数あるいはスカラーという) は実数あるいは複素数にとるのが普通である．スカラーの集合 (体) を $\mathbb{K}$ と書き，X を $\mathbb{K}$ 上のベクトル空間という．$a_1\boldsymbol{x}_1 + a_2\boldsymbol{x}_2 \mapsto \boldsymbol{x}$ はベクトルの合成を意味する写像であり，X の元 $\boldsymbol{x}$ が常に一意的に定められる．逆に $\boldsymbol{x} \mapsto a_1\boldsymbol{x}_1 + a_2\boldsymbol{x}_2$ はベクトルの分解を意味する．

例 1.1 [連続関数の空間] 関数の集合もベクトル空間と考えることができる．例えば，実数直線上の区間 $[0,1]$ で定義された連続関数の集合 $C[0,1]$ においては，その元について各点 $x \in [0,1]$ で

$$(a_1 u_1 + a_2 u_2)(x) = a_1 u_1(x) + a_2 u_2(x) \tag{1.1}$$

とおいてベクトル算法が定義される．左辺は $(a_1 u_1 + a_2 u_2)$ という新しい関数の x における値という意味である．したがって，連続関数たちはベクトルであり，関数空間 $C[0,1]$ はベクトル空間である． ◁

関数空間をベクトル空間だと考えるためには，例えば式 (1.1) で定義したように，ベクトル算法に意味を与えなくてはならない．連続とは限らない関数に対しては，各点の関数値にもとづいた計算ができないので，ベクトル算法が意味することも式 (1.1) のように理解することはできない．まずベクトル空間の元を同定する基準が必要なのである．それは空間に与えられる位相に応じて定められる (ベクトル算法と位相が定義された空間という意味で位相ベクトル空間とよばれる)．よく使われるのは，**ノルム**によって距離を定義して位相を定めるノルム空間である (ノルムを $\|u\|$ のように書く)．解析学的な議論を行うためには，空間が完備 (つまり Cauchy 列の極限が常に空間の内部に存在する) でなくては都合が悪い．完備なノルム空間を **Banach 空間**とよぶ．$C[0,1]$ についてはノルムを

$$\|u\|_{\sup} = \sup_{x \in [0,1]} |u(x)|$$

と定義する．$u_j \to u$ とは $\lim \|u_j - u\|_{\sup} = 0$ のこと，つまり関数列 $\{u_j\}$ が区間 $[0,1]$ で $u \in C[0,1]$ に一様収束すること意味する．$C[0,1]$ は Banach 空間である．

例 1.2 [可測関数の空間] 可測関数については積分でノルムを定義する．例えば，実数直線上の区間 $(0,1)$ で定義された Lebesgue 可測関数で p 乗可積分 $(1 \leq p < \infty)$ なものの全体を $L^p(0,1)$ と書き，ノルムを

$$\|u\|_{L^p} = \left(\int_0^1 |u(x)|^p \, dx \right)^{1/p}$$

により定義する．このノルムを使ってベクトル算法 $u = a_1 u_1 + a_2 u_2$ を $\|u - (a_1 u_1 + a_2 u_2)\| = 0$ により定義する．これは区間 $(0,1)$ の「ほとんどすべての点 (almost everywhere)」で $u(x) = a_1 u_1(x) + a_2 u_2(x)$ となるような $u \in L^p(0,1)$ が 1 つ存在するという意味である．$L^p(0,1)$ の元は測度 0 の点上の値を同一視した商として定義される．Lebesgue-Fatou の定理により $L^p(0,1)$ は完備であることが示される．したがって $L^p(0,1)$ は Banach 空間である．特に $L^2(0,1)$ については，内積

$$(u,v)_{L^2} = \int_0^1 u(x) \overline{v(x)} \, dx$$

を定義して，ノルムを $\|u\|_{L^2} = \sqrt{(u,u)_{L^2}}$ と書くことができる．内積によってノルムが定義される Banach 空間を **Hilbert** 空間とよぶ． ◁

線形写像とは，ベクトル空間 (X) からベクトル空間 (Y) への準同型写像 ($f \in \mathrm{Hom}(X,Y)$)[*1]のことである．つまり，X から Y への写像 f が線形写像であるとは，常に

$$f(a_1 \boldsymbol{x}_1 + a_2 \boldsymbol{x}_2) = a_1 f(\boldsymbol{x}_1) + a_2 f(\boldsymbol{x}_2) \tag{1.2}$$

と計算できることを意味する．

関係式 (1.2) は，f が線形たることを X と Y の算法にもとづいて規定する定義式だが，逆にみると，f なる対象に Y の値を与えるものが X の元であることをいっている．つまり $\boldsymbol{x} \in X$ によって線形写像の全体集合 $\mathrm{Hom}(X,Y)$ から Y への線形写像

$$\boldsymbol{x} : f \mapsto \boldsymbol{y} = f(\boldsymbol{x}) \tag{1.3}$$

[*1] ある算法 $\alpha \circ \beta$ が与えられた 2 つの代数系 X と Y があったとき，X から Y への写像 f が $f(\alpha \circ \beta) = f(\alpha) \circ f(\beta)$ を満たすとき**準同型写像** (homomorphism) といい，その全体を $\mathrm{Hom}(X,Y)$ で表す．ベクトル算法についてこの関係を満たす準同型写像を線形写像とよぶのである．

が定義されるとみることができる．写像 (つまり法則) f の方を対象として見ると，これに「1つの具体性」を与えるのが空間 X と Y だというのである．もし空間を取り換えれば，f は異なる見え方をするだろう．線形理論の極意はここにあるといって過言でない．線形写像自身に空間の構造を規定する役割を担わせれば，線形理論は空間の理論になる．基本的な概念と論法を見ておこう．

1.1.2 定義域，値域

以下，線形写像を $L\boldsymbol{x}$ のように作用素 L で表現する．また，ベクトル空間 X の元を (X が有限次元か無限次元かを問わず) $\boldsymbol{x}$ のようにボールドで書く．特に X が関数空間のときは，その元を u のようにも書く．

線形写像 $L: X \to Y$ が有効に定義されている X の部分集合を $D(L)$ と書き，L の**定義域**とよぶ．また L による $D(L)$ の像 (Y の部分集合) を $R(L)$ (あるいは $\mathrm{Im}(L)$) と書き，L の**値域** (あるいは像) とよぶ．L が線形写像であることから，$D(L)$ および $R(L)$ は，それぞれベクトル空間 (X および Y の部分空間) である．

最初から $D(L) = X$ となるように X を選べばよいと思われるかもしれない．しかし，X に対してベクトル算法以外の構造を定義する場合，それになじむ X を定義するために $D(L)$ が X より小さくなる場合がある．典型的には，次のような非有界な作用素を考える場合である．

例 1.3 [微分作用素の定義域と値域] 例 1.2 で見た Hilbert 空間 $L^2(0,1)$ の内積は，例えば量子論を書くとき重要な役割を果たす．オブザーバブル L の観測値は波動関数 u を用いて $(u, Lu)_{L^2}$ と与えられるのだった．一般に L は微分作用素であるが (運動量が微分作用素 $-i\hbar\partial_x$ であるから)，$L^2(0,1)$ には微分することができない元が含まれる．したがって，$L^2(0,1)$ で微分作用素 L を考えるためには $D(L)$ を X の部分空間として正しく定義する必要がある． ◁

$R(L)$ が同定されれば，任意の $\boldsymbol{y} \in R(L)$ に対して，線形方程式

$$L\boldsymbol{x} = \boldsymbol{y} \tag{1.4}$$

は解 $\boldsymbol{x} \in D(L)$ をもつ．つまり，線形方程式 (1.4) の可解性は，L が関わる空間 $D(L)$ と $R(L)$ を同定できれば解決するのである．この原理は，X と Y が関数空間，L が微分作用素になっても同じである．その場合，線形微分方程式 (1.4) の可

解性の問題は，微分作用素が定義される空間の特徴付け，特に境界条件の意味付けが中心的な課題となる (例 1.4 参照)．

1.1.3　核，余核

線形作用素 $L \in \mathrm{Hom}(X,Y)$ に対して，$\mathrm{Ker}(L) = \{\boldsymbol{x} \in X;\, L\boldsymbol{x} = 0\}$ と書き，これを L の**核** (kernel) とよぶ．これは X の部分空間である．また，商空間 $\mathrm{Coker}(L) = Y/R(L)$ を L の**余核** (cokernel) とよぶ．

$R(L)$ の次元 ν が有限であるとき，これを**階数** (rank) といい，$\mathrm{Rank}(L)$ と書く．また，$\mathrm{Ker}(L)$ の次元 μ が有限であるとき，これを**退化次数** (nullity) といい，$\mathrm{Null}(L)$ と書く．X が有限な次元 n をもつとき，$\nu \leq n$ であり，$\nu = n - \mu$ である．$\mathrm{Coker}(L)$ の次元 λ が有限であるとき，これを**余次元** (codimension) という．Y が有限な次元 m をもつとき，$\lambda = m - \nu$ である．

$\mathrm{Ker}(L) = \{0\}$ であるとき，$L: D(L) \to R(L)$ は全単射となり，線形方程式 (1.4) は一意的な解 $\boldsymbol{x} = L^{-1}\boldsymbol{y}$ をもつ．一方，$\mathrm{Ker}(L)$ が自明な空間でない場合は，式 (1.4) で $\boldsymbol{y} = 0$ とおいた同次方程式

$$L\boldsymbol{x} = 0 \tag{1.5}$$

が自明でない解をもつ．つまり $\boldsymbol{x} \in \mathrm{Ker}(L)$ は式 (1.5) の解である．式 (1.4) の一般解 $\boldsymbol{x}_g$ は，1 つの特解 $\boldsymbol{x}_0$ と $\boldsymbol{x} \in \mathrm{Ker}(L)$ を用いて $\boldsymbol{x}_g = \boldsymbol{x}_0 + a\boldsymbol{x}$ と与えられる (a は任意のスカラー)．

例 1.4 [Sobolev 空間] Hilbert 空間 $L^2(0,1)$ における[*2]微分作用素 $P = \partial_x$ を考える．例 1.3 で述べたように P の定義域 $D(P)$ は $L^2(0,1)$ に含まれる部分空間である．具体的にいうと，$D(P)$ は 1 階の導関数も $L^2(0,1)$ に含まれる関数の集合である．これに内積

$$(u,v)_{H^1} = \int_0^1 u(x)\overline{v(x)}\,dx + \int_0^1 \partial_x u(x)\overline{\partial_x v(x)}\,dx$$

を定義し，ノルム $\|u\|_{H^1} = \sqrt{(u,u)_{H^1}}$ で位相を与えた空間を $H^1(0,1)$ と書く．微

[*2] 定義域と値域が同じ線形空間 X に含まれる作用素，すなわち X から X の中への作用素を「X における作用素」ということにする．

分を超関数の意味でとると $H^1(0,1)$ は完備であり，$L^2(0,1)$ の稠密な部分空間[*3]であることが示せる (これを 1 階の Sobolev 空間とよぶ)．明らかに $\mathrm{Ker}(P) = \{a\}$ (定数関数からなる 1 次元ベクトル空間) である．$D(P)/\mathrm{Ker}(P) = H^1(0,1)/\{a\}$ に対しては $(Pu, Pv)_{L^2}$ で内積，$\|Pu\|_{L^2}$ でノルムを定義し，これを Hilbert 空間とすることができる．

$H^1(0,1)$ の元 u については境界値 $u(0), u(1)$ を決めることができる．すなわち，u から境界値への線形写像 $\Gamma : u \mapsto (u(0), u(1))$ は $H^1(0,1)$ から $\mathbb{C}^2$ への連続写像である．これを**トレース**という．$H^1_0(0,1) = \mathrm{Ker}(\Gamma)$ とおくと，これは境界値が 0 の関数からなる $H^1(0,1)$ の部分空間である．境界条件 $u(0) = u(1) = 0$ を課した微分作用素を $P_0 = \partial_x$ とおく．すなわち $D(P_0) = H^1_0(0,1)$．すると $\mathrm{Ker}(P_0) = \{0\}$ となる．

一般化し，q 階導関数までが $L^2(0,1)$ に含まれる関数の集合に内積を

$$(u,v)_{H^q} = \sum_{j=0}^{q} \int_0^1 \partial_x^j u(x) \overline{\partial_x^j v(x)} \, dx$$

と定義し (ただし $\partial_x^0 = I$)，これでノルムを $\|u\|_{H^q} = \sqrt{(u,u)_{H^q}}$ とおいた Hilbert 空間を $H^q(0,1)$ と書く (これを q 階の Sobolev 空間とよぶ)．$u \in H^q(0,1)$ に対しては $\partial_x^j u$ $(j = 0, 1, \cdots, q-1)$ の境界値を決めることができる．

ここでは 1 次元の区間 $(0,1)$ 内で定義された関数を考えたが，一般化して領域 $\Omega \subseteq \mathbb{R}^n$ 上で定義された関数の空間を $L^p(\Omega), H^q(\Omega)$ のように書く． ◁

1.1.4　スペクトル分解

複素 Banach 空間 X における線形作用素 L を考える．自明でない $u \in \mathrm{Ker}(\lambda I - L)$ を**固有ベクトル**，このような u が存在するときの λ を**固有値** (あるいは点スペクトル) という．L の作用は，固有ベクトル $\boldsymbol{u}$ に対しては比例関係として表される：

$$L\boldsymbol{u} = \lambda \boldsymbol{u}. \tag{1.6}$$

[*3] 部分集合 $B \subset A$ が A において**稠密** (dense) であるとは，A の位相でとった B の閉包 $\overline{B}$ が A と一致することをいう．逆に B が A において稠密でないという事態はどういうことかというと，ある $u \in A$ が B の元によって近似できない，すなわち $\|u - v_j\| \to 0$ となるような $v_j \in B$ がとれない場合である (B が A の線形部分空間である場合には，$\overline{B}$ が A より少ない次元をもつことを意味する)．

独立な固有ベクトル $\boldsymbol{u}_1, \cdots, \boldsymbol{u}_n$ を集めて，任意の $\boldsymbol{x} \in X$ が

$$\boldsymbol{x} = \sum_{j=1}^{n} a^j \boldsymbol{u}_j \tag{1.7}$$

のように分解できるとき，$\{\boldsymbol{u}_1, \cdots, \boldsymbol{u}_n\}$ をもって X の基底とすることができる．X に内積 $(\boldsymbol{x}, \boldsymbol{y})$ が定義されているとき，各固有ベクトル $\boldsymbol{u}_j$ の共役ベクトル $\boldsymbol{u}^j$ を $(\boldsymbol{u}_j, \boldsymbol{u}^k) = \delta_{jk}$ となるように決める．式 (1.7) の両辺と $\boldsymbol{u}^j$ の内積をとると $a^j = (\boldsymbol{x}, \boldsymbol{u}^j)$ を得る．このような**スペクトル分解**がうまくいくときは，L は比例則に還元できる：固有ベクトル $\boldsymbol{u}_j$ に対応する固有値を λ_j と書くと，任意の $\boldsymbol{x} \in X$ について，

$$L\boldsymbol{x} = \sum_{j=1}^{n} \lambda_j (\boldsymbol{x}, \boldsymbol{u}^j) \boldsymbol{u}_j, \tag{1.8}$$

行列の形で書くと

$$L = \begin{pmatrix} \lambda_1 & & \\ & \ddots & \\ & & \lambda_n \end{pmatrix}. \tag{1.9}$$

ただし，対角成分以外は 0 とする．線形作用素の固有ベクトルによって空間を構造化する (基底を決めて表現する) ことができれば，線形作用素は究極的に簡単な表現をとるのである．

初等的な事項をまとめておこう．

例 1.5 [行列のスペクトル分解] $L \in \mathrm{Hom}(\mathbb{C}^n, \mathbb{C}^n)$，$L^*$ は L の共役行列 (随伴行列) とする．

(1) $[L, L^*] = LL^* - L^*L = 0$ であるとき (すなわち L が正規行列であるとき)，n 個の互いに直交する固有ベクトルがあり (すなわち $\boldsymbol{u}_j = \boldsymbol{u}^j$ とでき)，L は式 (1.8) のようにスペクトル分解できる．
(2) $L^* = L$ であるとき (すなわち L が自己共役行列であるとき)，L の固有値はすべて実数軸の上にある．
(3) $L^* = L^{-1}$ であるとき (すなわち L がユニタリー行列であるとき)，L の固有値はすべて複素平面の単位円 ($|\lambda| = 1$) の上にある．

◁

無限次元のベクトル空間 (関数空間) で作用素のスペクトル分解を考えるためには，スペクトルの概念を拡張する必要がある．

定義 1.1 (レゾルベント，スペクトル) 複素 Banach 空間 X における線形作用素 L を考える．

$$J_\lambda = (\lambda I - L) \quad (\lambda \in \mathbb{C})$$

とおき，その逆写像 J_λ^{-1} (L に対する**レゾルベント作用素** (resolvent operator) とよぶ) のありようによってパラメタ λ を分類する：

(1) J_λ^{-1} が存在して連続，かつその定義域が稠密となるような複素数 λ の集合を L の**レゾルベント** (resolvent) とよび，$\rho(L)$ と表す．

(2) $\sigma(L) = \mathbb{C} \setminus \rho(L)$ を L の**スペクトル** (spectrum) とよぶ．スペクトル $\sigma(L)$ は次の3種に分類される．

  (a) **点スペクトル** (point spectrum) あるいは固有値 $\sigma_p(L)$ とは，J_λ^{-1} が存在しないような λ の集合である．すなわち $\mathrm{Ker}(J_\lambda)$ が自明でない元 (固有関数) $u \in X$ をもつ場合である．

  (b) **連続スペクトル** (continuous spectrum) $\sigma_c(L)$ とは，J_λ^{-1} が存在し，その定義域が稠密であるが，J_λ^{-1} が不連続となるような λ の集合である．

  (c) **剰余スペクトル** (residual spectrum) $\sigma_r(L)$ とは，J_λ^{-1} が存在するが，その定義域が稠密でないような λ の集合である．

任意の $\lambda \in \rho(L)$ に対して，レゾルベント作用素 J_λ^{-1} は有界線形作用素 (すなわち，X 全体で定義された連続線形作用素) であること，レゾルベント $\rho(L)$ は $\mathbb{C}$ の開集合であることが示される[1]．

例 1.6 [運動量作用素] $X = L^2(0,1)$ の線形作用素として，運動量を表す $-i\hbar\partial_x$ に3通りの定義域を与えて P_1, P_2, P_3 を考える：

$$D(P_1) = H^1(0,1), \tag{1.10}$$

$$D(P_2) = \{u \in H^1(0,1);\ u(0) = u(1)\}, \tag{1.11}$$

$$D(P_3) = H_0^1(0,1). \tag{1.12}$$

定義域の違いは境界条件の違いを意味している：P_1 は境界条件なし，P_2 は周期境界条件，P_3 は境界値 0 となる関数に作用する．これらのスペクトルは

$$\sigma(P_1) = \sigma_p(P_1) = \mathbb{C}, \tag{1.13}$$

$$\sigma(P_2) = \sigma_p(P_2) = \{2\pi\hbar n;\ n = 1, 2, \cdots\}, \tag{1.14}$$

$$\sigma(P_3) = \sigma_r(P_3) = \mathbb{C}. \tag{1.15}$$

と与えられる．式 (1.13) および式 (1.14) は演習としよう (具体的に固有関数をみつけて容易に証明できる)．式 (1.15) を示そう．任意の $\lambda \in \mathbb{C}$ および任意の $u \in D(P_3)$ に対して，

$$\begin{aligned}
(J_\lambda u, e^{i\overline{\lambda}x/\hbar})_{L^2} &= ((\lambda I - P_3)u, e^{i\overline{\lambda}x/\hbar})_{L^2} \\
&= \int_0^1 [(\lambda I + i\hbar\partial_x)u] e^{-i\lambda x/\hbar}\, dx \\
&= \int_0^1 u \left[(\lambda I - i\hbar\partial_x)e^{-i\lambda x/\hbar}\right] dx = 0
\end{aligned}$$

を得る．したがって，$e^{i\overline{\lambda}x/\hbar} \in R(\lambda I - P_3)^\perp = D((\lambda I - P_3)^{-1})^\perp$ であり，$D(J_\lambda^{-1}) = D((\lambda I - P_3)^{-1})$ は $X = L^2(0,1)$ において稠密でない (伊藤清三[2], 例 13.2 による)． ◁

　無限次元の Hilbert 空間におけるスペクトル理論では，自己共役作用素について一般的な結果が知られている．ただし，自己共役作用素というとき，作用素の定義域について注意が必要である．上記の例は，このことに注意を喚起している．

定義 1.2 (自己共役作用素) Hilbert 空間 X における線形作用素 L を考える．L の定義域 $D(L)$ が X において稠密であるとき，L の**共役作用素** (adjoint operator) L^* を

$$(L^*u, v) = (u, Lv) \quad (\forall v \in D(L))$$

により定義する．ただし，定義域 $D(L^*)$ は最大限に大きくとる．すなわち $(w,v) = (u, Lv)$ $(\forall v \in D(L))$ を満たす $w \in X$ がある限り，$w = L^*u$ と定義する．これにより L^* は一意的に定義される．

(1) $D(L) \subseteq D(L^*)$ でありかつ $L^*u = Lu$ が任意の $u \in D(L)$ に対して成り立つとき，L は**対称** (symmetric) であるという．
(2) L が対称かつ $D(L^*) = D(L)$ であるとき，L は**自己共役** (self-adjoint) であるという．

例 1.6 において P_2 は自己共役作用素であり，P_3 は対称であるが自己共役でない作用素である．$P_3^* = P_1$ である (読者の演習とする)．

明らかに，自己共役作用素の固有値はすべて実数である．また，自己共役作用素は剰余スペクトルをもたないことが示される．自己共役作用素をスペクトル分解するために，**単位の分解** (resolution of identity) とよばれる射影作用素の族を定義する．$\lambda \in \mathbb{R}$ をパラメタとする線形作用素 $E(\lambda)$ が次の性質をもつとき，$\{E(\lambda); \lambda \in \mathbb{R}\}$ を単位の分解という：

$$\begin{cases} E(\lambda)E(\mu) = E(\min(\lambda,\mu)), \\ E(-\infty) = 0, \\ E(\infty) = I, \\ E(\lambda+0) = E(\lambda). \end{cases} \tag{1.16}$$

意味するところは，単位元[*4] (identity) I をパラメタ λ によって実数軸 $\mathbb{R}$ 上に「スペクトル分解」するということである．プリズムによる光の分解をイメージしよう．端的な例を示す．

例 1.7 [フィルター] Hilbert 空間 $X = L^2(0,1)$ の元 u に対して

$$E(\lambda)u = \begin{cases} u(x) & x < \lambda, \\ 0 & x \geq \lambda \end{cases} \tag{1.17}$$

とおくと (1.16) の条件を満たす．これは関数の台を区間 $(0,\lambda)$ に制限するフィルターの作用を意味する．例 1.8 に示すように，この $E(\lambda)$ は位置作用素のスペクトル分解を与える． ◁

次の定理がある[*5]．

定理 1.1 (von Neumann) L は Hilbert 空間 X における自己共役作用素とする．

(1) L に応じて単位の分解 $\{E(\lambda)\}$ を一意的に定めて，L をスペクトル分解できる．すなわち

$$L = \int_{-\infty}^{\infty} \lambda dE(\lambda) \tag{1.18}$$

[*4] 1.1.6 項で述べる作用素環の単位元，すなわち恒等写像のことである．
[*5] 順序としては，次項で述べる閉作用素の概念を先に定義しておかなくてはならない．また，定理 1.1 の証明には (いくつかの方法があるが) 1.1.6 項で述べる作用素環の理論を使うのが正統的であろう．しかし，固有空間の概念の有限次元から無限次元への拡張として，ここで関数空間のスペクトル分解の定理を述べておく．証明の概要は吉田[1] の 3 章を参照．詳しくは K. Yosida[3] の Chap. XI を参照．

と書くことができる.ただし $dE(\lambda)$ は Riemann-Stieltjes 積分の意味である.
(2) $\lambda \in \sigma_p(L)$ であることと,$E(\lambda) \neq E(\lambda - 0)$ であることは同値であり,$P(\lambda) = E(\lambda) - E(\lambda - 0)$ とすると,$P(\lambda)$ は固有値 λ に属する固有空間への射影である.
(3) $\lambda \in \sigma_c(L)$ であることと,$E(\lambda) = E(\lambda - 0)$ かつ $\lambda_1 < \lambda < \lambda_2$ に対して $E(\lambda_1) \neq E(\lambda_2)$ であることは同値である.

例 1.8 [位置作用素] Hilbert 空間 $X = L^2(0,1)$ において位置作用素 $\mathcal{X}$ を

$$\mathcal{X}u(x) = xu(x) \quad (0 < x < 1) \tag{1.19}$$

と定義する (すなわち座標 x の掛け算).もちろん自己共役である.$\mathcal{X}$ の固有値問題 $(\lambda - x)u = 0$ は形式的な解 $\delta(x - \lambda)$ を与える ($\delta(x)$ は Dirac のデルタ関数).ここで「形式的な解」といったのは,$\delta(x - \lambda)$ が空間 X の元ではないからである.$\lambda \in (0,1)$ は連続スペクトルである.実際,$\mathcal{X}$ のスペクトル分解は (1.17) で定義した射影作用素 $E(\lambda)$ によって次のように与えられる.$E(\lambda)u = [1 - Y(x - \lambda)]u$ と表すことができる ($Y(x)$ は Heaviside のステップ関数).したがって $dE(\lambda) = \delta(x - \lambda)d\lambda$ と書けて,

$$\mathcal{X}u = \int_{-\infty}^{\infty} \lambda dE(\lambda)u = \int_{-\infty}^{\infty} \lambda \delta(x - \lambda)u(\lambda)d\lambda = xu(x). \tag{1.20}$$

◁

例 1.6 でみたように,運動量作用素は微分作用素であるから境界条件に注意する必要がある.自己共役作用素 P_2 はどのような単位の分解によってスペクトル分解されるか,それを具体的に表現することを演習としておこう.

1.1.5 グ ラ フ

比例関係 $y = ax$ のグラフは,x 軸と y 軸で張られた 2 次元平面内の直線である.このグラフ = 直線も 1 次元のベクトル空間と思うことができる.このことを一般化すると,線形空間 X から Y への線形写像 $f \in \mathrm{Hom}(X,Y)$ のグラフは,積空間 $X \times Y$ 内の部分ベクトル空間を表す[6].

---

[6] 積空間 $X \times Y$ とは,X の元 x と Y の元 y を合成した $[x,y]$ の全体集合であり,ベクトル算法を $a[x_1,y_1] + b[x_2,y_2] = [ax_1 + bx_2, ay_1 + by_2]$ と定義することによって線形空間となる.

グラフの方を中心に考えると空間は相対化される．例えば，x 軸を離散化するとか複素化するとかすれば，方程式の解の集合は変化する[*7]．グラフ＝法則にとって都合がよいように空間を構造化するというのが理論の鍵である．このとき，グラフは積空間 $X \times Y$ 内の閉集合 (閉部分空間) でなくては具合がわるい．グラフを法則というからには，それは閉じていなくてはならないからである[*8]．

　グラフが全空間で定義されている場合，すなわち $D(L) = X$ である場合は問題ないが，すでに見たように一般的には $D(L)$ は X の部分空間である．特に関数空間を考えるときに問題となるのは，不連続写像 (代表的には微分作用素) の場合である．このようなときも，グラフを閉集合であるように定義すれば，適切な $D(X)$ がみつかる．

例 1.9 [不連続作用素の定義域] $X = Y = C[0,1]$ とし，微分作用素 ∂_x を考える．これは不連続な線形作用素であり X 全体では定義されない．グラフが閉集合であるとは，グラフ上の点列 $\{(u_j, \partial_x u_j)\}$ の極限が常にグラフに含まれるという意味である．$\lim_j u_j = u$, $\lim_j \partial_x u_j = w$ とするとき，$u_j(x)$ は $u(x)$ へ一様収束し，$\partial_x u_j(x)$ は $w(x)$ へ一様収束することを要する．したがって，$u(x)$ は微分可能で連続な導関数 $w(x)$ をもつ．つまり $D(\partial_x) = C^1[0,1]$. ◁

　理論として述べておこう．X, Y をノルム空間とし，それぞれのノルムを $\|\boldsymbol{x}\|_X$, $\|\boldsymbol{y}\|_Y$ と書く．X から Y への線形作用素 L を考える．$Z = D(L) \subseteq X$ に対して**グラフ・ノルム**を

$$\|\boldsymbol{x}\|_Z = \left(\|\boldsymbol{x}\|_X^2 + \|L\boldsymbol{x}\|_Y^2\right)^{1/2} \quad (\boldsymbol{x} \in Z) \tag{1.21}$$

と定義する．これが線形空間 Z 上のノルムとなることは容易に確かめられる (ここでは 2 乗平均をとったが，$\|\boldsymbol{x}\|_X$ と $\|L\boldsymbol{x}\|_Y$ を含むノルムであれば，どのように定義してもよい；例えば $\|\boldsymbol{x}\|_Z = \|\boldsymbol{x}\|_X + \|L\boldsymbol{x}\|_Y$ としてもよい)．L を Z から Y への線形作用素と考えると，L は有界作用素 (Z 全体で定義された連続作用素) で

[*7] このことは非線形問題を考えるときに重要なポイントになる．例えば，$y = x^2$ を満たす点を探そうとするとき，x の空間を実軸にすると，$y < 0$ には解がないが，複素数に拡張すれば解がみつかる．

[*8] 私たちが法則とよぶものは，有限な経験知を無限化した理念である．私たちが直接的な経験 (例えば実験データの収集) として知り得る知識は有限な集合であるが，それを無限化できると考えたものなのである (例えばデータ点を線で結んだグラフ)．解析学の言葉でいうと，グラフ上にある点の列が直接知であるとするなら，その集積点 (点列は有限から無限へ至る手続きである) をグラフに包摂したものが法則だということができる．

ある．しかし，一般の作用素 L に対して，その定義域 $Z = D(L)$ に式 (1.21) によってグラフ・ノルムを定義しても，Z が完備なノルム空間 (Banach 空間) になるとは限らない．そこで，次のような定義を与える．

定義 1.3 (閉作用素) X, Y は Banach 空間とする．X から Y への線形作用素 L が $D(L)$ で定義されたとしよう．$D(L)$ がグラフ・ノルムに関して完備であるとき，L を**閉作用素** (closed operator) という．

定理 1.2 (閉作用素のグラフ) X, Y は Banach 空間とする．X から Y への線形作用素 L が閉作用素であることと，以下は同値である．
(1) L のグラフが $X \times Y$ の閉部分空間である．
(2) $D(L)$ の点列 $\{x_j\}$ が $\lim x_j = x$, $\lim L x_j = y$ であるならば，$x \in D(L)$ かつ $Lx = y$ となる．

証明は容易なので演習とする．グラフ・ノルムの考え方は，写像の値を定義域の位相に組み込むということである．これは「グラフを傾けてみる」ということだ．写像自体についてこれを行う，つまり傾けたグラフの写像を定義するというのが，しばしば有効な技法となる．グラフを傾けるとは，独立変数を $x \mapsto x' = (I - L/\lambda)x$ と変数変換することである．これが全単射であるためには $\lambda \in \rho(L)$ としなくてはならない．すると $Lx = \lambda L J_\lambda^{-1} x'$ と書きなおされる．$L' = \lambda L J_\lambda^{-1}$ は有界作用素である．実際，

$$L' = \lambda L J_\lambda^{-1} = \lambda(L - \lambda I + \lambda I)(\lambda I - L)^{-1} = \lambda(\lambda J_\lambda^{-1} - I)$$

と書けるから，$\|L'x'\| \leq \lambda^2 \|J_\lambda^{-1} x'\| + \lambda \|x'\|$．$J_\lambda^{-1}$ は有界作用素であるから L' が有界作用素であることがわかる．

1.1.6　線形作用素の環

ベクトル空間 X から X への線形作用素の全体 $\mathcal{A} = \mathrm{Hom}(X, X)$ を考える．$\mathcal{A}$ にベクトル算法を $(af + bg)(x) = af(x) + bg(x)$ ($f, g \in \mathcal{A}, a, b \in \mathbb{K}$) のように定義して，$\mathcal{A}$ をベクトル空間と考えると，式 (1.3) の見方で，$\mathrm{Hom}(\mathcal{A}, X) = X$ と書くことができる．

いったんこのように空間 X 全体を見渡しておいて，次にある線形方程式 $L\boldsymbol{x}=0$ を満たす解の集合 $\mathrm{Ker}(L)\subset X$ とは何かを考えてみよう (以下，$\mathcal{A}$ の元，すなわち線形写像を L や M のように作用素の記号で書く)．線形写像 $M,L(\in\mathcal{A})$ どうしの積 $M\circ L$ を合成写像 $M(L\boldsymbol{x})$ のことであると定義すると，$\mathcal{A}$ は (一般的には非可換な) 環となる．$\mathcal{J}_L=\{M\circ L;M\in\mathcal{A}\}$ とおいて，同値類 (商環) $\mathcal{A}/\mathcal{J}_L$ を考えると[*9]，

$$\mathrm{Hom}(\mathcal{A}/\mathcal{J}_L,X)=\mathrm{Ker}(L). \tag{1.22}$$

実際，$A\in\mathcal{A}/\mathcal{J}_L$ に対して，$\boldsymbol{x}\in X$ が定める線形写像は

$$\boldsymbol{x}:A\mapsto A\boldsymbol{x}=(A+M\circ L)\boldsymbol{x}\quad(\forall M\in\mathcal{A})$$

でなくてはならないからである．

式 (1.22) は，方程式 $L\boldsymbol{x}=0$ の解空間を回りくどく表したかのようであるが，実は方程式の解 (あるいは解という空間の中の「点」) という概念の深層をえぐりだしている．ある正則な線形写像 T によって，$\boldsymbol{y}=T\boldsymbol{x}$ と変数変換したとしよう．すると解くべき式は $L'=T\circ L\circ T^{-1}$ とおいて，$L'\boldsymbol{y}=0$ となる．解空間も T で変換される．つまり，解は L の「表現」(空間 X の基底の取り方) によって変わる．不変なのは商環 $\mathcal{M}=\mathcal{A}/\mathcal{J}_L$ である．この右辺は L によって構築された 1 つの表現なのであって，$\mathcal{M}$ には異なるさまざまな表現がある．$\mathcal{M}=\mathcal{A}/\mathcal{J}_{L'}$ と表現されたとすれば，これに対応する解空間は $\mathrm{Hom}(\mathcal{A}/\mathcal{J}_{L'},X)=\mathrm{Ker}(L')$ と表現される．

1.1.4 項で述べたように，スペクトル分解は線形作用素の固有ベクトルで空間を表現するというものである．例えば行列をスペクトル分解して式 (1.8) のように書くとき，これは作用素 L の固有ベクトル $\boldsymbol{u}_j$ を基底にとって L を表現したのである．固有ベクトルをみつける作業のことを忘れると，空間の構造 (基底) にもとづいて作用素を表現したかのように見える．しかし実際は作用素にもとづいて空間を表現したのである．固有値問題を解くとはどういうことか，その意味を作用素環を使って代数的に表現しておこう．

一般に線形作用素の環 $\mathcal{A}=\mathrm{Hom}(X,X)$ は非可換であるが，1 つの $L\in\mathcal{A}$ を選んで，これを含む互いに可換な線形作用素の全体集合 (可換環) $\mathcal{B}(L)\subset\mathcal{A}$ ($[M,M']=0\ \forall M,M'\in\mathcal{B}(L)$) を考える．ただし $[M,M']=M\circ M'-M'\circ M$．

[*9] ここで L は (X に作用するのではなく) 環 $\mathcal{A}$ に右から作用する線形写像である．その意味で $\circ L$ と書くと，$\mathcal{J}_L=R(\circ L)$，したがって $\mathcal{A}/\mathcal{J}_L=\mathrm{Coker}(\circ L)$．

1.1 線形理論の概観

ここでは $X = \mathbb{C}^n$ とし，L は正規行列としよう．$\mathcal{B}(L)$ は，L とすべての固有空間を共有する線形作用素たちの全体集合である．ある $T \in \mathcal{B}(L)$ を選んで，$\mathcal{J}_T = \{M \circ T;\ M \in \mathcal{B}(L)\}$ とおくと，これは $\mathcal{B}(L)$ のイデアル[*10]となる．$T = I$ とすると $\mathcal{J}_T = \mathcal{A}$，$T = 0$ とすると $\mathcal{J}_T = \{0\}$．L の 1 つの固有ベクトル $\boldsymbol{u}_j$ への射影を P_j と書き，$T_j = I - P_j$ とおくと $\mathcal{J}_{T_j}$ は極大イデアルとなる．以下これを $\mathcal{J}_j$ と書こう．$\mathcal{B}(L)/\mathcal{J}_j$ の元は $\lambda_j P_j$ ($\exists \lambda \in \mathbb{C}$) と書くことができる．$P_j = (\ ,\boldsymbol{u}_j)\boldsymbol{u}_j$ であることに注意すると，$\mathcal{B}(L)/\mathcal{J}_j$ は行列 $M \in \mathcal{B}(L)$ のスペクトル分解の第 j 成分を見ていることになる．したがって，極大イデアルをすべて集めれば（その全体集合を $\{\mathcal{J}_1, \cdots, \mathcal{J}_n\}$ と書く）$\mathcal{B}(L)$ の元（行列 L の仲間たち）のスペクトル分解された表現が与えられるのである．

ここでは，極大イデアルが実際に何なのかを説明するために，固有ベクトルを使ってそれを定義したのだが，実は論理がひっくり返っている．極大イデアルは可換環 $\mathcal{B}(L)$ に内在する代数的構造であり，これを空間 X に存在する固有ベクトルに依拠して定めるべきではない．むしろ極大イデアルが，X の中に固有ベクトルを見出すのである：$\mathrm{Hom}(\mathcal{B}(L)/\mathcal{J}_j, X) \ni \boldsymbol{u}_j$．

可換環 $\mathcal{B}(L)$ はベクトル空間 $\mathbb{C}^n$ と同型であり，その元は固有値 $(\lambda_1, \cdots, \lambda_n)$ で表現される．$M \in \mathcal{B}(L)$ は極大イデアルの集合 $\{\mathcal{J}_1, \cdots, \mathcal{J}_n\}$ 上の関数として $M = M(\mathcal{J}_1, \cdots, \mathcal{J}_n)$ と表現される．これを可換環の **Gelfand 表現**という．

これまで有限次元を扱ったが，無限次元へ拡張できる[*11]．複素 Banach 空間 X の上の有界正規作用素 L が定義する可換環 $\mathcal{B}(L)$ は，その極大イデアルで作用素を Gelfand 表現することができる．このとき $\mathcal{B}(L)$ は一般に $\mathbb{C}$ 上の無限次元ベクトル空間と同一視され，$M \in \mathcal{B}(L)$ の Gelfand 表現 $M(\mathcal{J})$ は M のスペクトル分解を与える．特にユニタリー作用素を Gelfand 表現すると，そのスペクトルは $\mathbb{C}$ 上の単位円上に分布する．自己共役作用 L（非有界でもよい）は **Cayley 変換**

[*10] 環 $\mathcal{A}$ において $\mathcal{I} \subseteq \mathcal{A}$（加法群としての部分群とする）が左イデアルであるとは，任意の $\boldsymbol{x} \in \mathcal{I}$ に対して $\boldsymbol{y} \circ \boldsymbol{x} \in \mathcal{I}$ ($\forall \boldsymbol{y} \in \mathcal{A}$) であることをいう．この積を反転した場合は右イデアルという．可換環の場合は積の順序によらないので，単にイデアルという．$\mathcal{A}$ 自身および $\{0\}$ は自明なイデアルである．$\mathcal{I}$ が極大イデアルであるとは，$\mathcal{I}$ を含むイデアルが $\mathcal{A}$ 自身以外にないことをいう．

[*11] 例えば，S を円環とし，$C(S)$（複素数値連続関数）の元に，通常の関数の積 $(fg)(t) = f(t)g(t)$ を考えて可換環を定義する．これはベクトル空間として無限次元である．$\mathcal{J}_\lambda$ が $C(S)$ の極大イデアルであるとき，すべての $u(t) \in \mathcal{J}_\lambda$ は S 内のある 1 点 λ で 0 となる．$C(S)/\mathcal{J}_\lambda$ は $f(t) \in C(S)$ の $t = \lambda$ での値を与える．したがって，極大イデアルの全体 $\{\mathcal{J}_\lambda;\ \lambda \in S\}$ は点集合 S と等価であり，$f(t)|_{t=\lambda}$ は $f(\mathcal{J}_\lambda)$ と表現することができる．慧眼な読者は定義 1.1 で現れた $J_\lambda = (\lambda I - L)$ と Gelfand 表現を与える極大イデアル $\mathcal{J}_\lambda$ の同値性に気づいたであろう．

$$U_L = (L - iI)(L + iI)^{-1} \tag{1.23}$$

によってユニタリー作用素 U_L に写る．これをスペクトル分解して元に戻せば L のスペクトル分解 (定理 1.1) が与えられるのである (K. Yosida[3] の Chap. XI を参照)．

1.1.7　線形作用素の関数

前項では，線形作用素を「ベクトル」として扱い，線形作用素の空間を環 (作用素の合成を積とする代数系) として考える枠組みを構築した．ベクトル空間の上で関数 $f(\boldsymbol{x})$ を論じるように，線形作用素の空間で関数を考えようというのが作用素理論の目的である．これはベクトル空間・関数空間の上で微分方程式を解くことに関係している．

微分方程式は関数を生成する機械である．例えば，線形常微分方程式は指数関数を生成する：

$$\frac{d}{dt}x = ax \tag{1.24}$$

を考えよう．$x(t)$ は複素数値の関数，比例係数 a も複素数とする．式 (1.24) に初期条件 $x(0) = x_0$ と与えて解くと

$$x(t) = e^{ta}x_0 \tag{1.25}$$

を得る．a が実数であるときは普通の指数関数，a が純虚数である場合，$a = i\omega$ とおくと $e^{ta} = \cos(\omega t) + i\sin(\omega t)$ であるから，三角関数が現れる．a の実部 $\operatorname{Re} a < 0$ の場合は減衰振動，$\operatorname{Re} a > 0$ の場合は増幅振動となる．このように指数関数の特性は係数 a で決まる．t を時間と考えると，a は時間の逆数の次元をもつ．a^{-1} のことを**時定数** (time constant) とよぶ．

x の空間をベクトル空間へ，比例係数 a を行列 $L \in \operatorname{Hom}(X, X)$ ($X = \mathbb{K}^n$) へ一般化しても，現れる運動の基本はこれらの**指数関数**である．

$$\frac{d}{dt}\boldsymbol{x} = L\boldsymbol{x} \tag{1.26}$$

を考えよう．初期値を $\boldsymbol{x}_0 \in X$ とする．これを $\boldsymbol{x}(t) = e^{tL}\boldsymbol{x}_0$ と解きたい．$\mathbb{C}$ 上の指数関数と同様に，無限級数で行列の指数関数 e^{tL} を定義しよう：

$$e^{tL} = \sum_{n=0}^{\infty} \frac{(tL)^n}{n!} \tag{1.27}$$

e^{tL} は t の正則関数であるから,展開係数を項別に比較して,指数法則

$$e^{sL}e^{tL} = e^{(s+t)L} \tag{1.28}$$

を得る.$e^{0L} = I$ であるから $e^{tL}\boldsymbol{x}_0$ が初期条件を満たすことがわかる.式 (1.27) の右辺を項別に微分すると

$$\frac{d}{dt}e^{tL} = Le^{tL}. \tag{1.29}$$

したがって,$e^{tL}\boldsymbol{x}_0$ が線形常微分方程式 (1.26) を満たすことが証明された.指数関数 e^{tL} は,微分方程式 (1.26) の個別的な初期値 $\boldsymbol{x}_0$ に対する解を与えるだけでなく,あらゆる初期値からスタートする運動の**軌道** (orbit) を包括的に記述する写像だということに注意しよう[*12].

さて,上記のように定義された行列の指数関数 e^{tL} は,その定義が有効である (指数法則を満たすものとして存在する) ことが保証されているのだが,その「実態」はいかなるものか想像がつかない.具体形を知ろうとすると,空間を固有空間で表現すればよいことが 1.1.4 項の議論からも予想される.簡単のために L は正規行列であり (例 1.5 参照),固有ベクトルを基底にとって式 (1.9) の形に書かれたとしよう.式 (1.27) に従ってこの指数関数を計算すると,容易に

$$e^{tL} = \begin{pmatrix} e^{t\lambda_1} & & \\ & \ddots & \\ & & e^{t\lambda_n} \end{pmatrix} \tag{1.30}$$

を得る[*13].微分方程式に戻って考えても,L が式 (1.9) のように対角化された表現をとるなら,式 (1.26) は独立な n 個の方程式 (1.24) に還元される (それぞれ $a = \lambda_j$ とすればよい).それらを個別的に解いてから解をまとめて書くと e^{tL} は式 (1.30) となることがわかる.

ところで,線形作用素の関数 $e^{tL} \in \mathrm{Hom}(X, X)$ は空間 X に働いて,その上に軌道を描くのだが,前項で述べた Gelfand 表現の見方をとると,これは線形作用素の可換環 $\mathcal{B}(L) \cong \mathbb{C}^n$ の上の軌道だともいえる.式 (1.30) の対角線上の各成分

[*12] t をパラメタとする作用素の群 $\{e^{tL}; t \in \mathbb{R}\}$ は Lie 群とよばれるものの原型である.Lie 群については 2.3 節でもう少し詳しく議論する.

[*13] 正規行列でない場合は Jordan ブロックが現れる.これはベキ零 $((\lambda_j I - L)^p = 0)$ の固有空間を表現する行列であり,その指数関数には $te^{t\lambda_j}, \cdots, t^{p-1}e^{t\lambda_j}$ の形の項 (これらを永年項という) が含まれる (4 章の例 4.2 および吉田[4] 2.3 節参照).

が $\mathbb{C}$ 上の運動を記述しているのである．上記の例では指数関数を考えたのだが，どのような連続関数 $f(z)$ に対しても関数 $f(\lambda_j)$ を対角成分に並べれば，行列の連続関数 $f(L)$ の表現となるのである．

このような理論を無限次元へ拡張するためには，定理 1.1 で述べたスペクトル分解の概念を用いる：

系 1.1 L は Hilbert 空間 X における自己共役作用素とする．複素数値連続関数 $f(\lambda)$ に対して

$$f(L) = \int_{-\infty}^{\infty} f(\lambda) dE(\lambda) \tag{1.31}$$

は，

$$D(f(L)) = \left\{ x \in X;\ \int_{-\infty}^{\infty} |f(\lambda)|^2 d\|E(\lambda)\|^2 < \infty \right\}$$

を定義域とする線形作用素である．$f(\lambda)$ が実数値有界関数であるとき，$f(L)$ は自己共役作用素である．

注意 1.1 [無限次元空間の指数法則] 無限次元空間では「指数関数」の振舞いには無限の多様性があり得る．系 1.1 を用いると自己共役作用素について指数関数を定義できるのだが，一般の非有界な線形作用素については理論がない．有界正規作用素は 1.1.6 項で述べた作用素環の Gelfand 表現によって指数関数のスペクトル分解表現が得られる．正規でない有界作用素の場合は，Cauchy の積分公式を無限次元化した Dunford 積分によって指数関数を生成できるが[1,3]，無限の自由度を含む特異点からどのような運動が生起するのか計り知れない．

自己共役作用素に限って考えても，点スペクトル (固有値) に属する固有空間内の運動は単に指数関数であるが，連続スペクトルに係る運動は無限の自由度をもつので，初期条件に依存した複雑なものになる．無限次元線形運動方程式 $du/dt = Lu$ は非線形な常微分方程式の問題を内包する (2.4.4 項参照)． ◁

1.2 非線形現象の原形

非線形理論のテーマはグラフの変形である．前節で学んだ線形理論と同じように，これを高次元・無限次元で論じるのが現代の数学の主題である．その

序説として，本節では 2 つの変数 x と y の間の「曲がったグラフ」でどのようなことが起きるのかを見ていく．

1.2.1 ス　ケ　ー　ル

　まっすぐな図形は伸ばしても縮めてもまっすぐだが，曲がった図形は形が変わる．曲がったグラフを法則とする非線形現象は，したがって「固有のスケール」をもつ．

　このことを線形モデルとの関係で考えてみよう．曲がったグラフの上に注目点を決めて接線を引くと (高次元の場合は接平面をとると)，いわゆる線形近似されたグラフが得られる．注目点の近傍では線形モデルが近似則として成立するのである．しかし，変数の変動幅が「大きく」なると，線形近似は成り立たなくなり，非線形性 = グラフの曲がりが顕在化する．ここで変動が「大きいか小さいか」というには「基準」があるはずだ．固有のスケールとは，この基準のことである．こういうと単純だが，スケールとは何かを数学的に明確にしておく必要がある．

　ある法則を表す関数 $f(x)$ は注目点 $x = x_0$ の近傍で滑らか (解析関数) であるとして，これを Taylor 級数展開する：

$$f(x) = f(x_0) + f^{(1)}(x_0)\delta x + \frac{f^{(2)}(x_0)}{2}\delta x^2 + \cdots + \frac{f^{(n)}(x_0)}{n!}\delta x^n + \cdots. \quad (1.32)$$

ただし $\delta x = x - x_0$, $f^{(n)}$ は n 次の微分係数である．$a_n = f^{(n)}(x_0)/n!$ と書くとき，収束半径 R は

$$R^{-1} = \limsup_{n \to \infty} |a_n|^{1/n}$$

で与えられ ($f(x)$ が x_0 の近傍で解析関数であるとは，R が 0 でない数として定まることをいう[5])，$|\delta x| < R$ において式 (1.32) は絶対かつ一様収束する．この R が 1 つの「基準 = スケール」となる．$R > 0$ であるならば，ある有限数 r を $0 < r \leq R$ の範囲で選んで

$$\sup |a_n r^n| < 1$$

を満たすようにできる．この r を「単位」として選んで x を規格化しよう．同時に x の原点を x_0 に移す．すなわち

$$\check{x} = \frac{x - x_0}{r} \quad (1.33)$$

とおく．規格化した変数で式 (1.32) を書きなおすと

$$f(\check{x}) = f(0) + \check{a}_1 \check{x} + \cdots + \check{a}_n \check{x}^n + \cdots. \tag{1.34}$$

ここで $\check{a}_n = a_n r^n$ と書いた．$|\check{a}_n| < 1$ であるから，式 (1.34) の収束半径は 1 以上である．実際，$|\check{x}| < 1$ において

$$\sum_{j=1}^n |\check{a}_j \check{x}^n| < \frac{|\check{x}|}{1 - |\check{x}|}$$

と評価できるから，左辺は $n \to \infty$ に対して単調増加する有界列であり，したがって式 (1.34) は $|\check{x}| < 1$ において絶対収束する．

規格化された Taylor 級数 (1.34) において，$|\check{x}| < 1$ であれば，$|\check{x}|^n \ll |\check{x}|$ $(n > 1)$ であるから，2 次の項以降は無視してよい．これが線形近似である．

1 次の項 (線形項) の係数 (比例係数) が系の基本的特性を決めている．例えば運動方程式

$$\frac{d}{dt} x = f(x) \tag{1.35}$$

を $x = 0$ (式 (1.33) に従って規格化し，ˇを省略したとしよう) の近傍で線形近似して解くと，

$$x(t) = \left(x(0) + \frac{f(0)}{a_1} \right) e^{t a_1} - \frac{f(0)}{a_1}.$$

系の時間変化率を特徴付けるのが係数 a_1 (時定数の逆数) であることがわかる (1.1.7 項参照)．

1.2.2 非線形領域

グラフの歪みを示すスケールを超えてパラメタの変動が大きくなると，線形近似は使えなくなる．このことによって，線形モデルではあり得なかったことが起こるようになる．そこが「非線形領域」とよばれる新しい数学の揺籃である．

常微分方程式 (1.35) を例に観察を続けよう．これはいわゆる変数分離型であり，求積法によって解を求めることができる：式 (1.35) を $dx/f(x) = dt$ と書き換え，両辺を積分して $G(x) = t + c$ を得る．ただし $G(x)$ は $1/f(x)$ の原始関数，c は積分定数である．これを x について解いて $x(t) = G^{-1}(t + c)$ を得るという手順である．

具体例として
$$\frac{d}{dt}x = b(1+\varepsilon x)x \tag{1.36}$$
を見よう．b は正の定数，ε は正負を問わない定数とする．初期値を $x(0) = x_0 > 0$ と与えよう．実はこの方程式は求積法の定石に従わずとも，変数変換によってスマートに解ける (定石に沿った積分は演習とする)．$y = \varepsilon + x^{-1}$ と変数変換すると，式 (1.36) は線形微分方程式 $dy/dt = -by$ に帰着する．これを解いて，変数をもとに戻せば
$$x(t) = \frac{1}{e^{-bt}(x_0^{-1}+\varepsilon)-\varepsilon} \tag{1.37}$$
を得る．これは簡単な例だが，いくつか重要な発見と示唆がある．

まず，線形モデルでは起き得ない 2 つの典型的な現象が現れる．$\varepsilon > 0$ のとき，時刻 $t = t^* = b^{-1}\log[1+(\varepsilon x_0)^{-1}]$ において**爆発** (blow up) が起こる．一方 1.1.7 項で見たように，線形発展方程式の解は線形作用素 L の指数関数によって与えられるので，有限時間で解が発散することはあり得ない[*14]．

逆に $\varepsilon < 0$ のとき，$x(t)$ は $-\varepsilon^{-1}$ に漸近しながら**飽和** (saturation) する．これも線形モデルでは起き得ない現象である．特に漸近値は初期値に依存しないことに注目しよう．これは非線形項の零点であり，いわば非線形性の内在的な性質によって決まる値である．

もう 1 つ注目に値するのは，この方程式が変数変換で「線形化」されたということである．ここで線形化というのは線形近似という意味ではない．解 (1.37) はどのような大きさの変数に対しても厳密な解である．非線形に見えていても，変数変換 —空間の非線形な変形— によって線形に帰着できる可能性があるということである．さらに，変数変換は非線形項 $f(x)$ だけで決まるのではないことに注意しよう．実際に変数変換の過程を追うとわかるように，この例では，左辺の線形項 dx/dt とのうまい関係で線形化が成功したのである．他の線形項であったり，あるいは他の項が加わったりすると事情が変わる．実際，例えば微分 dx/dt を差分 $(x_{j+1} - x_j)/\delta t$ に置き換えて式 (1.36) を差分方程式にすると，時系列 $\{x_j\}$ は「カオス」という不規則運動を起こすことがある[4]．同じ非線形項から，それと結合する他項との関係で，きわめて多様な現象が生まれるのである．これも線形モ

[*14] 指数関数 e^{tL} が含むもっとも急速な時定数は L の最大固有値で決まる．線形方程式 (1.26) を拡張して，時間 t に依存する作用素 $L(t)$ で記述されるモデル $d\boldsymbol{x}/dt = L(t)\boldsymbol{x}$ を考える場合は，その解は形式的に $e^{\int_0^t L(\tau)d\tau}\boldsymbol{x}_0$ と書け，$L(t)$ の固有値が有界である限り，有限時間で解が発散することはない．

26   1 非線形数学へ向けた序説

デルの世界にはない非線形の面白さである．

　最後に，非線形問題は高次元になると事情がまったく異なることを注意しておく．1 変数の自律的力学系，すなわち式 (1.35) のように右辺が t を含まない 1 階の常微分方程式は[*15]，変数分離型であり，求積法で積分できるのに対し，高次元になると力学系は自律的であっても一般に「非可積分」である．

1.2.3　特　異　性

　ある法則に対して固有のスケールが決まって線形近似ができるためには，グラフが滑らかであること (正確にいうと，注目点の近傍で解析関数であること) が必要である．非線形なグラフの中には「折れ曲がったもの」もある．さらには不連続なもの[*16]もある．あるいは，一見滑らかでも何回か微分すると微分係数に不連続性が生じるものもある．さらに，いたるところ微分不可能な連続関数も存在する．

　このような**特異性** (singularity) をもつグラフはスケールを決めることが難しい．上記の定義に従うと，スケールは 0 となる．不連続点や折れ曲がり点 (Taylor 級数の収束半径が 0 となる点を**特異点**という) では線形近似ができない．Taylor 展開 (1.34) ができる場合は，非線形性はパラメタ変化が基準スケールに比べて大きくなったとき発現するのだが，特異点では逆に小さな極限で非線形性が強くなる．

　特異点からはさまざまな「異常現象」が生まれる．ここでは式 (1.35) の形の微分方程式を例にして，小さな極限で強く働く非線形効果を見よう．折れ曲がったグラフをもつ関数の典型は $f(x) = |x|^p$ $(p > 0)$ である[*17]．例えば

$$\frac{d}{dt}x = -\sqrt{|x|} \tag{1.38}$$

[*15]　これを自律的 (あるいは自励的) というのは，$t \mapsto t + c$ のように時刻の原点を移動しても運動法則が変わらないからである．つまり t は固有の原点をもつ「時刻」ではなく「時間」だとしてよいのである．逆に，t の原点を移動できない (運動方程式の右辺の f が t を含む) ということは，その系に対して外部のリズムで働く作用が与えられているという意味である．

[*16]　線形理論における不連続な写像とは意味が違うことに注意しよう．有限次元の線形写像のグラフは，平面であるから，必ず連続である．しかし無限次元空間では，線形写像の定義域が空間より小さな空間であるとき，無限にある基底ベクトルたちの中に，定義域を外れていく無限列をみつけることができると不連続性が現れるのである．例 1.3 参照．

[*17]　これは連続であるが，導関数 $p|x|^{p-1}$ は $p < 1$ のとき $x = 0$ で発散する．なお，ある x の区間で $|f(x+\varepsilon) - f(x)| \leq M|\varepsilon|^\alpha$ $(\exists M > 0)$ と評価できるとき，$f(x)$ は α 次の Hölder 連続関数という．特に $\alpha = 1$ とできる場合が Lipschitz 連続関数である．$f(x) = |x|^p$ $(p \geq 0)$ は，$x = 0$ を含む区間で，p 次の Hölder 連続関数である．

に対して初期条件 $x(0) = x_0 \ (>0)$ を与えて解くと

$$x(t) = \begin{cases} (t_0 - t)^2/4 & (t \leq t_0 = 2\sqrt{x_0}), \\ 0 & (t > t_0) \end{cases} \tag{1.39}$$

を得る．$x(t)$ は有限な時間 t_0 で 0 になる．線形常微分方程式から導かれる指数関数では，決して有限時間で 0 になることはないのだが，$x = 0$ を特異点とする非線形常微分方程式 (1.38) では，x が 0 に近づくほど非線形性が強く効いて，有限時間で 0 になる．

特異点は，もっと不思議な作用もする．式 (1.38) の解は，いったん $t = t_0$ で 0 になった後，任意の時刻 $t_1 \geq t_0$ で $x = 0$ を離れて，さらに負の領域へ減少を続けることができる．すなわち

$$x(t) = \begin{cases} (t_0 - t)^2/4 & (t < t_0 = 2\sqrt{x_0}), \\ 0 & (t_1 \geq t \geq t_0), \\ -(t - t_1)^2/4 & (t > t_1 \geq t_0) \end{cases} \tag{1.40}$$

なる解を得る．t_1 は t_0 以上という条件下で任意であるから，式 (1.38) の解は，特異点 $x = 0$ に接したところで「一意性」を失うのである．このように運動方程式 (微分方程式) の初期値問題に対する解が一意的でないとき，その運動は「予測不可能」である[*18]．

定義 1.4 (拡張された微分 I: 超関数微分) 折れ曲がった関数でも微分の意味を拡張することで導関数を定義することができる．1 つの方法は超関数の意味での微分である．区間 $(-1, 1)$ 上で定義された関数を考えよう．無限回連続微分可能であり，境界上で 0 となる関数の集合を $\mathcal{D}(-1, 1)$ と書く．$u(t)$ が特異点をもつ関数であっても

$$(u, \varphi) = \int_{-1}^{1} u(t)\overline{\varphi(x)}\,dx \tag{1.41}$$

が任意の $\varphi \in \mathcal{D}(-1, 1)$ に対して有限な値をもつとき，u を **Schwartz 超関数**という．ただし式 (1.41) の右辺は Lebesgue 積分である．Schwartz 超関数の全体集合を $\mathcal{D}'(-1, 1)$ と書く．$u \in \mathcal{D}'(-1, 1)$ の p 階導関数 $\partial_x^p u$ を

$$(\partial_x^p u, \varphi) = (-1)^p (u, \partial_x^p \varphi) \quad (\forall \varphi \in \mathcal{D}(-1, 1)) \tag{1.42}$$

[*18] いわゆるカオスが，予測の困難さを意味するのとは異なる概念である．

により定義する．右辺はいつも有限値をもつので，$u \in \mathcal{D}'(-1,1)$ は何回でも式 (1.42) の意味で微分可能である．

例 1.10 [ステップ関数，デルタ関数] よく知られているように，折れ曲がった関数 $f(x) = \max(0, x)$ の超関数微分は

$$\partial_x f(x) = Y(x), \quad \partial_x^2 f(x) = \delta(x), \quad \cdots, \quad \partial_x^p f(x) = \delta^{(p-1)}(x) \tag{1.43}$$

と与えられる．$Y(x)$ は Heaviside のステップ関数，$\delta(x)$ は Dirac のデルタ関数，$\delta^p(x)$ はその p 階導関数である ($\int g(x) \delta^p(x)\, dx = (-1)^p \partial^p g(0)$ と計算する)． ◁

式 (1.41) の積分は Lebesgue 積分によって定義するので，Schwartz 超関数は測度 0 の「点」の上の値を関知しない．したがって，上記のように拡張された導関数も特異点上の値は定義されない．しかし，特異点での微分係数を多価関数として定義しておくとしばしば便利である (2.2.2 項で多価関数の応用をみる)．

連続微分可能ではないが Lipschitz 連続である関数の例として $f(x) = \max(0, x)$ を考えてみよう．この導関数は超関数としては $f'(x) = Y(x)$ と与えられ (例 1.10 参照)，折れ曲がり点 $x = 0$ における微分係数 $f'(0)$ は任意に選べる (例えばこれを下半連続にしたければ $f'(0) = 0$ にすればよいが，他の任意の値を指定しても式 (1.42) の定義と矛盾しない)．幾何学的に考えると，微分係数とはグラフに対して引かれる接線の勾配である．折れ曲がり点では区間 $[0, 1]$ に属する任意の勾配の直線が $f(x)$ のグラフに接している．したがって $\{f'(0)\} = [0, 1]$ として多価の (集合に値をとる) 微分係数を定義するのが妥当であろう．定義 1.4 で述べたように，超関数としての微分は測度が 0 である 1 点の値は関知しないので，$f'(0)$ なるものにいかなる値を与えてもよいのであって，これを特定の集合値に制限するものではない．以下に述べる微分は超関数微分とは異なる定義の微分である．

定義 1.5 (拡張された微分 II: Clarke 微分，劣微分) 空間 $X = \mathbb{R}^n$ で定義された実汎関数 $f(\boldsymbol{x})$ を考える．$f(\boldsymbol{x})$ は Lipschitz 連続関数であるとする．このとき，ほとんどすべての点で $f(\boldsymbol{x})$ の勾配微分 ($\partial_{\boldsymbol{x}} f(\boldsymbol{x})$ と書く) が評価できることが知られている[*19]．$\boldsymbol{x} \in X$ に対して点列 $\boldsymbol{\delta}_j \to 0$ を与え，$\boldsymbol{x} + \boldsymbol{\delta}_j$ 上で f の勾配微分が評

[*19] X の内積を $(\boldsymbol{u}, \boldsymbol{v})$ と書く．X 上の汎関数 $f(\boldsymbol{x})$ に対して，$\delta f = f(\boldsymbol{x} + \varepsilon \boldsymbol{\delta}) - f(\boldsymbol{x}) = \varepsilon(\boldsymbol{u}, \boldsymbol{\delta})$ ($\forall \boldsymbol{\delta}, |\varepsilon| \ll 1$) と評価されるとき，$\boldsymbol{u} = \partial_{\boldsymbol{x}} f$ と書いて，これを f の勾配微分という．X は無限次元の Hilbert 空間に拡張できる．

価できるとする．このとき

$$\lim_{j \to \infty} \partial_{\boldsymbol{x}} f(\boldsymbol{x} + \boldsymbol{\delta}_j) \tag{1.44}$$

なる極限として与えられる点の集合の凸閉包を $f(\boldsymbol{x})$ の Clarke (勾配) 微分という[6]．

$f(\boldsymbol{x})$ が $\emptyset$ でない定義域をもつ凸汎関数であるとする．$f(\boldsymbol{x})$ から集合

$$\{\boldsymbol{g}; f(\boldsymbol{x}+\boldsymbol{\delta}) - f(\boldsymbol{x}) \geq (\boldsymbol{g}, \boldsymbol{\delta}), \forall \boldsymbol{\delta} \in X\} \tag{1.45}$$

への写像を劣微分という (2.2.3 項参照[7])．これは Clarke 微分と同値である．

1.2.4 襞

2 つの変数 x と y の間に関係があるとき，抽象的にこれを $F(x,y) = 0$ と書こう．x を積極的に変化させ，y の変動を観測するというイメージで，x を独立変数，y を従属変数とするならば，法則は $y = f(x)$ の形に表現される．つまり $F(x, f(x)) = 0$．$f(x)$ は陰関数とよばれるものである．線形 (直線グラフ) の場合，$F(x,y)$ が実際に y を含むなら，必ず有限な a があって $y = ax$ と書くことができる (この関係はすべての $x \in \mathbb{R}$ について一様に成立する)．しかし，非線形 (曲がったグラフ) の場合には，陰関数の存在は限定的，局所的になる．x-y 平面の場合は，直観的にも明らかなように，グラフ上の点 $(x_0, F(x_0))$ の近傍で陰関数が一意的に存在するためには，

$$\left. \frac{\partial F(x,y)}{\partial y} \right|_{(x_0, F(x_0))} \neq 0 \tag{1.46}$$

であることが必要十分である．幾何学的にいうと，グラフが**襞**をつくらない限り，$x \mapsto y$ の写像が一意的に決まるということである．この関係は x, y，さらに F がベクトル値の場合に拡張でき，いわゆる陰関数定理[5]によって陰関数が一意的に定められる必要十分条件が与えられる．さらに無限次元のベクトル空間でも同じようなことがいえる[8]．しかし，ここで観察したいのは，むしろグラフの襞が何を引き起こすかである．

a. 分岐

陰関数定理の条件 (1.46) ——ここではもっとも簡単な 2 変数の関係 $F(x,y)$ を考える—— が破られるとき，写像 $x \mapsto y$ の一意性が壊れる．その結果，多価に分

岐した写像 (あるいは多価写像が与える複数の解) が発生し得る．

多価の写像ないし解の基本形は線形問題でもすでに見ている．1.1.2 項，1.1.3 項で述べたように，線形方程式 (1.4) は，$y \in R(L)$ を与えると，$\mathrm{Ker}(L) = \{0\}$ であるときはただ 1 つの解 $x = L^{-1}y$ をもち，$\mathrm{Ker}(L)$ が自明でない元 u を含むときは

$$x = x_0 + \alpha u \quad (\forall \alpha \in \mathbb{K}) \tag{1.47}$$

のように無限個の解をもつ (x_0 は 1 つの特解である)．また，$y \in \mathrm{Coker}(L) \setminus \{0\}$ であるときは解がない．つまり，線形モデルの世界では有限な複数個の解があるという事態は起こらない．

しかし，現実世界では，複数 (有限な数) の異なる状態への分岐がしばしば観測される．複数の状態をうまく利用しているシステムもある (いわゆるスイッチ)．こうした現象を記述するためには襞をもつグラフが必要である．関係式 $F(x,y) = 0$ を満たす点の集合を $x \mapsto y$ の方向に見たとき「重なり」があるなら，同じ x に対して複数の y を与える多価写像 $y = f(x)$ を定義しなくてはならない．グラフの襞の折れ曲がり点では $\partial F(x,y)/\partial y = 0$ となり，一意的な陰関数の存在条件 (1.46) が破られる．そこが多価関数の分岐点である．

逆に関係式 $F(x,y) = 0$ を満たす点の集合を $y \mapsto x$ の方向に見たときに重なりがあるときは (図 1.1 参照)，$y = f(x)$ を x について解こうとすると分岐が起こる．分岐点では $df/dx = 0$ である．すなわち $y = f(x)$ のグラフの臨界点が分岐点となる．

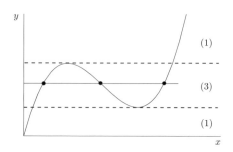

図 1.1 襞をもつグラフ．$y = f(x)$ を x について解こうとすると，y の値に応じて，解が 1 個の領域 (1) と 3 個の領域 (3) がある．解の数は臨界点 ($f(x)$ が極値をとる点) で変化し，ちょうど臨界点では 2 個である．y をパラメタとして変化させると，解は臨界点で発生あるいは消滅する．

b. カタストロフィー

図 1.1 において変数 y をパラメタとして連続に変化させたとき，$y = f(x)$ の解 x は，それぞれの枝の上で連続に変化する．しかし，臨界点に近接する枝の解は臨界点に達したところで消失し，さらに解を求めようとすると，他の枝の解へ乗り移らなくてはならない．パラメタ y の連続変化に対して解 x は不連続に変化するのである．このような現象をカタストロフィーという．

ある 1 つの解の性質 (パラメタを変化させたときの振舞い) を局所的に (パラメタの微小変化の範囲で) 観察しても (つまり線形理論の範囲で考察しても)，その解がどの枝の上にあるのかわからなければ，不連続変化を予測することはできない．グラフの大域的な構造を把握して初めて，私たちは注目している状態 (方程式の解) の広い空間での位置付けを理解できるのである．

c. ヒステリシス

引き続き図 1.1 において異なる枝の上にある解のことを考えよう．現実にどの解が選ばれて存在するのか，という疑問が生まれる．

まず，解の安定性が問題となるだろう．安定性は時間概念を伴う概念である．それぞれの解 = 状態に微小な摂動を加えたとき，状態がどのように変化するかを考えるわけであるが，摂動によってグラフ上の点を変位させるということは，時間に依存する変数 $\tilde{x}(t)$ を自由度として系に付加するということである．これによって，状態はグラフを離れて移動できるようになる (カタストロフィーとしてグラフ上の点が別の枝の状態へ飛び移るのも，正確には時間変化として記述されなくてはならない)．普通は複数の分岐解の中に安定なものと不安定なものが存在する．摂動 $\tilde{x}(t)$ の「エネルギー」を考えたとき，分岐解はエネルギーの平衡点であり，安定なものはエネルギーの極小点，不安定なものは極大点となる．

もし安定な状態が複数あるとするならば，どの状態が実際に選択されるのであろうか？ 安定性は各枝の近傍の局所的な性質でしかない．したがって，安定状態の近傍で小さな変動があっても，別の安定状態が空間のどこかにあるということを，その枝を選択した者は知る術がない．別の状態を探すという事態が発生し得るのは，パラメタ y の変化によって異なる安定解が邂逅する (分岐点を通過する) 場合か，あるいはカタストロフィーが起こる (状態が消滅する) 場合である．したがって，状態の選択は分岐した枝の上の遍歴によっている．通時的な事情によっ

て状態が選択されることをヒステリシスという．

d. 構造

　構造とは固有のスケールをもつ数学的対象だと概念規定しよう．私たちはこのような例を線形モデルでも知っている．固有ベクトル (固有関数) である．これらは固有値というパラメタが特別な値をとるところに存在する．例えば例 1.6 で見た運動量作用素 $P_2 = -i\hbar\partial_x$ の固有値 $\lambda = 2\pi\hbar n$ ($n = 1, 2, \cdots$) は，波動関数の波数 (すなわち運動量) が離散的な (量子化された) 値をとることを示している．しかし，固有関数の振幅は不定である：式 (1.47) の形に整理すると，$J_\lambda = \lambda I - P_2$ とおいた場合に λ が固有値，$u \in \mathrm{Ker}(J_\lambda)$ が固有関数，α が振幅に相当する．振幅を決めるためには，$\|u\|^2$ などを別途指定しなくてはならない．逆にいえば，任意の振幅に対して，波は同じ形 (固有関数として指定される) をもつのである．

　非線形の世界では，構造は「固有の大きさ」をもつ．本節では 2 つの実数パラメタ x と y の間の非線形な関係を中心に考えてきたので「状態」は実数軸 $\mathbb{R}$ 上の点によって表され，「形」に相当する自由度をもたない．ただ「大きさ」のみをもち，それぞれの分岐解が固有の大きさをもつ．非線形理論を高次元・無限次元へと拡張すると，状態は「形」に相当する自由度をもつようになる．そのとき，構造とは「固有の大きさと形」をもつものになる．5 章で議論するソリトンは非線形波動に現れる非線形構造の典型的な例である．

2 基本となる方法

　非線形現象の研究に動員される数学は，代数，幾何，解析といったさまざまな分野にわたる．研究の最前線では，このような古典的分類で分野を縦割りにする意味はないだろう．しかし，初学者のためには，これまで学んだ知識を活用しやすくするために，それぞれの分野のものの見方を礎にして，その先にある対象を考えてみることで，効率的な導入になるはずだ．本章では，非線形科学の「方法論」という観点から，基本的な概念と考え方をトポロジー的方法，解析学的方法，代数学的方法および幾何学的方法に分類して俯瞰する．

2.1　トポロジー的方法

　比例関係のまっすぐなグラフが変形したときにどのようなことが起こるのか，これが非線形数学の主題である．まず注目すべきは「変形しても不変なことは何か」である．本節では，これをトポロジーの問題として議論する．**トポロジー** (位相) とは「差異の基準」を意味する数学の基本的な概念である．ここでトポロジーというのは，グラフの連続変形に関して不変な性質を意味する．線形モデルのまっすぐなグラフを連続的に変形した場合に，線形モデルで成り立っていた性質 (例えば解の存在) が非線形モデルでも成り立つことが保障されるという場合には，逆に非線形問題を線形問題に帰着して議論することができるだろう．本節で企てているのは，このような推論の方法である[*1]．

2.1.1　写　　像　　度

　定義域を $[-1, 1]$ とする連続写像 $y = f(x)$ について，y を与えてこれを x について解く問題を考える (1.2.4 項参照)．まず $f(x) = ax$ ($a > 0$ は定数) としよう．$y \in R(f) = [-a, a]$ であれば一意的な解が得られる．つまり，グラフの「端の値」で決まる区間に y が入っていれば，方程式は解をもつ．グラフを直線から歪めて

[*1] 本節および次節の記述の多くは吉田[9]の第 6 章による．

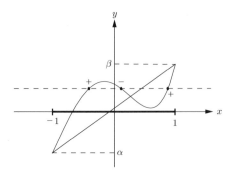

図 2.1 写像度の定義．$f(x)$ のグラフを変形すると，写像の多価性 (重なり) は変化する．しかし，それぞれの横断点に横切る向きに応じて ±1 の値を与えると，その総和は $f(x)$ の変形 (境界値は固定) に対して不変となる．

も，このことは変わらない．すなわち，

$$\alpha = \min[f(-1), f(1)], \quad \beta = \max[f(-1), f(1)]$$

とおいたとき，$\alpha \leq y \leq \beta$ が満たされれば，少なくとも 1 つの解が存在する．境界値は方程式の可解性を判定するのに使えるのである (図 2.1 参照)．ただし，$f(x)$ は連続関数でなくてはならない．また，非線形になると，主張できることは線形の場合と比べて弱くなっている．グラフの「単調性」が失われると解の分岐が起こるのである．さらに，$\max f(x)$ あるいは $\min f(x)$ が定義域の境界以外で現れるようになると，境界値の条件は十分条件であって必要条件ではなくなる．

図形的には，$y = f(x)$ のグラフが $y = $ 一定の直線を横断する交点が解である．y から x を見たグラフに襞があると，解は複数になる．直線のグラフから始めて，それを連続的に変形させて襞をつくるというプロセスを考えよう．襞ができてグラフの単調性が失われると解 (グラフ上の交点) の数は変化するのだが，交点に符号を与えて足し合わせた次のような量は，グラフの連続な変形に対して不変である．連続変形に対して不変な量を**ホモトピー不変量** (homotopy invariant) という．$f(x)$ のグラフが $y = \eta$(定数) の直線を横断する向きによって ±1 の値を与え，その総和をとってみよう．$f(x_j) = \eta$ を満たす m 個の交点 x_j $(j = 1, \cdots, m)$ が $\Omega = D(f)$ 内に存在するとき，

$$\deg(f,\Omega,\eta) = \sum_{j=1}^{m} \operatorname{sgn} f'(x_j) \tag{2.1}$$

と定義し，これを点 η における f の**写像度** (degree) という[*2]．ただし $m=0$ のときは $\deg(f,\Omega,\eta) = 0$ と定義する．境界値 $f(\pm 1)$ を固定する限り (さらに一般化すると，$f(\pm 1)$ が注目値 η を超えて変化しない限りで変化してもよい) $f(x)$ を変形しても $\deg(f,\Omega,\eta)$ は一定の値をもつ．実際，横断点は必ず正と負が対となって生成・消滅するので，$\deg(f,\Omega,\eta)$ は不変である．

以上は 1 変数の写像についての議論であるが，一般の高次元を考える場合には，横断の符号はヤコビアンの符号によって定義される．$\Omega\ (\subset \mathbb{R}^n)$ から $\mathbb{R}^n$ への滑らかな写像 $\boldsymbol{f}$ を考える．ヤコビアンを $J(\boldsymbol{x}) = \det(\partial \boldsymbol{f}/\partial \boldsymbol{x})$ と書く．ある $\boldsymbol{y} = \boldsymbol{\eta}$ に対して $\boldsymbol{f}(\boldsymbol{x}) = \boldsymbol{\eta}$ を満たす m 個の横断点 $\boldsymbol{x}_j$ $(j=1,\cdots,m)$ が Ω 内に存在するとき，

$$\deg(\boldsymbol{f},\Omega,\boldsymbol{\eta}) = \sum_{j=1}^{m} \operatorname{sgn} J(\boldsymbol{x}_j) \tag{2.2}$$

を $\boldsymbol{\eta}$ における $\boldsymbol{f}$ の写像度と定義する．式 (2.2) が式 (2.1) の一般化であることは明らかである．$\deg(\boldsymbol{f},\Omega,\boldsymbol{\eta})$ は境界値 $\boldsymbol{f}(\boldsymbol{x})|_{\partial\Omega}$ のみによって決まる整数値をもち，境界値を固定して $\boldsymbol{f}(\boldsymbol{x})$ を連続に変形することに対して不変であることが示される．写像度の定義は，さらに無限次元の Banach 空間における完全連続作用素[*3]にまで拡張できる[10,11]．

2.1.2 不動点定理

前項では，方程式 $y = f(x)$ を x について解くという問題について考えてきたが，少し見方を変えると，いわゆる**不動点** (fixed point) を探す問題もまったく同様に議論できることがわかる．

$\Omega \subset X$ を定義域とする写像 $\boldsymbol{f}: \Omega \to X$ に対して，方程式

$$\boldsymbol{f}(\boldsymbol{x}) = \boldsymbol{x} \tag{2.3}$$

[*2] η が $f(x)$ の臨界点であるときは，η に収束する点列 $\{y_\ell\}$ をとり，$\lim \deg(f,\Omega,y_\ell)$ により y_ℓ における写像度を定義する．この極限は，$f(x)$ が十分滑らか (C^2 級) であれば一意的に収束することが示される．

[*3] 写像 $f: X \to Y$ が完全連続であるとは，これが連続であり，さらに X に含まれる任意の有界集合 Ω の f による像の閉包 $\overline{f(\Omega)}$ が Y のコンパクト集合となることをいう．

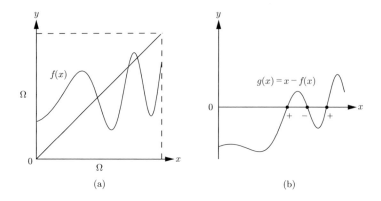

図 2.2 不動点と横断条件. (a) Ω から Ω 内への写像 $f(x)$ の不動点は, $y = f(x)$ のグラフと $y = x$ のグラフの交叉点として与えられる. (b) $g(x) = x - f(x)$ と定義すると, f の不動点は g の $y = 0$ に対する横断点にほかならない.

を満たす点 $x \in \Omega$ を f の不動点とよぶ.

1次元の例から始めよう. $f(x)$ は有界区間 $\Omega = [a, b] \subset \mathbb{R}$ から $\mathbb{R}$ への連続写像とする. 図 2.2(a) に示したように, f の不動点は, $y = f(x)$ のグラフが $y = x$ のグラフを横断する点として与えられる. f による Ω の像を $f(\Omega)$ と書く. 図から明らかなように, $f(\Omega) \subseteq \Omega$ であるときには, $y = f(x)$ のグラフは必ず直線 $y = x$ を横断する (あるいは境界で交わる). したがって, Ω から Ω への連続写像は不動点をもつ. さて,

$$g(x) = x - f(x) \tag{2.4}$$

と定義すると, $f(x)$ の不動点を求める問題は, 方程式 $g(x) = 0$ を満たす解 x を求める問題に帰着できる. 図 2.2(b) は $y = g(x)$ のグラフを示したものである. $f(\Omega) \subseteq \Omega$ であるならば, f の不動点が境界 $x = a$ あるいは $x = b$ の上にある場合を除いて, $g(a) < 0 < g(b)$ が成り立つ. したがって, 連続写像 $g(x)$ のグラフは必ず $y = 0$ を横断する. このことを, 写像度を用いていうと, $\deg(g, \Omega, 0) = 1$. これは $g(x) = 0$ を満たす x が Ω 内に少なくとも 1 つ存在することを意味する.

以上は 1 次元の写像の場合であるが, n 次元の連続写像について次の定理がある.

定理 2.1 (Brouwer の不動点定理) $\Omega \, (\subset \mathbb{R}^n)$ は有界な閉凸集合とする. Ω から Ω への連続写像 f は Ω に不動点をもつ.

(**証明**) ここでは，式 (2.2) で定義した写像度 $\deg(\boldsymbol{f},\Omega,\boldsymbol{y})$ がホモトピー不変であることを認めて，この定理を証明しよう．$\mathbb{R}^n$ の原点 $\boldsymbol{0}$ を適当に移動して，$\boldsymbol{0}$ が Ω の内点であるようにする．

$$g_p(\boldsymbol{x}) = \boldsymbol{x} - p\boldsymbol{f}(\boldsymbol{x}) \quad (0 \leq p \leq 1) \tag{2.5}$$

と定義する．定理は $\boldsymbol{0} \in g_1(\Omega)$ を示せば証明される．Ω の境界を $\partial\Omega$ と書く．$\boldsymbol{0} \in g_1(\partial\Omega)$ の場合は定理が成立するので，$\boldsymbol{0} \notin g_1(\partial\Omega)$ の場合を考える．このとき，任意の p $(0 \leq p < 1)$ について $\boldsymbol{0} \notin g_p(\partial\Omega)$ である．実際，仮にある p $(0 \leq p < 1)$ と $\boldsymbol{x}_p \in \partial\Omega$ に対して $\boldsymbol{0} = g_p(\boldsymbol{x}_p)$ が成り立つとしてみよう．すなわち，$\boldsymbol{x}_p = p\boldsymbol{f}(\boldsymbol{x}_p)$．$\boldsymbol{f}(\boldsymbol{x}_p)$ は Ω に含まれなくてはならない．Ω は凸集合であると仮定したので，$\boldsymbol{f}(\boldsymbol{x}_p)$ と $\boldsymbol{0}$ を結ぶ直線上の内点 $p\boldsymbol{f}(\boldsymbol{x}_p)$ $(0 \leq p < 1)$ は Ω の内点でなくてはならない．これは $\boldsymbol{x}_p = p\boldsymbol{f}(\boldsymbol{x}_p)$ が境界点であるという仮定と矛盾する．以上より，今の場合 $\boldsymbol{0} \notin g_p(\partial\Omega)$ $(0 \leq p \leq 1)$．さて，$g_0(\boldsymbol{x}) = \boldsymbol{x}$ に対しては，定義より $\deg(g_0,\Omega,\boldsymbol{0}) = 1$ を得る．$g_p(\boldsymbol{x})$ のパラメタ p を変化させると，写像は連続な変形を受ける．このとき，境界値 $g_p(\partial\Omega)$ は，すべての p $(0 \leq p \leq 1)$ に対して，注目している値 $\boldsymbol{0}$ を横断することはない．したがって，写像度 $\deg(g_p,\Omega,\boldsymbol{0})$ は p に依存しない一定の値をもつ：

$$\deg(g_1,\Omega,\boldsymbol{0}) = \deg(g_p,\Omega,\boldsymbol{0}) = \deg(g_0,\Omega,\boldsymbol{0}) = 1.$$

このことから，グラフ $\boldsymbol{y} = g_1(\boldsymbol{x}) = \boldsymbol{x} - \boldsymbol{f}(\boldsymbol{x})$ は少なくとも 1 つの点 $\boldsymbol{x}$ $(\in \Omega)$ において $\boldsymbol{y} = \boldsymbol{0}$ を横断することが示せた． ∎

上記の定理は，無限次元ベクトル空間の完全連続写像に対して一般化される．結果のみ紹介しておく．

定理 2.2 (Schauder の不動点定理) Banach 空間 X における完全連続作用素 f が，X に含まれる凸な有界閉集合 Ω を Ω の中へ写すならば，f は Ω に不動点をもつ．

2.2 解析学的方法

解析学の本領は極限操作を伴う推論である．応用上も重要なのは，まず「近似列」を構成し，その収束点をもって解を構成するという方法である．その際に問

題となるのは，近似列が収束すること，さらに収束点が(ある意味で)方程式の解であることを証明することである．ここでは理論的な解の構成を議論するが，その方法を数値解析に応用することもできるだろう．

2.2.1 逐次代入法

極限は観念的に想定されるものであるから，それが実際に存在し，期待される特質をもつものであることを証明してはじめて意味がある．そのためには，極限に至る手続き，すなわちベクトル空間 X 内の点列のつくり方を具体的に決めて，その収束を論じなくてはならない．本項では代表的な方法である**逐次代入法** (iteration) について説明する．

まず，収束判定条件として有用な次の補題を用意する．

補題 2.1 (絶対収束級数) Banach 空間 X に含まれる点列 $\{\boldsymbol{x}_j\}$ に対して

$$\sum_{j=1}^{\infty} \|\boldsymbol{x}_j\| < \infty$$

が成り立つならば，級数 $\sum_{j=1}^{\infty} \boldsymbol{x}_j$ は収束する．

(証明) $\boldsymbol{y}_n = \sum_{j=1}^{n} \boldsymbol{x}_j$ と書くことにする．$m > n$ に対して，

$$\|\boldsymbol{y}_m - \boldsymbol{y}_n\| = \left\|\sum_{j=n+1}^{m} \boldsymbol{x}_j\right\| \leq \sum_{j=n+1}^{m} \|\boldsymbol{x}_j\| \to 0 \quad (n, m \to \infty).$$

したがって，$\{\boldsymbol{y}_n\}$ は Cauchy 列である． ∎

近似列の収束を議論するためには，写像の連続性より強い条件が必要となる．次のように定義する (Lipschitz 連続性については 1.2.3 項ですでに述べた)．なお本節では非線形写像 $f(\boldsymbol{x})$ を非線形作用素 A によって $A\boldsymbol{x}$ のように書く．

定義 2.1 (Lipschitz 連続作用素，縮小作用素) Banach 空間 X における作用素 A が **Lipschitz 連続**であるとは，ある正の定数 ℓ (Lipschitz 係数という) があって

$$\|A\bm{x}_1 - A\bm{x}_2\| \leq \ell \|\bm{x}_1 - \bm{x}_2\| \quad (\forall \bm{x}_1, \bm{x}_2 \in D(A)) \tag{2.6}$$

が成り立つことをいう．式 (2.6) において $\ell \leq 1$ にとれる場合，A を縮小作用素という．特に $\ell < 1$ とできる場合は，**厳縮小作用素**ということにする．

次の定理は逐次代入法によって証明される．

定理 2.3 (厳縮小写像の不動点) Banach 空間 X における作用素 A が，X の閉部分集合 S を S に写すとする．A が厳縮小であるとき，A は S の中に一意的な不動点をもつ (すなわち方程式 $A\bm{x} = \bm{x}$ は一意的な解をもつ)．

(証明) まず不動点の一意性を示す．$\bm{x}, \bm{x}'$ が不動点であるとする．すなわち，$\bm{x} = A\bm{x}$，$\bm{x}' = A\bm{x}'$．厳縮小性により，ある定数 $c \in [0,1)$ があって，

$$\|\bm{x} - \bm{x}'\| = \|A\bm{x} - A\bm{x}'\| \leq c\|\bm{x} - \bm{x}'\|.$$

したがって，$(1-c)\|\bm{x} - \bm{x}'\| \leq 0$．$c < 1$ であるから，$\|\bm{x} - \bm{x}'\| = 0$ でなくてはならない．

次に，不動点の存在を逐次代入の方法で示す．任意の $\bm{x}_0 \in S$ をとり，

$$\bm{x}_j = A\bm{x}_{j-1} \quad (j = 1, 2, \cdots)$$

によって点列 $\{\bm{x}_j\}$ をつくる．厳縮小性により

$$\|\bm{x}_{j+1} - \bm{x}_j\| = \|A\bm{x}_j - A\bm{x}_{j-1}\| \leq c\|\bm{x}_j - \bm{x}_{j-1}\| \cdots \leq c^j \|\bm{x}_1 - \bm{x}_0\|$$

を得る．よって

$$\|\bm{x}_0\| + \sum_{j=0}^{\infty} \|\bm{x}_{j+1} - \bm{x}_j\| \leq \|\bm{x}_0\| + \|\bm{x}_1 - \bm{x}_0\| \sum_{j=0}^{\infty} c^j.$$

$0 \leq c < 1$ であるから，この右辺は有限な値に収束する．補題 2.1 により，

$$\bm{x}_0 + \sum_{j=0}^{\infty} (\bm{x}_{j+1} - \bm{x}_j) = \lim_{j \to \infty} \bm{x}_j$$

は収束する．この極限を $\bm{x}$ とすると，A の連続性により，$\bm{x} = A\bm{x}$．■

厳縮小作用素について成り立つこの不動点定理は，単に連続な作用素に関する抽象的な不動点定理である定理 2.2 よりも構成的であり，また一意性も得られた

ことに注目しよう．

縮小性は，きつい制限であるが，例えば次のような問題は定理 2.3 に帰着して解くことができる．

例 2.1 [非線形 Poisson 方程式] 実 Hilbert 空間 $X = L^2(0,1)$ でラプラシアン $\Delta = \partial_x^2$ を $D(\Delta) = H^2(0,1) \cap H_0^1(0,1)$ として定義する．これは不連続線形作用素である (例 1.3, 1.4 参照)．$f(t)$ は Lipschitz 連続関数とし (Lipschitz 係数は後で定める)，方程式

$$\Delta u = f(u) \tag{2.7}$$

を考える．Δ は自己共役作用素であり，そのスペクトル分解は

$$\Delta = \sum_{j=1}^{\infty} \lambda_j(\ ,\varphi_j)\varphi_j, \quad [\lambda_j = -(\pi j)^2,\ \varphi_j = \sqrt{2}\sin(\pi j x)]. \tag{2.8}$$

これは $D(\Delta)$ から X への全単射であり，逆写像 Δ^{-1} は

$$\Delta^{-1} = \sum_{j=1}^{\infty} \lambda_j^{-1}(\ ,\varphi_j)\varphi_j \tag{2.9}$$

と与えられる (系 1.1 参照)．これを用いて $\Delta u = w$ を $u = \Delta^{-1}w$ と解き，式 (2.7) を

$$w = f(\Delta^{-1}w) \tag{2.10}$$

と書き換える．右辺の写像が厳縮小写像であれば式 (2.10) は一意的な解をもつ．このためには Lipschitz 係数 ℓ が十分小さければよい：

$$\|f(\Delta^{-1}w_1) - f(\Delta^{-1}w_2)\| \leq \ell \|\Delta^{-1}(w_1 - w_2)\| \tag{2.11}$$

と評価されるとする．式 (2.9) と Schwarz の不等式を用いると，

$$\|\Delta^{-1}(w_1 - w_2)\|^2 = \sum_{j=1}^{\infty} \lambda_j^{-1}|(w_1 - w_2, \varphi_j)|^2$$

$$\leq \sum_{j=1}^{\infty} \lambda_j^{-1}\|w_1 - w_2\|^2 = \frac{1}{6}\|w_1 - w_2\|^2.$$

したがって $\ell/\sqrt{6} < 1$ であれば方程式 (2.7) は一意的な解をもつ． ◁

次の定理も，逐次代入による収束列の生成によって証明される．

定理 2.4 (Lipschitz 連続な生成作用素をもつ発展方程式) Banach 空間 X 全体で定義された Lipschitz 連続な作用素 A が与えられたとする．発展方程式の初期値問題

$$\frac{d}{dt}\bm{x} = A\bm{x}, \quad \bm{x}(0) = \bm{x}_0 \in X \tag{2.12}$$

は $[0, \infty)$ で一意的な解 $\bm{x}(t)$ をもつ．

(証明) まず式 (2.12) を積分方程式に書き換える：

$$\bm{x}(t) = \bm{x}_0 + \int_0^t A\bm{x}(\tau)\, d\tau. \tag{2.13}$$

A は Lipschitz 連続であるから，(2.13) 右辺の積分は通常の Riemann 和の X のノルムに関する極限として定義すればよい．これについて，次のような逐次代入で関数列をつくる：

$$\bm{x}_0(t) = \bm{x}_0,$$

$$\bm{x}_{j+1} = \bm{x}_0 + \int_0^t A\bm{x}_j(\tau)\, d\tau \quad (j = 0, 1, \cdots).$$

ただし，$t \geq 0$ である．Lipschitz 連続性により (Lipschitz 係数を ℓ とする)，

$$\|\bm{x}_{j+1}(t) - \bm{x}_j(t)\| \leq \int_0^t \|A\bm{x}_j(\tau_1) - A\bm{x}_{j-1}(\tau_1)\|\, d\tau_1$$

$$\leq \ell \int_0^t \|\bm{x}_j(\tau_1) - \bm{x}_{j-1}(\tau_1)\|\, d\tau_1$$

$$\vdots$$

$$\leq \ell^j \int_0^t \cdots \int_0^{\tau_j} \|A\bm{x}_0\|\, d\tau_{j+1} \cdots d\tau_1$$

$$= \|A\bm{x}_0\| \frac{\ell^j t^{j+1}}{(j+1)!}.$$

したがって，絶対収束級数

$$\sum_{j=0}^\infty \|\bm{x}_{j+1}(t) - \bm{x}_j(t)\| \leq \ell^{-1} e^{t\ell} \|A\bm{x}_0\|$$

を得る．補題 2.1 により，有限な t について $\bm{x}(t) = \lim_{j \to \infty} \bm{x}_j(t)$ が存在し，式 (2.13) の一意的な解を得る． ∎

具体的な問題では，Lipschitz 連続性はおろか連続ですらない生成作用素をもつ発展方程式を考えることが多い (線形発展方程式の場合でいえば，Schrödinger 方程

式や拡散方程式など). そのような非線形発展方程式については, 少し工夫した逐次
代入法が使える. 例えば, 次のような非線形発展方程式を考えよう. $X = L^2(0,1)$
とし, Δ は例 2.1 で見たラプラシアンとする. $B(\tau)$ は Lipschitz 連続な実数値関
数 (すなわち有限な定数 ℓ があって, $|B(\tau) - B(\tau')| \leq \ell|\tau - \tau'|$) と仮定する. 発
展方程式の初期値問題

$$\partial_t u = \Delta u + B(u), \quad u(0) = w \in X \tag{2.14}$$

の解を次のような逐次代入で構築する. まず非線形項 $B(u)$ を既知の関数 $f(x,t)$
で置き換えた線形発展方程式 $\partial_t u = \Delta u + f$ を考える. Δ は自己共役作用素であ
り, そのスペクトルはすべて負であるから系 1.1 によって, $t \geq 0$ に対して $e^{t\Delta}$ を
生成できる. これを用いて, 線形発展方程式は

$$u(x,t) = e^{t\Delta}w(x) + \int_0^t e^{(t-s)\Delta}f(x,s)\,ds \tag{2.15}$$

と解くことができる. 適当に選んだ $u_0(x,t)$ を用いて $f = B(u_0)$ として式 (2.15) に
代入し, 得られた解を $u_1(x,t)$ とする. この代入を繰り返すことで関数列 $u_0, u_1, \cdots$
が得られる. $e^{t\Delta}$ が縮小作用素であることと B の Lipschitz 連続性を用いると,

$$\|u_{j+1}(t) - u_j(t)\| \leq \ell \int_0^t \|u_j(s) - u_{j-1}(s)\|\,ds$$

を得る. 後は定理 2.4 の証明と同じ手続きで, $u_j \to u$ が存在し, $u = e^{t\Delta}w(x) + \int_0^t e^{(t-s)\Delta}B(u)\,ds$ を満たすことが示される. これは式 (2.14) と等価である.

この例では Lipschitz 連続な非線形項 $B(u)$ を考えたが (4.1.2 項の例を参照), 微
分を含むような不連続・非有界の非線形項を含む非線形発展方程式についても, 性
質が良い線形項 (上記の例では, 縮小作用素 $e^{t\Delta}$ を生成する Δ) を利用して (しば
しば限られた t の範囲で) 逐次代入法を利用できる場合がある. 例えば非圧縮粘性
流体の運動方程式である Navier-Stokes 方程式の解をこれに似た方法で構築する
ことができる[12].

ここで述べたのは抽象論 (解の存在定理) であるが, 同じ手順を数値計算に応用
することができる.

2.2.2 単調作用素

トポロジカルな理論 (2.1 節) で扱った一般的な連続写像から始まり, しだいに

制限を加えて Lipschitz 連続性や縮小性を仮定することで，よりシャープな結果が得られることを見てきた．ここでは，グラフが「単調」である場合に制限する．こうすると線形理論にかなり近いレベルの結果が得られるようになる．

単調性を高次元・無限次元で定義する前に，まずそれが意味することを $\mathbb{R}$ から $\mathbb{R}$ への関数 $f(x)$ について確認しておこう．$y = f(x)$ のグラフが単調増加 (あるいは減少) であるならば，逆写像 $x = f^{-1}(y)$ を一意的に定義することができる (図 2.3(a))．$f(x)$ が不連続であるときには，これに「多価性」を許して，グラフを連続につないでおく必要がある (図 2.3(b))．これを「単調なグラフの極大化」という．極大化しておけば，たとえ $f(x)$ が多価でも，逆写像 $x = f^{-1}(y)$ を一意的に定義することができる．

極大化された単調関数のグラフは「傾けてみる」ことによって Lipschitz 連続 (さらに縮小) 関数のグラフになる (図 2.4)．グラフを傾けるというのは，形式的には次のような変換である．例えば $\pi/4$ 傾ける場合は，

$$x' = \frac{1}{\sqrt{2}}(x+y), \quad y' = \frac{1}{\sqrt{2}}(-x+y) \qquad (y \in f(x))$$

とおいて ($f(x)$ は一般に多価である)，$y' = f'(x')$ という関係に書き換えるという手続きである．大切なのは x 軸を傾けること，すなわち x' に y を含めていることだ．このとき，x' から y への写像は次のように書くことができる．写像 $f(x)$ を作用素のイメージで Ax と書こう．定義より

$$x + f(x) \equiv (I+A)x = \sqrt{2}x'$$

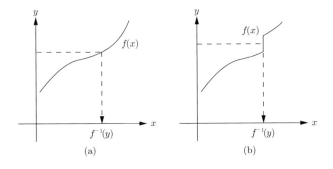

図 2.3 単調写像のグラフ．(a) 連続な単調写像は一意的な逆写像をもつ．(b) 不連続点をつないで多価な単調写像にすれば，一意的な逆写像をもつ．

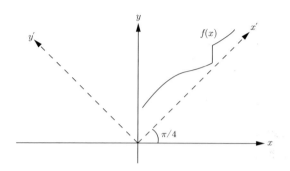

図 2.4　単調関数のグラフを傾けると，Lipschitz 連続 (さらに縮小) 関数のグラフになる．

であるから，これを形式的に x について解いて $x = (I+A)^{-1}\sqrt{2}x'$ と書く．$x' \mapsto y$ の写像を作用素的に書くと，

$$A(I+A)^{-1}\sqrt{2}x' = y.$$

ここに現れた $(I+A)^{-1}$ は線形理論で重要な役割を果たしたレゾルベント作用素である (1.1.4 項，1.1.5 項参照)．レゾルベント作用素によって有界作用素化する線形理論の技法がここでも応用できる．

　高次元・無限次元空間の非線形問題へ進むために，まず多価作用素に関する記号を確認しておこう．図 2.3 で見たように，非線形問題を考えるときは，積極的に多価にした写像のほうが扱いやすいからである．Banach 空間 X と Y の積空間 $X \times Y$ に含まれる閉集合 G をグラフとする多価作用素 A は

$$Ax = \{y \in Y;\ [x, y] \in G\}$$

と定義される[*4]．もちろん，各 x に対して唯一の $y = Ax$ が定まる場合には，A は 1 価作用素である．多価であるとき，y が x の像に含まれることを $y \in Ax$ と書く．

定義 2.2 (単調作用素) 実 Hilbert 空間 X における (一般に多価の) 作用素 A が

$$(y_1 - y_2, x_1 - x_2) \geq 0 \quad (\forall y_j \in Ax_j,\ x_j \in D(A);\ j = 1, 2) \tag{2.16}$$

[*4] 記号が逼迫しているので積空間の元を $[x, y]$ と書くが，この [,] は交換積ではない．

を満たすとき，A は**単調** (monotone) であるという．

もし A が線形作用素であるならば，単調性 (2.16) は，A のスペクトルが非負であることを意味する．例えば符号を反転したラプラシアン $-\Delta$ (例 2.1 参照) が，そのような線形作用素の例である．

線形作用素は，そのグラフがまっすぐであるから，非負性は原点 ($x_2 = y_2 = 0$) において確かめておけば十分である．しかし，非線形作用素については，グラフのすべての点から見て (x_2, y_2 を動かしてみて) グラフが「非負の傾きをもつ」ことを要求しておく必要がある．そのために，式 (2.16) のような定義になる．

定理 2.5 (単調性と縮小性) 実 Hilbert 空間 X における作用素 A が単調であるための必要十分条件は，ある $\mu > 0$ に対して

$$z^\pm = (x \pm \mu y) \quad (y \in Ax,\ x \in D(A))$$

とおいて写像 $B_\mu z^+ = z^-$ を定義したとき，B_μ が縮小作用素になることである．すなわち

$$\|B_\mu z_1 - B_\mu z_2\| \leq \|z_1 - z_2\| \quad (z_1, z_2 \in D(B_\mu)). \tag{2.17}$$

(証明) これは「グラフを傾けてみる」ということにほかならない．

$$z_1 = (x_1 + \mu y_1),\quad z_2 = (x_2 + \mu y_2) \quad (y_j \in Ax_j,\ x_j \in D(A);\ j = 1, 2)$$

とおく．

$$\begin{aligned}
\|z_1 - z_2\|^2 &= \|x_1 - x_2 + \mu(y_1 - y_2)\|^2 \\
&= \|x_1 - x_2\|^2 + \mu^2 \|y_1 - y_2\|^2 + 2\mu(y_1 - y_2, x_1 - x_2) \\
&= \|x_1 - \mu y_1 - (x_2 - \mu y_2)\|^2 + 4\mu(y_1 - y_2, x_1 - x_2) \\
&= \|B_\mu z_1 - B_\mu z_2\|^2 + 4\mu(y_1 - y_2, x_1 - x_2).
\end{aligned}$$

よって，$(y_1 - y_2, x_1 - x_2) \geq 0$ であること (A の単調性) と B_μ の縮小性 (2.17) は等価である． ■

線形理論でもそうであったように，方程式の可解性をいうためには作用素の定義域 (したがって値域) が最大限に広げられていることが重要である (1.1.2 項参

照).単調作用素 A がそれ以上単調作用素として拡張できないとき,A を**極大単調** (maximally monotone) という.上記の定理によって,単調作用素は縮小作用に変換できるので,縮小作用素の極大性を検証することで A の極大性がわかる.まず次の定理がある.

定理 2.6 (Lipschitz 連続作用素の拡張) 実 Hilbert 空間 X における作用素 A が Lipschitz 連続であるとする.すなわち,ある定数 ℓ があって

$$\|Ax_1 - Ax_2\| \le \ell \|x_1 - x_2\| \quad (\forall x_1, x_2 \in D(A))$$

が成り立つとする.このとき,A の拡張であって X 全体で定義された Lipschitz 連続作用素 $\tilde{A}$ (Lipschitz 係数 $= \ell$) が存在する.すなわち

$$\tilde{A}x = Ax \quad (x \in D(A)),$$
$$D(\tilde{A}) = X,$$
$$\|\tilde{A}x_1 - \tilde{A}x_2\| \le \ell \|x_1 - x_2\| \quad (\forall x_1, x_2 \in X).$$

(証明) (概要) Lipschitz 係数 $\ell = 0$ の場合は自明であるから,$\ell > 0$ とする.$A' = A/\ell$ とおけば,A' は縮小作用素になる.そこで縮小作用素に帰着して考える.A が定義されていないところ (穴) について,A のグラフをうまく拡張し,縮小作用素が定義できればよい.このためには,$p \notin D(A)$ に対して,その像 $q = \tilde{A}p$ を

$$\|q - Ax\| \le \|p - x\| \quad (\forall x \in D(A)) \tag{2.18}$$

となるように決める必要がある.このような $q \in X$ の存在は,直感的には次のようにして証明できる.式 (2.18) の右辺は,穴の中にある点 p に一番近い点 $x \in D(A)$ をとったときに最小値になる.左辺は,これより小さくならなくてはならない.穴の像 (定義域に穴があいたためにできた値域の空白地) は X で縮小しているから,式 (2.18) を満たす q は常に存在するはずである.ただし,これを厳密に証明するためには,距離が Euclid 的である (Hilbert 空間のノルムで計っている) ことが必要である[*5]. ∎

上記の定理で $\ell \le 1$ とすれば,縮小作用素が常に X 全体へ拡張されることを意味する.つまり極大縮小作用素は X 全体で定義されたものでなくてはならない.

[*5] 厳密な証明は,高村・小西[13],定理 1.2 参照.

したがって，単調作用素 A によって誘導された縮小作用素 B_μ (定理 2.5 参照) が極大であるためには $D(B_\mu) = X$ であることを要する．すなわち，すべての $z^+ \in X$ について，これを $z^+ = x + \mu y$ と書ける $x \in D(A)$ および $y \in Ax$ が存在しなくてはならない．これは $R(I + \mu A) = X$ と等価である．よって次の定理を得る．

定理 2.7 (極大単調作用素) 単調作用素 A が極大単調であるための必要十分条件は，(すべての) $\mu > 0$ に対して

$$R(I + \mu A) = X \tag{2.19}$$

となることである．

単調性の定義 (2.16) により

$$\|x_1 - x_2\| \leq \|(I + \mu A)x_1 - (I + \mu A)x_2\| \quad (\mu > 0) \tag{2.20}$$

を得るから，$(I + \mu A)^{-1}$ が 1 価の縮小作用素として定義される．したがって，定理 2.7 の系として次を得る ($\mu^{-1} = \epsilon$ と書く)．

系 2.1 A が極大単調作用素であるとき，非線形方程式

$$\epsilon u + Au \ni f \quad (f \in X, \ \epsilon > 0) \tag{2.21}$$

の解が一意的に存在する．なお，$A' = A - \epsilon I (\exists \epsilon > 0)$ が極大単調であるならば (つまり単調性に ϵ だけ余裕があるならば)，式 (2.21) 左辺の項 ϵu を作用素 A' に吸収して，非線形方程式 $Au \ni f$ の一意的可解性を得る．

本書では詳しく述べる紙幅がないが，非線形発展方程式について，結果だけを紹介しておく[*6].

定理 2.8 (極大単調作用素) 実 Hilbert 空間 X における極大単調作用 A を生成作用素とする発展方程式の初期値問題

$$\frac{d}{dt}\boldsymbol{x} + A\boldsymbol{x} \ni 0, \quad \boldsymbol{x}(0) = \boldsymbol{x}_0 \in D(A) \tag{2.22}$$

は，一意的な解をもつ．

[*6] 概要は吉田[9]第 6 章，詳細は高村・小西[13]を参照．

ラプラシアンは極大単調作用素の線形理論における代表である．A をラプラシアン $-\Delta$ にとれば，式 (2.22) は拡散方程式である．したがって，ここで述べた定理はあるクラスの非線形拡散方程式 (いわゆる散逸力学系) の理論である．

2.2.3 変　分　法

変分法も近似列を生成して解を構築する有力な方法である．実数値の汎関数 $\varphi(\boldsymbol{x})$ を考え，その値を最小化 (あるいは最大化) する列 $\boldsymbol{x}_1, \boldsymbol{x}_2, \cdots$ を構成して，その極限 $\boldsymbol{x}_\infty$ が存在すること，さらに $\boldsymbol{x}_\infty$ は $\varphi(\boldsymbol{x})$ の極値条件を意味する方程式 $\partial_{\boldsymbol{x}} \varphi(\boldsymbol{x}) = 0$ の解であることを証明するという手続きである．逆にいうと，ある方程式を極値条件にするような汎関数を選んで，方程式を汎関数の極値問題として解くという方法である．そのような汎関数がみつかると，それは問題としている方程式の根底にある基本量であり，汎関数の数学的構造が系に現れる現象を支配していると考えることができる．力学理論におけるラグランジアンやエネルギーなどがその例である．

本項の目的は，変分原理の一般を俯瞰することではなく，前項で学んだ単調作用素の理論に帰着できる凸汎関数の劣微分について述べることである．劣微分については，すでに定義 1.5 で簡単に述べてある．もう一度丁寧に定義しよう．実 Hilbert 空間 X で定義された実数値汎関数 $\varphi(\boldsymbol{x})$ を考える．φ は下に有界であり，凸，すなわち

$$a\varphi(\boldsymbol{x}_1) + (1-a)\varphi(\boldsymbol{x}_2) \geq \varphi(a\boldsymbol{x}_1 + (1-a)\boldsymbol{x}_2) \quad (0 \leq a \leq 1, \, \boldsymbol{x}_1, \boldsymbol{x}_2 \in X), \quad (2.23)$$

さらに下半連続，すなわち

$$\liminf_{j \to \infty} \varphi(\boldsymbol{x}_j) \geq \varphi(\lim_{j \to \infty} \boldsymbol{x}_j) \tag{2.24}$$

であるとする．

$$\partial \varphi(\boldsymbol{x}) = \{\boldsymbol{g} \in X; \, \varphi(\boldsymbol{x} + \boldsymbol{\delta}) - \varphi(\boldsymbol{x}) \geq (\boldsymbol{g}, \boldsymbol{\delta}), \, \forall \boldsymbol{\delta} \in X\} \tag{2.25}$$

を φ の劣微分という．これは汎関数 $\varphi(\boldsymbol{x})$ の勾配微分の一般化である (定義 1.5 参照)．$\partial \varphi(\boldsymbol{x}) = 0$ の点は $\varphi(\boldsymbol{x})$ の極値を与える．

定理 2.9 (劣微分で与えられる極大単調作用素) 下半連続凸汎関数 φ の劣微分 $\partial \varphi$ は極大単調作用素である．

(証明) まず単調作用素であることを示す．$x_1, x_2 \in D(\varphi)$ に対して，劣微分の定義 (2.25) により，

$$\varphi(x_1) - \varphi(x_2) \geq (g_2, x_1 - x_2) \quad (g_2 \in \partial\varphi(x_2)),$$
$$\varphi(x_2) - \varphi(x_1) \geq (g_1, x_2 - x_1) \quad (g_1 \in \partial\varphi(x_1)).$$

両辺を足し合わせて

$$(g_1 - g_2, x_1 - x_2) \geq 0.$$

これは $\partial\varphi$ が単調であること (定義 2.2) を意味する．

次に極大であることを示す．$R(I + \partial\varphi) = X$ をいえばよい (定理 2.7)．任意の $y \in X$ を固定して

$$\Phi(x) = \varphi(x) + \frac{1}{2}\|x - y\|^2$$

とおこう．$\Phi(x)$ も下半連続凸汎関数であり，$\Phi(x) \to \infty$ ($\|x\| \to \infty$) である．したがって $\Phi(x)$ はある x_0 で最小値をとる．$\delta \in X$ を任意に選んで，x_0 と線分で結ぶと，φ は凸であるから，

$$a[\varphi(\delta) - \varphi(x_0)] \geq \varphi(a\delta + (1-a)x_0) - \varphi(x_0) \quad (0 < a < 1).$$

$\Phi(a\delta + (1-a)x_0) \geq \Phi(x_0)$ より

$$\varphi(a\delta + (1-a)x_0) - \varphi(x_0) + \frac{1}{2}(\|a\delta + (1-a)x_0 - y\|^2 - \|x_0 - y\|^2) \geq 0.$$

よって

$$\varphi(\delta) - \varphi(x_0) \geq (x_0 - \delta, x_0 - y) - \frac{a}{2}\|x_0 - \delta\|^2.$$

$a \to 0$ として

$$\varphi(\delta) - \varphi(x_0) \geq (y - x_0, \delta - x_0),$$

つまり $y - x_0 \in \partial\varphi(x_0)$．したがって任意の $y \in X$ に対して $y \in (I + \partial\varphi)(x_0)$ となる $x_0 \in X$ が存在する． ∎

幾何学的にいうと，変分原理を構成する汎関数が凸であることと，汎関数のグラフに対する接線が単調性をもつこと (接線の傾きの変動 ≥ 0) とが対応している．2.2.2 項で述べたように，単調作用素は線形作用素に近い特性をもつので，かなり具体的な理論をつくることができる (線形とは接線の変動が一定という意味，したがって汎関数は 2 次形式)．ただし，関数空間と微分作用素を相手にする関数方

程式の理論では，連続ではない汎関数を扱わなくてはならない．また，非線形問題では，グラフが尖っていて接線が多価になる場合もある．定理 2.9 が対象とする下半連続凸汎関数は，このような場合を広く含み，変分原理をもつ問題のかなり広い範囲を単調作用素の理論で扱うことができることを示している．

2.3 代数学的方法

ここでは線形理論に潜む非線形問題に着目する．見方を反転すると，ある種の非線形問題を線形理論として読み解くことができる．この技法は，非線形現象に現れる秩序を読み解くために，具体的にいうと「対称性」を解明するために強力な方法となる．代数の理論は，その発想の源がどこにあるのかを見失うと，しばしば超絶的抽象論のように見える．できるだけ具体的な例をあげながら，理論の道筋を見ていこう[*7]．

2.3.1 線形理論に潜む非線形問題

標語的にいうと，線形作用素は，その作用が線形であるが，内部の構造は非線形である．簡単な例として，$X = \mathbb{K}^n$ とし線形写像 $A \in \mathrm{Hom}(X, X)$（すなわち $n \times n$ 行列）に係る線形同次方程式

$$Ax = 0 \tag{2.26}$$

を考えよう．これが自明でない解 x をもつためには

$$\det A = 0 \tag{2.27}$$

でなくてはならない．行列 A の成分にいくつかのパラメタを挿入すると，左辺はパラメタたちの多項式である．パラメタ間の法則は (非線形の) 代数方程式によって支配され，その解の集合はパラメタ空間の代数的集合を与える．例えば $(z_1, z_2) \in \mathbb{K}^2$ をパラメタとして

$$A = \begin{pmatrix} z_1 & z_2 \\ z_2 & z_1 \end{pmatrix}$$

[*7] 代数学的理論 (および次節の幾何学的理論) の魅力は，それを基礎づける抽象的な定理よりも，革命的な概念の発明と，それによって導かれる結果の美しさにある．ここでは，定理の形で一般論を紹介するのではなく，理論の具体的な構成を見ていく．

2.3 代数学的方法   51

を考えると，式 (2.27) は $z_1^2 - z_2^2 = 0$. これを満たす解の集合は $\{(z, \pm z); z \in \mathbb{K}\}$ である．この図形は式 (2.26) が解をもつ A の構造を表しているのである．

パラメタ $z \in \mathbb{K}$ を $A = zI - L$ のように含む行列 A を考える場合は，式 (2.26) は行列 L の固有値問題 (1.1.4 項参照) であり，式 (2.27) は z に関する n 次の代数方程式 (固有方程式) である．これを $f(z) = 0$ と書き ($f(z)$ は n 次の多項式)，根の集合を $V(f) \subset \mathbb{K}$ と書く．同じ根 (固有値) の集合をもつ多項式は 1 つのグループ (イデアル)[*8] を形成する．体 $\mathbb{C}$ の上で考えると，固有多項式は (重複も含めて) n 個の根 (固有値) $\lambda_1, \cdots, \lambda_n$ をもつ．このような固有多項式は $(z - \lambda_1) \cdots (z - \lambda_n)$ のみである．各固有値に属する L の固有ベクトル (広義固有ベクトルも含めて) を $e_1, \cdots, e_n$ としよう．これらを正則行列 P で変換することで，同じ固有値をもつ行列の集合 $\{PLP^{-1}; P \in GL(X)\}$ が得られる[*9]．実際，

$$\det(zI - PLP^{-1}) = \det[P(zI - L)P^{-1}]$$
$$= \det(P) \cdot \det(zI - L) \cdot \det(P^{-1}) = \det(zI - L).$$

このような L の仲間 (同じ固有値をもつ行列たち) を関係づける線形写像 P は，このままでは無規定だが，P の集合にある規則 (制限) を導入すると代数的な構造が生まれる．次項では，行列 (線形作用素) の空間に Lie 代数の構造を与えることを考えよう．

2.3.2　Lax 方 程 式

行列 $L \in \text{Hom}(X, X)$ (簡単のため $X = \mathbb{C}^n$ とする) がパラメタ $t \in \mathbb{R}$ を含むとして，これを $L(t)$ と書く．その固有値問題

$$L(t)\boldsymbol{x} = \lambda \boldsymbol{x} \tag{2.28}$$

[*8] 多項式環 $\mathbb{K}[z]$ において f により生成されるイデアルを J_f と書く (すなわち $J_f = \{g(z)f(z); g(z) \in \mathbb{K}[z]\}$)．$\mathbb{K}[z]$ のイデアル I に対して $V(I) = \{z; g(z) = 0, \forall g \in I\}$ と書くと，明らかに $V(f) = V(J_f)$．さらに，商環 $\mathbb{K}[z]/J_f$ を用いて $V(f) = \text{Hom}(\mathbb{K}[z]/J_f, \mathbb{K})$ と書くことができる (1.1.6 項参照)．

[*9] X から X の上への正則線形写像の全体は群をなし，それを一般線形群といって $GL(X)$ で表す．これは一般的すぎる群であって特別な構造を表現しないが，何らかの代数的構造を保つような制限を設けた $GL(X)$ の部分群は，ある「幾何学」を定義する．例えば，$2n$ 次元ベクトル空間 X 上のシンプレクティック 2 次形式を保つような正則変換の全体をシンプレクティック群とよび $Sp(X)$ と書く (2.4 節参照)．

を考える.一般に固有値 λ は t に依存して変化するのだが,$\boldsymbol{x}$ をパラメタ t の変化に応じて変換してすべての λ を不変にすることができないだろうか? そのような変換の生成作用素 (ここでは行列) を $M(t) \in \mathrm{Hom}(X, X)$ としよう.これも一般的には t で変化する.すなわち

$$\frac{d}{dt}\boldsymbol{x} = M(t)\boldsymbol{x} \tag{2.29}$$

に従って $\boldsymbol{x}(t)$ を変換し,式 (2.28) において λ が一定であるようにしたい.$d\lambda/dt = 0$ として式 (2.28) の両辺を t で微分すると,

$$\frac{d}{dt}(L(t)\boldsymbol{x}) = \left(\frac{d}{dt}L(t)\right)\boldsymbol{x} + L(t)\left(\frac{d}{dt}\boldsymbol{x}\right) = \lambda\left(\frac{d}{dt}\boldsymbol{x}\right).$$

式 (2.29) を代入すると

$$\left(\frac{d}{dt}L(t)\right)\boldsymbol{x} + LM\boldsymbol{x} = \lambda M\boldsymbol{x} = M\lambda\boldsymbol{x} = ML\boldsymbol{x}.$$

したがって

$$\frac{d}{dt}L + [L, M] = 0 \tag{2.30}$$

であれば要請に応えることができる.ただし $[L, M] = LM - ML$ である.連立方程式 (2.28)-(2.29) に現れる 2 つの行列 L と M を **Lax ペア**という.式 (2.30) は,この連立方程式が自明でない解をもつための条件式であり,これを **Lax 方程式**という.$-i\hbar M$ をハミルトニアン,t を時間と考えると式 (2.30) は Heisenberg 方程式にほかならない.

ここでは固有値を一定にするような行列の変換則を代数的に構成しようという目的で式 (2.28) を見ており,ある変換 (2.29) を考えるとき固有値が一定となる条件式として Lax 方程式 (2.30) を見出したのだが,実は後で (2.3.3 項) 問題の見方を反転する.先に方程式が Lax 方程式の形で与えられたとき,つまり具体的に L と M のペアで方程式が式 (2.30) の形に書かれているとき[*10],それを解くために連立方程式 (2.28)-(2.29) を使おうというのである.これは,Lax 方程式よりも深層の構造として (2.28)-(2.29) という関係があるという思想である.Lax 方程式が

---

*10 5 章では,ソリトンを記述する方程式として Lax 方程式を学ぶ.数学的方法を解説することが目的である本章では,いわば逆側からソリトン理論を見ている.数学は,方程式が何の自然現象を表しているのかということより,どのような数学的秩序を表しているのかに注目する.方程式を「解く」ことより,数学的な「意味」を解明することにまず取り組む.意味の解明から,方程式の意外な解き方が発見される.それは,1 章・線形理論でみた可換環の Gelfand 表現 (1.1.6 項) によるスペクトル理論を非可換に拡張したものになる (2.3.3 項).

1つの生成作用素 M で書かれているとき，他の生成作用素 M' でも $L(t)$ の固有値を保存する変換がつくられるだろう；与えられた Lax 方程式は，たまたま1つの変換則の表現であって，その深層にはより一般的な変換の「群」が存在するだろう；このように方程式を**相対化**することによって，その**対称性**が代数的構造として現れるだろうというのだ．この遠大な展望に至る前に，まず Lax 方程式の簡単な解を見よう．

a. Lie 代数

M が t によらない行列 (したがって $L(t)$ と M が無関係) である場合は，簡単に式 (2.30) の解を得ることができる．式 (2.29) を積分して t をパラメタとする群 $G = \{e^{tM}; t \in \mathbb{R}\}$ を得る．$t = 0$ における式 (2.28) の解 $\boldsymbol{x}_0$ を変換して $\boldsymbol{x}(t) = e^{tM}\boldsymbol{x}_0$ とおく．$(e^{tM})^{-1} = e^{-tM}$ であることを用い，$t = 0$ において式 (2.28) を書くと

$$L(0)e^{-tM}\boldsymbol{x}(t) = \lambda e^{-tM}\boldsymbol{x}(t).$$

左から e^{tM} を掛けると $e^{tM}L(0)e^{-tM}\boldsymbol{x}(t) = \lambda\boldsymbol{x}(t)$. つまり

$$L(t) = e^{tM}L(0)e^{-tM}$$

である．$[M, e^{tM}] = 0$ であることを用いれば，この $L(t)$ が式 (2.30) を満たすことは容易に検証できる．

次に，複数の生成行列 $M_1, \cdots, M_m$ (m は有限とする) を考える．生成行列で張られるベクトル空間 (これを $\mathfrak{g}$ と書く) が交換積 $[M_j, M_k] = M_j M_k - M_k M_j$ に関して閉じているとし，Lie 環の構造を与える[*11]．Lie 環 $\mathfrak{g}$ から Lie 群 $G = \{e^M; M \in \mathfrak{g}\}$ が生成される[*12]．$e^{tM} \in G$ により $L(t) = e^{tM}L(0)e^{-tM}$ とすると，上記のように式 (2.30) の解となる．$M \in \mathfrak{g}$ は独立に m 個とることができる (ただし，$[L(0), M_j] = 0$ となるような M_j は変換を生じないので，そのような元は $\mathfrak{g}$ に含めない)．し

[*11] 双線形写像 $[A, B]$ が反対称 ($[A, B] = -[B, A]$) であり，Jacobi の等式 ($[A, [B, C]] + [B, [C, A]] + [C, [A, B]] = 0$) を満たすとき，これを交換積という．ベクトル空間に交換積で環の構造を与えたものを Lie 環という．正方行列に対して $[A, B] = AB - BA$ とおけば交換積になる．他にも，シンプレクティック行列 J を用いてスカラー関数に対して $\{f, g\} = \sum_{jk}(\partial_{x_j}f)J_{jk}(\partial_{x_k}g)$ と定義すると交換積となる．これを Poisson 括弧という (2.4 節参照)．

[*12] Lie 群とは，作用の「強度」を意味する実数パラメタ t をもつ連続群のことである．G の元を e^{tM} と書こう．$e^{tM}|_{t=0} = I$ は単位元，e^{-tM} は逆元を与える．積は $e^A e^B = e^{A+B+[A,B]/2+[A-B,[A,B]]/12+\cdots}$ のように計算され，これが常に G の元であることがわかる．Lie 環が可換環の場合は $e^A e^B = e^{A+B}$ と計算できる．

がって，群 G の作用に対して固有値 λ が不変となるための条件は，式 (2.30) を拡張した m 個の方程式

$$\frac{\partial}{\partial t_j} L + [L, M_j] = 0 \quad (j = 1, \cdots, m) \tag{2.31}$$

となる．連立方程式 (2.31) で $t_1 = t$, $M_1 = M$ とおくと式 (2.30) であり，それ以降の $t_2, \cdots, t_n$ および $M_2, \cdots, M_n$ に係る方程式は式 (2.30) の**対称性**を表す式である．その意味するところは，2.3.3 項で学ぶ．

b. 関数空間への拡張

ここまでは有限次元のベクトル空間に働く線形作用素 (行列) を考えてきたが，同じような構造を無限次元ベクトル空間 (関数空間) に働く線形作用素についても論じることができる．X を関数空間とし，X 内に定義域をもつ線形作用素を考える．微分作用素を自由に扱うために，ここでは $\mathbb{C}^n$ 上の正則関数の空間 $\mathcal{O}(\mathbb{C}^n)$ で考えることにする[*13]．

以下の議論で重要な役割を担うのは座標 x_j ($j = 1, \cdots, n$) に関する微分作用素 ∂_{x_j} である ($-i\hbar\partial_{x_j}$ と規格化すると量子論の運動量作用素)．これは空間の平行移動 (Galilei 変換) を生成する．位置ベクトル $\boldsymbol{x} = \sum_{j=1}^{n} x_j \boldsymbol{e}^j$ ($\boldsymbol{e}^j$ は空間の基底ベクトル) に $T_j(\epsilon) = 1 + \epsilon \partial_{x_j}$ (ϵ は微小な実数) を作用させると

$$T_j(\epsilon) : \boldsymbol{x} \mapsto \boldsymbol{x} + \epsilon \boldsymbol{e}^j,$$

すなわち $\boldsymbol{e}^j$ の方向へ ϵ だけ移動が起こる．$\{T_j(\epsilon); \epsilon \in \mathbb{R}\}$ を群にするためには，形式的に

$$T_j(\epsilon) = \sum_{k=0}^{\infty} \frac{1}{k!} (\epsilon \partial_{x_j})^k = e^{\epsilon \partial_{x_j}}$$

とすればよい．$w \in X$ に対して

$$\partial_\epsilon w(T_j(\epsilon)\boldsymbol{x})|_{\epsilon=0} = \partial_{x_j} w,$$

[*13] 正確には正則関数の**層** (sheaf) というべきである．全空間で正則な有界関数は定数のみ．自明でない正則関数はどこかに特異点をもつ．正則関数の層とは，いろいろな特異点集合を除いた開集合上の正則関数の空間を層状に重ねたものを意味する．なお，$\mathbb{C}^n$ の座標を $(z_1, \cdots, z_n)$ とし，$z_j = x_j + i y_j$ と書く．つまり以下で座標 x_j と書くのは実軸上の座標である．また $w \in X$ を $w(\boldsymbol{x})$ と書くときは，$w(\boldsymbol{z})$ の実軸上への「制限」を意味する．これは，実軸上に特異点をもつ正則関数に対しては佐藤超函数となる[14]．

つまり ∂_{x_j} は $T_j(\epsilon) = e^{\epsilon \partial_{x_j}}$ の生成作用素である.

微分作用素 ∂_{x_j} と対を成すのは座標 x_j の掛け算作用素である. $w \in X$ に対して $x_j : w(\boldsymbol{x}) \mapsto x_j w(\boldsymbol{x})$ とする.

$$[\partial_{x_j}, x_k] w = \partial_{x_j}(x_k w) - x_k(\partial_{x_j} w) = (\partial_{x_j} x_k) w$$

と計算されるから, $[\partial_{x_j}, x_k] = \delta_{j,k}$ という交換関係を満たす. また明らかに $[\partial_{x_j}, \partial_{x_k}] = 0, [x_j, x_k] = 0$ である. $\{1, \partial_{x_j}, x_j; j = 1, \cdots, n\}$ を基底とする Lie 代数を $\mathfrak{g}$ とすると, これは Heisenberg 代数の X 上の表現となる[*14].

関数空間における Lax 方程式の例を見よう.

例 2.2 [線形波動方程式]
$$\begin{cases} L = u(x,t), \\ M = -\partial_x \end{cases} \tag{2.32}$$

とおく. ただし $u(x,t)$ は t をパラメタとする x の解析関数であり, これが X の元 w に作用素するとは掛け算 $u : w \mapsto uw$ のことである. $[u, -\partial_x] w = -u(\partial_x w) + \partial_x(uw) = (\partial_x u) w$ と計算される. 連立方程式 (2.28)-(2.29) に相当する連立関数方程式は

$$uw = \lambda w, \tag{2.33}$$
$$\partial_t w = -\partial_x w. \tag{2.34}$$

Lax 方程式 (2.30) は

$$\partial_t u + \partial_x u = 0, \tag{2.35}$$

すなわち線形波動方程式である. これは式 (2.34) と等価であり, 解は $u(x,t) = u_0(x-t), w(x,t) = w_0(x-t)$ である ($u_0(x), w_0(x)$ は初期波形). 固有値問題 (2.33) は区間 $[\min u_0(x), \max u_0(x)]$ に含まれるすべての λ を固有値 (連続スペクトル) とし, 一般化した固有関数は $w = \delta(x - t - x_0)$ である. ただし x_0 は $u_0(x_0) = \lambda$ によって決まる定数である. ◁

[*14] 多項式の空間 $\mathbb{C}[x_1, \cdots, x_n]$ を Heisenberg 代数の表現空間とすることもできる. ベクトル 1 を真空, ∂_{x_j} を消滅作用素, x_j を生成作用素として $\mathbb{C}[x_1, \cdots, x_n]$ はボゾンの Fock 空間とみることができる[15].

c. KdV 方程式

これまで見てきた例で Lax 方程式が線形方程式になったのは，Lax ペアを構成する 2 つの線形作用素が無関係であったからだ．ここでは，2 つの線形作用素 $L(t)$ と $M(t)$ が共通の関数 $u(t)$ を介して t に依存している場合を考えよう．すると，式 (2.30) は $u(t)$ に関する非線形微分方程式となる．

よく知られた例 (Lax 方程式の理論がつくられた最初の対象となった問題) を紹介する．

$$\begin{cases} L = \partial_x^2 + u(x,t), \\ M = \partial_x^3 + \frac{3}{2}u(x,t)\partial_x + \frac{3}{4}\partial_x u(x,t) \end{cases} \tag{2.36}$$

とおく (M の最後の項は関数 $(3/4)[\partial_x u(x,t)]$ を掛け算するという意味である)．連立方程式 (2.28)-(2.29) に相当する連立関数方程式は

$$(\partial_x^2 + u)w = \lambda w, \tag{2.37}$$

$$\partial_t w = \left(\partial_x^3 + \frac{3}{2}u\partial_x + \frac{3}{4}\partial_x u\right)w. \tag{2.38}$$

Lax 方程式 (2.30) は

$$\partial_t u = \frac{3}{2}u\partial_x u + \frac{1}{4}\partial_x^3 u \tag{2.39}$$

となる．これを **KdV 方程式** という．作用素 L (この固有値を観測しているので，オブザーバブルとよぼう) は量子論の Schrödinger 作用素に相当する．$-u(x,t)$ をポテンシャルエネルギーだと思えばよい．KdV 方程式は，ポテンシャル場が変動するときオブザーバブル L の固有値 λ が一定に保たれるための条件を表している．波動関数 $w(x,t)$ は，もう一方の作用素 M をハミルトニアンとして運動する．M のほうにも $u(x,t)$ が含まれているので，問題は複雑である．ちょうど都合がよいポテンシャル場 $u(x,t)$ が，注目しているオブザーバブルの変化と波動関数の運動とを相殺するときに固有値 λ が一定ということが起こるのであって，そのための条件が KdV 方程式 (2.39) として表されているのだ．

Lax ペアから KdV 方程式が導かれたかのように述べたが，実は順序がひっくり返っている．最初にあったのは KdV 方程式 (2.39) のほうである (これは浅い水路やプラズマ中を伝わる非線形波動のモデル方程式であり，ソリトンとよばれる著しい代数的秩序をもった波が現れることが知られている：5 章参照)．それを，固有値一定のための条件式というように解釈したのだ．Lax 方程式がちょうど KdV 方程式になるような L と M を探し当てたのである．

オブザーバブル L はお馴染みの作用素だとしても，M は一見不可解な形をしている．M がなぜこのような形をしているのか，その代数的な意味は何かを直観できれば，この「非線形問題に潜む線形の構造」が見えてくる．

2.3.3 代数的構造と対称性

KdV 方程式は，式 (2.36) の Lax ペア L と M に関する Lax 方程式だが，線形 Lax 方程式の例 (2.31) に見たように，他の M たちを考えて Lie 環をつくると，連立 Lax 方程式が (同じオブザーバブル L に対して) 形成される．1 つの方程式は，ある 1 つの「表現」だと考えて相対化する，これが方程式の深層にある対称性を読み解く技の根本だ．まず線形問題で，その意味を説明しておこう．

a. 線形 Lax 方程式の対称性

連立方程式 (2.31) で $t_1 = t$, $M_1 = M$ とおくと Lax 方程式 (2.30) であるが，それ以降の $t_2, \cdots, t_n$ および $M_2, \cdots, M_n$ に係る方程式は (2.30) の**対称性**を表している．ここで対称性とは，方程式を不変にする自由なパラメタ t_j を含む変換 (すなわち Lie 群の作用) のことであり，式 (2.31) はその微分表現だと考えることができるのである．式 (2.30) の両辺を t_j $(j = 2, \cdots, n)$ で微分すると

$$\frac{\partial^2}{\partial t_j \partial t} L = [M, \partial L/\partial t_j] = [M, [M_j, L]]. \tag{2.40}$$

一方，式 (2.31) を t で微分すると

$$\frac{\partial^2}{\partial t \partial t_j} L = [M_j, \partial L/\partial t] = [M_j, [M, L]]. \tag{2.41}$$

式 (2.40) と式 (2.41) の左辺は同じものであるから，$[M, [M_j, L]] = [M_j, [M, L]]$ でなくてはならない．Jacobi の等式によって $[M, [M_j, L]] = [M_j, [M, L]] + [L, [M_j, M]]$．したがって式 (2.40) と式 (2.41) が両立するための必要十分条件は $[M_j, M] = 0$ である ($\mathfrak{g}$ は L と交換する 0 でない元を含まないと仮定するので)．つまり，群 G の作用に対して L の固有値が不変となるための条件式 (2.31) が無矛盾であるためには，G は可換群 ($\mathfrak{g}$ は可換環) でなくてはならない．1 つの生成行列 M から生成される群 $G = \{e^{tM}\}$ だけ考えていれば，ただ Lax 方程式 (2.30) だけが唯一の表現であるかのように見えるのだが，$\mathfrak{g}$ を複数の生成行列を含む可換環に拡張するこ

とで，Lax 方程式 (2.30) の解が含み得る自由なパラメタ $t_2, \cdots, t_n$ が見出されるのである．

$M (= M_1)$ は $n \times n$ 正規行列とし，これと可換な行列の環を考えよう (1.1.6 項の記号で書くと $\mathfrak{g} \cong \mathcal{B}(M)$)．すなわち，$[M_j, M_k] = 0 (\forall M_j, M_k \in \mathfrak{g})$．$\mathcal{B}(M)$ は共通の固有空間をもつ行列たちのベクトル空間であり，極大イデアルがスペクトル分解を与える．次元は n である．互いに独立で可換な $M_1, \cdots, M_n$ によって式 (2.31) の解を

$$L(t_1, \cdots, t_n) = \left(e^{t_1 M_1} \cdots e^{t_n M_n}\right) L_0 \left(e^{-t_n M_n} \cdots e^{-t_1 M_1}\right)$$
$$= e^{(t_1 M_1 + \cdots + t_n M_n)} L_0 e^{-(t_1 M_1 + \cdots + t_n M_n)} \quad (2.42)$$

と与えることができる ($L_0 = L|_{t_1 = \cdots = t_n = 0}$)．

このような状況を**可積分**という．意味するところは，Lax 方程式 (2.30) の解を n 個の (すなわち L がもち得るすべての固有値の数だけの) パラメタ $t_1, \cdots, t_n$ を含む式 (2.42) の形に与えられるということである．そのための要件は，可換環 $\mathfrak{g} \cong \mathcal{B}(M)$ のスペクトル分解を得ることであり (1.1.6 項参照)，具体的に $M_1, \cdots, M_n$ (あるいは，これらの構成手順) がわかっていればよい．

ここでは，M が t によらない行列 (すなわち L と M が無関係) である場合を考えてきたので，Lax 方程式は線形であり，問題は生成行列 M のスペクトル分解に過ぎない (正規有界作用素であるならば M が生成する可換環の Gelfand 表現；1.1.6 項参照)．対称性，可積分性の議論が本格的に面白くなるのは，非線形 Lax 方程式の場合である．

b. 非線形 Lax 方程式のスケーリングと代数的構造

ここでは KdV 方程式を例にして，非線形 Lax 方程式の対称性を考えよう．Lax ペア (2.36) を見て，まず考えることは「これらの作用素は何の足し算になっているのか？」ということである．足し合わされるものは「同格」でなくてはならない．物理量であれば，同じ次元をもつパラメタたちでなくてはならないが，ここではパラメタは事前に (数学的な議論に入る前に) 規格化 (無次元化) されているから，次元は問題ではない．問題となるのは各項の大きさ，すなわちスケールである[*15]．それぞれが同じスケールをもつとき独自の効果を発揮するのであって，

[*15] 非線形問題における規格化とスケールの関係については吉田[16]，4 章を参照されたい．

もしある項が他の項より極端に小さいとするならば，それは現象に寄与しないはずである．Lax ペア (2.36) に現れる項たちのスケールのバランスを見よう．

まず形式的に ∂_x の大きさを ϵ と表そう．すると u は ϵ^2 のスケールでなくてはならないことがわかる．L は ϵ^2 のスケールの作用素であり，M は ϵ^3 のスケールの作用素，KdV 方程式の右辺は ϵ^5 のスケールであるから，∂_t は ϵ^3 のスケールだと考えればよい．

ところで，関数 u のスケールとはその値の大きさのことであるが，微分作用素 ∂_x や ∂_t のスケールとは実際に何のことかを説明しておく必要があるだろう．u と同じように微分作用素も波動関数 $w(x,t)$ に作用する．∂_x の大きさが ϵ だというのは，これが作用する関数 $w(x,t)$ が (したがって $w(x,t)$ の変動を生み出すポテンシャル場 $u(x,t)$ が) 空間スケール $\delta x \sim \epsilon^{-1}$ で変動するという意味である．このとき，∂_x は w のスケールに ϵ 程度のファクターを乗じることになる．KdV 方程式は，独立変数 t, x と従属変数 u がそれぞれ指定されたスケールにおいて解かれるべく定式化されているのである[*16]．

さて，私たちの目標は方程式の対称性を明らかにすることであり，そのためには線形の Lax 方程式について述べた式 (2.31) のような連立方程式 (これを**階層方程式**という) を定式化すること，それを生成する線形作用素 $M_1 (= M), M_2, M_3, \cdots$ をみつけることである．そのような作用素の「形」をスケーリングの観点から予想しよう．M は ϵ^3 のスケールであるから，次のスケールを試してみよう．ϵ^4 のスケールをもつ項を集めると

$$M_2 = \partial_x^4 + c_1 u \partial_x^2 + c_2 (\partial_x u) \partial_x + c_3 (\partial_x^2 u) + c_4 u^2.$$

定数 $c_1, \cdots, c_4$ を選んで，$\partial L/\partial t_2 = [M_2, L]$ なる方程式を得たいのだが，この左辺は $\partial_{t_2} u$ であるから，右辺に微分作用 ∂_x^j $(j \geq 1)$ が残ってはならない (Lax ペア (2.36) でも M はこのように決められていて，∂_x^0 の項の係数が KdV 方程式になったのである)．$[L, M_2]$ を微分作用素の階数ごとに整理し，∂_x^j $(j \geq 1)$ の係数を 0

[*16] このスケーリングは KdV 方程式を導くときに使った**遍減摂動法** (reductive perturbation method) のスケーリングにほかならない (谷内・西原[17]，Yoshida[16])．KdV 方程式は，流体やプラズマに現れるきわめて高い秩序 (対称性) をもつ非線形波動 (ソリトン) を記述する方程式であるが，流体やプラズマの普遍的な姿は，むしろ無秩序である (カオスというテーマに属する；4 章参照)．ということは，普遍的な運動を記述する「基礎方程式」は，きわめて多様な解をもっている．KdV 方程式は，その基礎方程式から，秩序構造 (ソリトン) を記述する部分を抜き出した方程式だといえる．その導出の方法が遍減摂動法であり，その要点はソリトンを生み出す効果をスケーリングによって抽出することなのである．

にすることで $c_1,\cdots,c_4$ が決まる．その結果，$M_2 = L^2$ となり，$[L, M_2] = 0$ となってしまうことがわかる．つまり ϵ^4 のスケールからは意味のある式が出てこない．次の ϵ^5 のスケールを試そう．

$$M_3 = \partial_x^5 + c_1 u \partial_x^3 + c_2 (\partial_x u) \partial_x^2 + (c_3 \partial_x^2 u + c_4 u^2) \partial_x + c_5(\partial_x^3 u) + c_6 u(\partial_x u)$$

とおいて，$[L, M_3]$ に現れる微分作用素 ∂_x^j ($j \geq 1$) の係数を消すように定数を選ぶと，$c_1 = 5/2$, $c_2 = 15/4$, $c_3 = 25/8$, $c_4 = 15/8$, $c_5 = 15/16$, $c_6 = 15/8$ と一意的に決まる．∂_x^0 の係数が $\partial L/\partial t_3 = [M_3, L]$ の右辺を与える．すなわち，第 2 の階層方程式

$$\partial_{t_3} u = \frac{1}{16}\left[(\partial_x^5 u) + 10u(\partial_x^3 u) + 20(\partial_x u)(\partial_x^2 u) + 30u^2(\partial_x u)\right] \quad (2.43)$$

を得る．この第 2 の式が第 1 の式 (すなわち KdV 方程式) の対称性を表すこと，すなわち，それぞれに含まれる u が同じものであって，これを $u(x, t_1, t_3)$ と思ったときに (KdV 方程式の t を t_1 と書く) $\partial^2 L/\partial t_1 \partial t_3 = \partial^2 L/\partial t_3 \partial t_1$ が成り立つことを直接的に計算で確かめることができる．ただし，線形の連立 Lax 方程式について式 (2.40), (2.41) で計算したのと比べると，はるかに複雑な計算になる．非線形階層方程式では，M_j が t_k に依存するので，$\partial M_j/\partial t_k$ も計算に入れなくてはならないからである．

スケーリングに注目することで，とりあえず 1 つの対称性をみつけることに成功した．しかし力づくで計算を続けるのは限界に近いので，理論が必要になる．これだけの計算から KdV 方程式に潜む代数的構造を見極めるのは天才技かもしれないが，次のような予測ができるだろう．まず階層方程式は奇数オーダーのスケールに現れる ($M = M_1$ は ϵ^3 のスケール，M_3 は ϵ^5 のスケール)．階層方程式とは $[L, M_j]$ が ∂_x^0 の項のみを残すように M_j を決めて得られるものであることに注意すると，これは $[L, M_j]$ がほとんど 0 (∂_x^0 の項の同値類として 0) であることを意味する．偶数オーダーのスケールでは $[L, M_j]$ が完全に 0 となる．L が ϵ^2 のスケールであること，$M_2 = L^2$ となったことを考えると，直観的には M_j は $L^{1+j/2}$ のようなものだと思われる．問題は微分作用素 $L = \partial_x^2 + u$ の「分数ベキ」をどのように定義するかである．仮に ∂_x を数 ξ で置き換えて $\hat{L} = \xi^2 + u$ の平方根を計算してみると

$$\hat{L}^{1/2} = \xi(1 + \xi^{-2}u)^{1/2} = \xi + \frac{\xi^{-1}u}{2} + \frac{\xi^{-3}u^2}{4} + \cdots. \quad (2.44)$$

したがって ∂_x の「負ベキ」を定義できれば，似たような形で分数ベキを計算できるだろう．ただし，微分作用素と関数は非可換であるから，工夫が必要である．形式的な定義をみておこう[*17].

定義 2.3 (形式的擬微分作用素) 2 項係数を一般化して，任意の整数 ν，自然数 j に対して

$$\binom{\nu}{j} = \frac{\nu(\nu-1)\cdots(\nu-j+1)}{j(j-1)\cdots 1} \tag{2.45}$$

と定義する．$j=0$ に対しては，これを 1 とおく．ν が自然数であるとき，これは通常の 2 項係数である ($j \geq \nu+1$ に対しては 0 となる)．$f \in \mathcal{O}(\mathbb{C})$ を掛け算作用素と考え，n 階の微分作用素 ∂_x^n をこれと合成すると

$$(\partial_x^n \circ f)w = \partial_x^n(fw) = \sum_{j \geq 0} \binom{n}{j}(\partial_x^j f)(\partial_x^{n-j}w) \tag{2.46}$$

と計算できる (Leibniz 則)．微分作用素のベキ ∂_x^ν を $\partial_x^\nu \partial_x^\mu = \partial_x^{\nu+\mu}$ ($\nu, \mu \in \mathbb{Z}$) を満たすものとして定義する．これと式 (2.45) を用いると，式 (2.46) は任意の $n \in \mathbb{Z}$ に対する合成則を定義するものだとすることができる．一般に

$$P = \sum_{j=0}^{\infty} f_j(x)\partial_x^{\nu-j}$$

を ν 階の**形式的擬微分作用素**という (以下，略して擬微分作用素とよぶ)．擬微分作用素の合成は，式 (2.46) により，

$$\sum_{j=0}^{\infty} f_j(x)\partial_x^{\nu-j} \circ \sum_{j=0}^{\infty} g_j(x)\partial_x^{\mu-j} = \sum_{j,k,\ell=0}^{\infty} \binom{\nu-k}{j}(f_k \partial_x^j g_\ell)\partial_x^{\nu+\mu-k-\ell-j}$$

と計算される．ν 階の擬微分作用素 P_ν と μ 階の擬微分作用素 P_μ に対して $[P_\nu, P_\mu]$ は $\nu + \mu - 1$ 階の擬微分作用素となる．

この定義に従って，$L = \partial_x^2 + u$ の分数ベキを擬微分作用素として計算しよう．$P = L^{1/2}$ は $P^2 = L$ を満たすものでなくてはならない．$P = \partial_x + f_0 + f_1 \partial_x^{-1} + \cdots$ とおくと，

$$P^2 = \partial_x^2 + f_0 \partial_x + [(\partial_x f_0) + f_0^2 + 2f_1] + [(\partial_x f_1) + 2f_2 + 2f_0 f_1]\partial_x^{-1} + \cdots.$$

[*17] 詳しい説明は，三輪・神保・伊達[15]，柏原[18]参照．

これが L と一致するように，各ベキの係数を決めていくと

$$P = L^{1/2} = \partial_x + \frac{u}{2}\partial_x^{-1} - \frac{\partial_x u}{4}\partial_x^{-2} + \frac{\partial_x^2 u - u^2}{8}\partial_x^{-3} + \cdots$$

となる．式 (2.44) と比べてみよう．擬微分作用素の非可換代数のために計算が複雑になっていることがわかる．これから

$$L^{3/2} = \partial_x^3 + \frac{3}{2}u\partial_x + \frac{3}{4}(\partial_x u) + \left[\frac{3}{8}u^2 + \frac{1}{8}(\partial_x^2 u)\right]\partial_x^{-1} + \cdots$$

を得る．これから負ベキ ∂_x^{-j} $(j=1,2,\cdots)$ の部分を削り取ったものを $L_+^{3/2}$ と書くと，それは M にほかならない (式 (2.36) 参照)．同様に $L^{5/2}$ から負ベキの部分を除くと $M_3 = L_+^{5/2}$ を得る．

自然数 n に対して $M_n = L_+^{1+n/2}$ ($L^{1+n/2}$ から負ベキ ∂_x^{-j} $(j=1,2,\cdots)$ の部分を除いたもの) とおく．また $M_n' = L^{1+n/2} - M_n$ と書く．M_n は $2+n$ 階の擬微分作用素であり，M_n' は -1 階の擬微分作用素である．$n = 2m$ (偶数) であるときは，$M_{2m} = L^{1+m}$, $M_{2m}' = 0$, $[L, M_{2m}] = 0$. 奇数の n から階層方程式が得られる．明らかに $[L, L^{1+n/2}] = 0$ であるから，$[L, M_n] = -[L, M_n']$. 左辺は 0 階以上，右辺は $2-1-1=0$ 階の擬微分作用素である．したがって，$[L, M_n]$ は ∂_x^0 の項のみをもつ．こうしてスケーリングから予測された M_j の正確な形が判明した．次の定理に示すように，M_j $(j=1,3,5,\cdots)$ は KdV 方程式がもつ無限個の対称性を表す．このことをもって KdV 方程式は (無限次元の) 可積分系だといえる．

定理 2.10 (KdV 階層) 奇数 n に対して $M_n = L_+^{1+n/2}$ と定義し，階層方程式

$$\partial_{t_n} L = [M_n, L] \tag{2.47}$$

の解を $L(t_1, t_3, \cdots)$ と書く．このとき，任意の奇数 j, k に対して

$$\partial_{t_k}\partial_{t_j} L = \partial_{t_j}\partial_{t_k} L.$$

(証明) $[L^{1+k/2}, L^{1+j/2}] = 0$ であるから $[L^{1+k/2}, L^{1+j/2}]_+ = 0$. $L^{1+n/2} = M_n + M_n'$ のように正ベキ部と負ベキ部に分解して書くと，

$$[M_k, M_j] + [M_k, M_j']_+ + [M_k', M_j]_+ = 0.$$

任意の $f(L)$ について $\partial_{t_k} f(L) = [M_k, f(L)]$ が成り立つ．上の関係式を用いて，

$$\partial_{t_k} M_j = \partial_{t_k} L_+^{1+j/2}$$

$$= \left(\partial_{t_k} L^{1+j/2}\right)_+$$
$$= [M_k, L^{1+j/2}]_+$$
$$= [M_k, M_j] + [M_k, M_j']_+$$
$$= [M_j, M_k']_+$$
$$= \partial_{t_j} M_k + [M_k, M_j]$$

を得る．これと Jacobi の等式を用いて

$$\partial_{t_k}\partial_{t_j} L = \partial_{t_k}[M_j, L] = [\partial_{t_k} M_j, L] + [M_j, \partial_{t_k} L]$$
$$= [\partial_{t_j} M_k, L] + [[M_k, M_j], L] + [M_j, [M_k, L]]$$
$$= [\partial_{t_j} M_k, L] + [M_k, [M_j, L]]$$
$$= [\partial_{t_j} M_k, L] + [M_k, \partial_{t_j} L]$$

右辺は $\partial_{t_j}\partial_{t_k} L$ にほかならない． ∎

線形 Lax 方程式の対称性が可換環 $\mathcal{B}(M)$ で与えられたことと比べると，非線形 Lax 方程式の対称性は擬微分作用素の非可換な代数的構造として現れることに注目しよう．

2.4 幾何学的方法

物理の理論は「物質」と「空間」によって記述される．物質の特性はエネルギー (ハミルトニアン) として定式化され，空間 (時間の軸を意識する場合は時空という) の幾何学は群構造によって規定される．運動は時空の中の曲線 (軌道) である．本節では，Hamilton の運動方程式とよばれる運動方程式のもっとも基本的なクラスを考え[19]，その幾何学的な特徴付けを学ぶ．

2.4.1 Hamilton 力学の一般的形式

a. Hamilton の運動方程式

系の状態をベクトル空間 X (これを状態空間あるいは位相空間とよぶ) の点 z によって表し，その運動を軌道 $\{z(t); t \in \mathbb{R}\}$ で表現する．X は Hilbert 空間である

とし，X の内積を $(\boldsymbol{x},\boldsymbol{y})$ と書く．写像 $X \to \mathbb{R}$ (場合によっては $\mathbb{C}$) を (X が有限次元であるか無限次元の関数空間であるかにかかわらず) 汎関数とよぶ．Hamilton の運動方程式は

$$\frac{d}{dt}z = J\partial_z H(z) \tag{2.48}$$

と書かれる．ここで $H(z)$ は X 内で定義された実数値汎関数であり，ハミルトニアンとよばれる (物理的にはエネルギーを意味する)．$\partial_z H(z)$ は $H(z)$ の勾配微分である．すなわち，

$$H(z+\epsilon\boldsymbol{\xi}) - H(z) = \epsilon(\partial_z H, \boldsymbol{\xi}) + O(\epsilon^2) \quad (\forall \boldsymbol{\xi} \in D(H)) \tag{2.49}$$

を満たすものとして $\partial_z H(z)$ を定義する[*18]．$J \in \mathrm{Hom}(X,X)$ は **Poisson 作用素**とよばれる反対称線形作用素 (すなわち $(J\boldsymbol{x},\boldsymbol{y}) = -(\boldsymbol{x},J\boldsymbol{y})$ $(\forall \boldsymbol{x},\boldsymbol{y} \in D(J))$) であり，これによって定義される **Poisson 括弧**

$$\{F(z), G(z)\} = (\partial_z F(z), J\partial_z G(z)) \tag{2.50}$$

が Jacobi の等式

$$\{\{F,G\},H\} + \{\{G,H\},F\} + \{\{H,F\},G\} = 0 \tag{2.51}$$

を満たすと仮定する．

状態 $z(t)$ が運動方程式 (2.48) に従って変化するとき，X 上の汎関数として定義される物理量 $F(z)$ の時間変化は

$$\frac{d}{dt}F(z(t)) = (\partial_z F(z(t)), \partial_t z(t))$$
$$= (\partial_z F(z(t)), J\partial_z H(z))$$
$$= \{F,H\} \tag{2.52}$$

と計算される．Poisson 括弧の反対称性から $\{H,H\} = 0$．Hamilton 運動方程式 (2.48) に従う運動はハミルトニアン $H(z)$ を保存する．このことは，幾何学的に次のように示すこともできる．J は反対称であるから，ベクトルをそれと直交する方向へ曲げる (内積の公理により $(Jz,z) = (z,Jz)$，一方，反対称性により $(Jz,z) = -(z,Jz)$，したがって $(z,Jz) = 0$)．運動方程式 (2.48) は，ハミルトニアンの勾配ベクトルに直交する方向へ運動が起こることを意味している．

[*18] 滑らかでない関数の勾配を考えるときは，一般化した勾配微分を用いる (定義 1.5 参照)．

翻って，ある基本的な保存則をもつ系を考えるときには，その保存量を H とし，運動の規則を反対称作用素 J で表現すればよい．さらにその系が Hamilton 力学系であるためには，J が Jacobi の等式を満たす Poisson 括弧を定義する必要がある．これによって物理量 (X 上の汎関数) の空間に Lie 代数の構造が与えられる．

b. Hamilton 力学系の例

有限次元の例から始めよう．

例 2.3 [正準運動方程式] もっとも簡単な反対称作用素は

$$J_c = \begin{pmatrix} 0 & 1 \\ -1 & 0 \end{pmatrix} \tag{2.53}$$

である．ハミルトニアンが共役変数 $z = {}^t(q,p)$ の滑らかな関数として $H(q,p)$ と与えられたとき，式 (2.48) は正準運動方程式

$$\frac{d}{dt}\begin{pmatrix} q \\ p \end{pmatrix} = \begin{pmatrix} 0 & 1 \\ -1 & 0 \end{pmatrix}\begin{pmatrix} \partial_q H \\ \partial_p H \end{pmatrix},$$

Poisson 括弧は $\{F,G\} = (\partial_q F)(\partial_p G) - (\partial_p F)(\partial_q G)$ である．正準 Hamilton 力学系は，正準変数 q と p を高次元さらに無限次元へ拡張したものである (2.4.2 項参照).   ◁

例 2.4 [剛体の回転運動] 3 次元ベクトル $\boldsymbol{\omega} = {}^t(\omega_1, \omega_2, \omega_3)$ の状態空間 $X_\omega = \mathbb{R}^3$ を考える．

$$J_\omega = \begin{pmatrix} 0 & \omega_3 & -\omega_2 \\ -\omega_3 & 0 & \omega_1 \\ \omega_2 & -\omega_1 & 0 \end{pmatrix} \tag{2.54}$$

とおき，ハミルトニアン $H(\boldsymbol{\omega})$ を与えて Hamilton 運動方程式

$$\frac{d}{dt}\boldsymbol{\omega} = J_\omega \partial_{\boldsymbol{\omega}} H \tag{2.55}$$

を考える．$\partial_{\boldsymbol{\omega}} H$ は 3 次元ベクトルであり，$J_\omega \partial_{\boldsymbol{\omega}} H = -\boldsymbol{\omega} \times (\partial_{\boldsymbol{\omega}} H)$ と書くこともできる．3 次元の位置ベクトル $\boldsymbol{q}$ と運動量ベクトル $\boldsymbol{p}$ を用いて $\boldsymbol{\omega} = \boldsymbol{q} \times \boldsymbol{p}$ とおくと，これは剛体の (重心が静止した系でみた) 角運動量であり，(2.55) は剛体回転の運動方程式である．Poisson 括弧は

$$\{F,G\}_\omega = (\partial_{\boldsymbol{\omega}} F, J_\omega \partial_{\boldsymbol{\omega}} G) \tag{2.56}$$

と定義される．$\mathrm{Rank}(J_\omega) = 2$ であり，$\omega \in \mathrm{Ker}(J_\omega)$．$C = |\omega|^2/2$ とおくと $\partial_\omega C = \omega$，したがって C は保存量である．物理的には角運動量の保存を意味する．C が保存することはハミルトニアン H に依存しないこと（$\{C, H\}_\omega = 0\ \forall H$）に注目しよう．このような保存量が存在することは 2.4.3 項で議論する非正準 Hamilton 力学系の特徴である． ◁

以下の例では位相空間 X は関数空間である．状態ベクトルを z のかわりに u のように書く．

例 2.5 [量子力学] 量子論も基本的な構造は同じである．状態空間 X は複素 Hilbert 空間であり，状態ベクトル $u \in X$ を波動関数という．量子化したハミルトニアンは自己共役な微分作用素 $\mathcal{H}(x, -i\hbar\partial_x)$，すなわち古典論のハミルトニアンに含まれる運動量 p を微分作用素 $-i\hbar\partial_x$ で置き換えたものである．これを用いて $H(u) = (\mathcal{H}u, u)/(2\hbar)$，$J = -i$（これは複素ベクトル空間でもっとも簡単な反対称作用素）とおくと式 (2.48) は Schrödinger 方程式にほかならない：

$$\partial_t u = \frac{1}{i\hbar} \mathcal{H} u.$$

物理量（オブザーバブル）は X で定義された自己共役作用素 $\mathcal{F}$ であり，その観測値は実数値 2 次形式 $F(u) = (\mathcal{F}u, u)/2$ により与えられる．$F(u) = (\mathcal{F}u, u)/2$ と $G(u) = (\mathcal{G}u, u)/2$ との Poisson 括弧積を

$$\{F(u), G(u)\} = \mathrm{Re}(\partial_u F(u), -i\partial_u G(u)) = \mathrm{Re}(\mathcal{F}u, -i\mathcal{G}u) \tag{2.57}$$

と定義する．これを用いて F の時間変化は

$$\frac{d}{dt} F(u) = (\mathcal{F}u, \partial_t u) = (\mathcal{F}u, (i\hbar)^{-1}\mathcal{H}u) = \{F, H\}$$

と計算される．$\partial_u\{F(u), G(u)\} = -i[\mathcal{F}, \mathcal{G}]u$ である．これにより，Poisson 括弧 (2.57) に関する Jacobi の等式 (2.51) は線形作用素の交換積に関する Jacobi の等式にほかならない． ◁

例 2.6 [KdV 方程式 (1)] 一般に波動方程式は，広く非線形の場合も含めて式 (2.48) の形式に帰着できる．一般に 2 次形式ではない H を考える場合は非線形になる．また，H が 2 次形式であっても，Poisson 作用素 J が状態ベクトル u に依存する場合も非線形になる．後者については次の例で見ることにして，ここでは前者の

例として KdV 方程式 (2.39) を Hamilton 形式に書いてみよう．状態ベクトルを $u \in X$，ハミルトニアンを

$$H = \int \left[\frac{1}{8}(\partial_x u)^2 - \frac{1}{4}u^3\right] dx$$

とし，Poisson 作用素を $J = -\partial_x$ として Hamilton 方程式 (2.48) を書くと KdV 方程式となる．ただし u は $|x| \to \infty$ で十分速く 0 になるとする．u の微分多項式の積分として定義される $F(u), G(u)$ に対して，Poisson 括弧積 $\{F(u), G(u)\} = (\partial_u F(u), -\partial_x \partial_u G(u))$ が反対称であること，Jacobi の等式を満たすことを示されたい． ◁

例 2.7 [KdV 方程式 (2)] 同じ方程式を別のハミルトニアンと Poisson 作用で Hamilton 形式に書くことができる．KdV 方程式 (2.39) を例 2.6 とは異なる形に定式化してみよう．ハミルトニアンを

$$H = \int \frac{1}{2}u^2 \, dx,$$

Poisson 作用素を

$$J = \frac{1}{4}\partial_x^3 + u\partial_x + \frac{1}{2}(\partial_x u)$$

として Hamilton 方程式 (2.48) を書くと KdV 方程式となる．Poisson 括弧積 $\{F(u), G(u)\} = (\partial_u F(u), J\partial_u G(u))$ が反対称であることは簡単に示される．少し複雑であるが，これが Jacobi の等式を満たすことも示される (演習とする)．例 2.6 の定式化と比べると，ハミルトニアンが単純に，Poisson 作用素が複雑になっている． ◁

例 2.8 [渦方程式] 無限次元非線形方程式のもう 1 つの例として 2 次元非圧縮流体の渦方程式を Hamilton 形式に書いてみよう．流体速度 $\boldsymbol{V}$ と圧力 p は 2 次元平面内の有界な単連結領域 Ω 上で定義された十分滑らかな関数とする．非圧縮性 $\nabla \cdot \boldsymbol{V} = 0$ を仮定する．また境界 $\partial \Omega$ 上で $\boldsymbol{n} \cdot \boldsymbol{V} = 0$ ($\boldsymbol{n}$ は境界への法線ベクトル) とする．定式化を簡単にするために，2 次元平面を 3 次元空間に埋め込み，Ω の法線ベクトルを $\boldsymbol{e}_z$ と書く．非圧縮流は流れ関数 φ を用いて $\boldsymbol{V} = \nabla \times (\varphi \boldsymbol{e}_z) = \nabla \varphi \times \boldsymbol{e}_z$ と書くことができる．境界条件 $\boldsymbol{n} \cdot \boldsymbol{V} = 0$ から，$\partial \Omega$ 上で $\varphi =$ 定数=0．渦度 ω を $\nabla \times \boldsymbol{V} \cdot \boldsymbol{e}_z = \partial_x V_y - \partial_y V_x$ と定義する．流れ関数を使って書くと $\omega = -\Delta \varphi$ (Δ はラプラシアン)．境界条件 $\varphi = 0$ のもとで $-\Delta$ は $H_0^1(\Omega) \cap H^2(\Omega)$ を定義域とする

$X = L^2(\Omega)$ の自己共役作用素である (例 1.4, 例 2.1 参照). 逆作用素 $\mathcal{K} = (-\Delta)^{-1}$ を用いて $\varphi = \mathcal{K}\omega$ と書くことができる. 2 次元非圧縮理想流体の運動方程式 (Euler 方程式)

$$\partial_t \boldsymbol{V} + (\boldsymbol{V} \cdot \nabla)\boldsymbol{V} = -\nabla p \tag{2.58}$$

の両辺のカール (ローテーション) を計算すると, その $\boldsymbol{e}_z$ 成分から渦方程式

$$\partial_t \omega = \langle \omega, \mathcal{K}\omega \rangle \tag{2.59}$$

を得る. ただし

$$\langle f, g \rangle = -(\nabla f \times \nabla g) \cdot \boldsymbol{e}_z = \partial_y f \partial_x g - \partial_x f \partial_y g$$

と定義した[*19]. 流体の運動エネルギーは $\|\boldsymbol{V}\|^2/2 = \|\nabla\varphi\|^2/2$ で与えられる. これを ω で表現したものをハミルトニアンとする: $H(\omega) = (\omega, \mathcal{K}\omega)/2$. $\partial_\omega H = \mathcal{K}\omega$ であるから, $J(\omega)w = \langle \omega, w \rangle$ とおけば式 (2.59) は Hamilton 形式 (2.48) となる. 十分滑らかな汎関数 $F(\omega), G(\Omega)$ に対して Poisson 括弧は

$$\{F(\omega), G(\omega)\} = (\partial_\omega F(\omega), J(\omega)\partial_\omega G(\omega)) = (\partial_\omega F(\omega), \langle \omega, \partial_\omega G(\omega) \rangle) \tag{2.60}$$

と定義される. $(f, J(\omega)g) = (f, \langle \omega, g \rangle) = (g, \langle f, \omega \rangle) = -(J(\omega)f, g)$ と計算できることから反対称であることがわかる. Jacobi の等式が成り立つことも示される. これは演習とする. 例 2.4 で見た (2.56) とのアナロジーを指摘しておこう. ◁

c. 状態空間の構造

これまで Hamilton 力学系の形式的な特徴と実例を見てきた. Hamilton の運動方程式 (2.48) は, 運動を X 内の点 (すなわち状態ベクトル) の動きとして捉える立場であり, さまざまな初期条件から出発する軌道の束は状態空間 X の中の「流れ」だと考えることができる. 他方, 式 (2.52) は運動を物理量 F (X 上の汎関数; observable という) の変化によって捉える立場である[*20]. ここでは, これらの形式論の根底にある数学的な構造に目を向けよう.

[*19] これは例 2.3 の Poisson 括弧にほかならない. しかし, ここで考えているのは Hilbert 空間 $X = L^2(\Omega)$ を状態空間とする運動方程式であり, Poisson 括弧は X 上の汎関数に関する双線形形式として式 (2.60) により定義される.

[*20] 量子論でいうと, 前者は Schrödinger 表示, 後者は Heisenberg 表示である. 例 2.5 参照.

2.4 幾何学的方法

まず，私たちが「状態」とよんでいるものは何か，状態の集合と考えている「空間」とは何かについて振り返ろう．これまでさまざまな議論を通じて一貫して，状態とはベクトル (関数でもよい) で表されるものであり，状態空間はベクトル空間 (関数空間でもよい) であった．しかし，運動の問題を考えるとき，状態空間は単なる状態たちの入れ物ではなくて，そこには時間が流れている．「空間の時間化」というべきこの事態こそが運動を生起させる原因である．数学的に表現すると，状態空間 X には Lie 環の構造が与えられているということだ．運動の数学的表現が Lie 群であり，それを生成するのが Lie 環だからである (2.3.2 節の議論を思い出そう)．X はベクトル空間であるだけでなく「作用の合成」を意味する積が定義されている．つまり「状態」は作用する[*21]．先にあげた具体例を使って説明しよう．

例 2.4 から始めよう．角運動量ベクトルが棲む空間 X_ω の基底ベクトルは，単に 3 つの単位ベクトル e_1, e_2, e_3 なのではなく，3 次元空間に回転を生成する 3 つの行列

$$T_1 = \begin{pmatrix} 0 & 0 & 0 \\ 0 & 0 & -1 \\ 0 & 1 & 0 \end{pmatrix}, \quad T_2 = \begin{pmatrix} 0 & 0 & 1 \\ 0 & 0 & 0 \\ -1 & 0 & 0 \end{pmatrix}, \quad T_3 = \begin{pmatrix} 0 & -1 & 0 \\ 1 & 0 & 0 \\ 0 & 0 & 0 \end{pmatrix} \quad (2.61)$$

だと考える．これらは交換関係

$$[T_1, T_2] = T_3, \quad [T_2, T_3] = T_1, \quad [T_3, T_1] = T_2 \quad (2.62)$$

を満たす．3 つの行列 T_1, T_2, T_3 は交換積 (2.62) によって定義される Lie 環 ($\mathfrak{so}(3)$ と書く) の基本的な表現である．T_1, T_2, T_3 は 3 次元空間の 3 つの軸回りの回転を生成する (この Lie 群を SO(3) と書く)．例えば

$$e^{\tau T_1} = \begin{pmatrix} 1 & 0 & 0 \\ 0 & \cos\tau & -\sin\tau \\ 0 & \sin\tau & \cos\tau \end{pmatrix}. \quad (2.63)$$

$\tau \in \mathbb{R}$ は回転角を表すパラメタである．仮にハミルトニアンを $H = \omega_1$ と与えると，運動方程式 (2.55) は $d\boldsymbol{\omega}/dt = T_1 \boldsymbol{\omega}$，これを解いて第 1 軸回りの回転運動の群 (2.63) が生成される．Lie 群のパラメタ τ は「時間」だと思ってよいのである．

[*21] 量子論はこの事実をストレートに表現している．量子論において物理量はそのまま作用素である．物理量 = 作用素の環が空間を特徴づける (1.1.6 節参照)．古典論では物理量は汎関数であってそのままでは作用素ではない．空間に内在する Lie 環の構造によって，物理量に関わる代数構造 (すなわち Poisson 代数) が生まれると考えるのである．

運動を生成する仕掛けは空間 X_ω に与えられる Lie 環の構造で決まっている．X_ω を構成する 3 つの基底ベクトル T_1, T_2, T_3 のそれぞれが運動の潜在的可能性を担っており，それぞれに仮想的な時間的パラメタ τ を与えると 3 つの独立な回転運動を生み出すことができる．状態ベクトル $\omega = \sum \omega_j T_j$ は運動の可能態なのである．そして空間にはいろいろな時間が流れている (2.3 節でも「対称性」を記述するパラメタとして「いろいろな時間」が現れたことを思い出そう)．運動を具体化するのは「物」＝ハミルトニアン $H(\omega)$ である．運動方程式 (2.55) は，パラメタ ω_j がハミルトニアン H を介して作用素 T_1, T_2, T_3 たちを合成して ($\partial_{\omega_j} H$ が結合係数) その「物」の運動を生み出すことを書いているのだ．私たちがアクチュアルな物の運動を記述するために使っている時間 t とは，具体的な H が生成する Lie 群のパラメタ t のことである．

例 2.3 で見た正準 Hamilton 力学系の状態空間を支配しているのは Heisenberg 環である．正準変数 $z = {}^t(q,p)$ が棲む空間 $\mathbb{R}^2$ を拡張して 3 次元の空間 X_h を考え，その基底ベクトルを 3 つの行列

$$\check{q} = \begin{pmatrix} 0 & 1 & 0 \\ 0 & 0 & 0 \\ 0 & 0 & 0 \end{pmatrix}, \check{p} = \begin{pmatrix} 0 & 0 & 0 \\ 0 & 0 & 1 \\ 0 & 0 & 0 \end{pmatrix}, \check{r} = \begin{pmatrix} 0 & 0 & 1 \\ 0 & 0 & 0 \\ 0 & 0 & 0 \end{pmatrix} \quad (2.64)$$

にとる．これらは交換関係

$$[\check{q}, \check{p}] = \check{r}, \quad [\check{q}, \check{r}] = 0, \quad [\check{p}, \check{r}] = 0 \quad (2.65)$$

を満たす[*22]．例えば $\check{q}$ が生成する群は

$$e^{\tau \check{q}} = \begin{pmatrix} 1 & \tau & 0 \\ 0 & 1 & 0 \\ 0 & 0 & 1 \end{pmatrix} = (I + \tau)\check{q} \quad (2.66)$$

である ($\check{q}^2 = 0$ であることから簡単に計算できる)．仮にハミルトニアンを $H = p$ と与えて運動方程式 (2.53) を解くと $q(t) = q_0 + t$, $p(t) = p_0$ (q_0, p_0 は初期値) であるが，これは z を $\tilde{z} = q\check{q} + p\check{p} + r\check{r}$ に拡張して書くと，$\tilde{z}(t) = e^{t\check{q}}\tilde{z}_0$ なる運動を意味している．具体的な「物」のハミルトニアン $H(q,p)$ を与えると，$\check{q}$ と $\check{p}$ の作用が組み合わされたアクチュアルな運動が生成されるのである．

[*22] 多次元に一般化すると，$[\check{q}_j, \check{p}_k] = \delta_{jk}\check{r}$, $[\check{q}_j, \check{r}] = 0$, $[\check{p}_j, \check{r}] = 0$. 量子論では $\check{q}_j = q_j$ (位置 q_j の掛け算)，$\check{p}_j = -i\hbar \partial_{q_j}$, $\check{r} = I$ (1 の掛け算) とおいて $[\check{q}_j, \check{p}_k] = i\hbar\delta_{jk}\check{r}$, $[\check{q}_j, \check{r}] = 0$, $[\check{p}_j, \check{r}] = 0$ なる代数を使う．

これまでの説明では，空間が運動を生み出す構造をもっているというように述べたが，見方を反転して，可能な運動が空間の構造を決めているということもできるだろう．上記の例で「状態空間」と呼んだものは，可能な運動のすべてを表す Lie 群 (一般に G と書こう) に対する ($\tau=0$ での) 接ベクトル空間 $T_e G$ のことである．これを $\mathfrak{g}$ と書き，G の Lie 環とよぶことにしよう (今度は G を元に考えているのである)．運動 = 群，あるいはその生成作用素を $\mathfrak{g}$ の上で表現することを **随伴表現** (adjoint representation) という．状態空間 $\mathfrak{g}$ の構造を決めている交換積は群の随伴表現から自然に導かれる．$g, h \in G$ に対して，g が h に**作用**している (action) とは $\mathrm{A}_g h = ghg^{-1}$ のことである (行列の変換を思い出そう)．これを $T_e G = \mathfrak{g}$ で評価するとは

$$\left.\frac{d}{d\tau}\mathrm{A}_g h(\tau)\right|_{\tau=0} = g\eta g^{-1} \quad \left(\eta = \left.\frac{d}{d\tau}h(\tau)\right|_{\tau=0}\right) \tag{2.67}$$

のことである．これを $\mathrm{Ad}_g \eta$ と書き g の**随伴作用** (adjoint action) という．随伴作用の群を微分した環が G の Lie 環である．すなわち

$$\left.\frac{d}{d\tau}\mathrm{Ad}_{g(\tau)}\eta\right|_{\tau=0} = \xi\eta - \eta\xi = [\xi, \eta] \quad \left(\xi = \left.\frac{d}{d\tau}g(\tau)\right|_{\tau=0}\right) \tag{2.68}$$

これを $\mathrm{ad}_\xi \eta$ とも書く ($\mathrm{ad}_\xi \in \mathrm{Hom}(\mathfrak{g}, \mathfrak{g})$)．このようにして状態空間 $\mathfrak{g}$ には運動 ($g(\tau)$ や $h(\tau)$ など) の生成作用素たち (ξ や η など) が棲み，それらの交換ルールが G によって定められているのである．裏返せば，前記の説明のように，状態空間 $\mathfrak{g}$ の交換ルールが運動の可能態の集合 G を決定するということもできる．

d. Poisson 代数

前項で簡単な例を引きながら説明してきたことは，一般の Hamilton 力学系が与えられたとき，決して自明ではない．実際に状態空間の基底をどのような作用素が張っているのか (どのような Lie 環に支配されているのか)，あるいは逆の立場から見ると，運動の可能態のすべては何なのか (どのような群なのか) が初めから明らかではないからである．与えられているのは物理量 (状態空間 X 上の汎関数) たちの空間の上に Poisson 括弧が定義する Lie 代数であり，それが X をどのような Lie 環にしているのかは自明ではない．古典論の基本的な考え方は，状態は観測によって定まるベクトル $z \in X$ であり，観測とは状態空間 X 上で定義された物理量 (observable) たち $F_j(z)$ の値を決めることである．力学法則は，まず物理量たちを記述するように書かれる．

あらためて物理量 (汎関数) の世界から問題を見直そう．ここでは無限回連続微分可能な実数値汎関数の空間 $C^\infty(X)$ を考える．この上に以下の条件を満たす双線形積 $\{\,,\,\}$ (Poisson 括弧という) が定義されているとき，$C^\infty_{\{\,,\,\}}(X)$ と書き，これを **Poisson 代数**とよぶ：

$$\{F, G\} = -\{G, F\}, \tag{2.69}$$

$$\{FG, H\} = F\{G, H\} + G\{F, H\}, \tag{2.70}$$

$$\{\{F, G\}, H\} + \{\{G, H\}, F\} + \{\{H, F\}, G\} = 0. \tag{2.71}$$

(2.71) は Jacobi の等式であり，(2.51) で既出．(2.70) は微分演算の Leibniz 則であるから，Poisson 括弧が微分を含むように定義されることを意味している．Poisson 括弧はすでに (2.50) で具体的な表式として与えたのだが (上記の性質を満たすことは簡単に確かめられる)，ここでは定義をいったん抽象化して，その意味を考え直したいのである．

(2.69) と (2.71) によって $C^\infty_{\{\,,\,\}}(X)$ は Lie 環である．$F, G \in C^\infty_{\{\,,\,\}}(X)$ に対して

$$\mathrm{ad}_F G = \{F, G\}. \tag{2.72}$$

これと状態空間 X 上の Lie 環の構造 (前記の $\mathrm{ad}_\xi \in \mathrm{Hom}(\mathfrak{g}, \mathfrak{g})$) の関係を見ようというのが，今の目的である．

X は n 次元のベクトル空間としよう．座標 z をおいて Poisson 括弧を (2.50) と書くと，これから決まる一般的な Lie 環が X の上にある．ハミルトニアン $H(z)$ が与えられたとき，

$$\mathrm{ad}_H = \{H, \circ\} = (\partial_{z_j} H) J_{jk} \partial_{z_k}$$

は，$\{\partial_{z_1}, \cdots, \partial_{z_n}\}$ を X の接ベクトルの基底だと思うと，X 上のベクトル場だと考えることができる．これを **Hamilton ベクトル場**という．いろいろなハミルトニアンによって与えられる Hamilton ベクトル場たちは，一般のベクトル場 $(\in TX)$ の中で特別な部分空間をなす．ad_H は汎関数に作用する 1 階偏微分作用素だと考えて $[\mathrm{ad}_F, \mathrm{ad}_G] = \mathrm{ad}_F \mathrm{ad}_G - \mathrm{ad}_G \mathrm{ad}_F$ と定義すると

$$[\mathrm{ad}_F, \mathrm{ad}_G] = \mathrm{ad}_{\{F, G\}}$$

の関係が成り立ち，Lie 環となる (Jacobi の等式を用いてこれを導け)．

前項で例示したような X 上の Lie 環の構造を明示的に示すのはどうすればいいだろうか？それは一般的には困難であるが，次のような手続きが考えられる．ま

ず Poisson 括弧が与えられたとしよう．互いに独立な n 個の汎関数 $Z_1,\cdots,Z_n \in C^\infty_{\{\,,\,\}}(X)$ で

$$\{Z_j, Z_k\} = \sum_{\ell=1}^n c_{jk}^\ell Z_\ell \tag{2.73}$$

と書けるものを選ぶことができたとしよう．c_{jk}^ℓ は定数とする．これを構造定数とする括弧積を $[\xi_j, \xi_k] = c_{jk}^\ell \xi_\ell$ により定義する．$\{\,,\,\}$ が Lie 括弧積であるから，$[\,,\,]$ も Lie 括弧積である．$C^\infty_{\{\,,\,\}}(X)$ の元で $F(Z_1,\cdots,Z_n)$ と書けるものの集合 $\mathcal{G}$ を考える．これは $C^\infty_{\{\,,\,\}}(X)$ の閉部分空間で $C^\infty_{\{\,,\,\}}(X)$ 全体ではないかもしれない (例 2.9 参照)．$F, G \in \mathcal{G}$ に対して，Leibniz 則によって

$$\{F, G\} = [\partial_{\boldsymbol{Z}} F, \partial_{\boldsymbol{Z}} G]^\ell Z_\ell. \tag{2.74}$$

ただし $\partial_{\boldsymbol{Z}} F = {}^t(\partial_{Z_1} F, \cdots, \partial_{Z_n} F)$．汎関数たち $Z_1, \cdots, Z_n$ を使って状態空間 X をパラメタ化する (つまり，これらを座標に選ぶ)．(2.74) と (2.50) を比べると

$$J_{jk} = c_{jk}^\ell Z_\ell. \tag{2.75}$$

具体例と照らし合わせてみよう．例 2.4 の場合，すでに座標を ω_j に決めて Poisson 括弧を (2.56) のように書いているのだが，上記の議論をたどると，この Poisson 代数が状態空間 X_ω を Lie 環 $\mathfrak{so}(3)$ にしていることが明らかになる．つまり，$Z_j = \omega_j$ ととれば $c_{jk}^\ell = \varepsilon_{jk\ell}$ すなわち $\mathfrak{so}(3)$ の構造定数が求まる．例 2.3 の場合は，$Z_1 = q$，$Z_2 = p$ とし，仮想的な座標 Z_3 を加えて $Z_3 = 1$ とおけば，正準形式の Poisson 括弧から構造定数 $c_{12}^3 = 1$，他は 0 と決まる．こうして正準系の状態空間が Heisenberg 代数 (2.65) によって支配されていることがわかるのである．

もう少し面白い例を示しておこう．

例 2.9 [剛体への制限] $\boldsymbol{q}, \boldsymbol{p}$ それぞれ 3 次元の正準系を考える．$\boldsymbol{z} = {}^t(\boldsymbol{q}, \boldsymbol{p}) \in X_z = \mathbb{R}^6$．Poisson 行列

$$J_c = \begin{pmatrix} 0_3 & I_3 \\ -I_3 & 0_3 \end{pmatrix}$$

によって正準 Poisson 括弧 $\{F, G\}_c = (\partial_{\boldsymbol{z}} F, J_c \partial_{\boldsymbol{z}} G)$ を定義する．

$$Z_j = (\boldsymbol{q} \times \boldsymbol{p})_j \quad (j = 1, 2, 3) \tag{2.76}$$

とおくと，

$$\{Z_1, Z_2\} = Z_3, \quad \{Z_2, Z_3\} = Z_1, \quad \{Z_3, Z_1\} = Z_2.$$

したがって $c_{jk}^\ell = \varepsilon_{jk\ell}$，すなわち $\mathfrak{so}(3)$ の構造定数が求まる．$F(Z_1, Z_2, Z_3)$ と書ける汎関数の集合 $\mathcal{G}$ はもちろん $C_{\{\,,\,\}}^\infty(X_z)$ の部分 Lie 環である．$Z_j = \omega_j$ $(j=1,2,3)$ と書けば $\mathcal{G}$ は例 2.4 の Poisson 代数に他ならない．物理的な意味を説明しよう．$X_z = \mathbb{R}^6$ は質点系の状態空間である．(2.76) で定義した汎関数 Z_j (例 2.4 の記号では ω_j) は角運動量である．$\mathcal{G}$ は角運動量だけで書かれる物理量の空間であり，それは重心を固定した自由回転剛体に制限した運動に関わる物理量の空間なのである．その部分系の状態空間 $X_\omega = \{\boldsymbol{\omega} = \boldsymbol{q} \times \boldsymbol{p}\}$ は，例 2.4 について見たとおり，Lie 環 $\mathfrak{so}(3)$ である． ◁

ad_H が生成する Lie 群 $\{e^{-t\,\mathrm{ad}_H}; t \in \mathbb{R}\}$ を **Hamilton 流** という．これは $C_{\{\,,\,\}}^\infty(X)$ に作用して運動の随伴表現 (物理量の時間発展) を与える．すなわち，$F \in C_{\{\,,\,\}}^\infty(X)$ に対して $F(t) = e^{-t\,\mathrm{ad}_H} F$ とおくと，これは式 (2.52) の解を与える：

$$\frac{dF}{dt} = -\mathrm{ad}_H F = \{F, H\}.$$

以下，$\mathrm{Ad}_{(-tH)} = e^{-t\,\mathrm{ad}_H}$ と書く．

任意の点 $\boldsymbol{p} \in X$ をパラメタとして，$C_{\{\,,\,\}}^\infty(X)$ から $\mathbb{R}$ への写像 $\delta_{\boldsymbol{p}} : F \mapsto F(\boldsymbol{p})$ を考えよう (点 $\boldsymbol{p} \in X$ 上のデルタ関数のことだと思ってよい)．これは $C_{\{\,,\,\}}^\infty(X)$ の双対空間 $C_{\{\,,\,\}}^\infty(X)^*$ の元である．

$$F(t, \boldsymbol{p}) = (\mathrm{Ad}_{(-tH)} F)(\boldsymbol{p}) = \delta_{\boldsymbol{p}}[\mathrm{Ad}_{(-tH)} F] = [\mathrm{Ad}(-tH)^* \delta_{\boldsymbol{p}}] F$$

と書いて，$\mathrm{Ad}_{(-tH)}$ の双対写像 $\mathrm{Ad}_{(-tH)}^* : C_{\{\,,\,\}}^\infty(X)^* \to C_{\{\,,\,\}}^\infty(X)^*$ を定義する．$\mathrm{Ad}_{(-tH)}^* \delta_{\boldsymbol{p}}$ は点 $\boldsymbol{p}$ をとおる軌道にほかならない．随伴表現の双対写像によって与えられる軌道であるから **余随伴軌道** (co-adjoint orbit) とよぶのが正しい．運動方程式 (2.48) に対して双対関係にある物理量の空間における運動の随伴表現 (2.52) の，さらに双対関係としての余随伴軌道というのはもって回った記述のようだが，実は余随伴軌道の上には次項で述べるシンプレクティック幾何学が自然な構造として定義される．

2.4.2　正準形式とシンプレクティック幾何学

例 2.3 を一般化し，一般 (有限) 次元の Hamilton 力学系を考えよう．$n = 2m$ 次元の微分可能多様体 X の局所座標を $\boldsymbol{z} = (z_1, \cdots, z_n)$ とする．Hamilton の運動

方程式 (2.48) において Poisson 行列 J が $2m \times 2m$ 正則行列

$$J_c = \begin{pmatrix} 0_m & I_m \\ -I_m & 0_m \end{pmatrix} \tag{2.77}$$

により与えられるとき，これを **Hamilton 正準方程式** (canonical equation) という．

状態空間 X の次元 n は偶数 $2m$ でなくてはならないことに注意しよう．m 次元の配置空間 (configuration space) と，これと同じ次元の運動量空間 (momentum space) との直積で状態空間が構成されると考える．以下

$$\begin{cases} q_j = z_j, \\ p_j = z_{m+j} \end{cases} \quad (j = 1, \cdots, m) \tag{2.78}$$

と表記する．すなわち $z = (q_1, \cdots, q_m, p_1, \cdots, p_m)$ と書く．これを正準変数という．

a. 余接束上のシンプレクティック幾何学

反対称な正則行列 J_c がシンプレクティック幾何学の構造を定める[*23]．シンプレクティック構造とは，状態空間上で定義されたシンプレクティック 2 次形式

$$\omega = dq_1 \wedge dp_1 + dq_2 \wedge dp_2 + \cdots + dq_m \wedge dp_m \tag{2.79}$$

のことである．これは正準 1 次形式

$$\theta = p_1 dq_1 + p_2 dq_2 + \cdots + p_m dq_m \tag{2.80}$$

の外微分として $\omega = -d\theta$ と与えられる．

$$A^{k\ell} = \frac{\partial \theta^\ell}{\partial z_k} - \frac{\partial \theta^k}{\partial z_\ell} \quad (1 \leq k, \ell \leq n = 2m)$$

と定義すると，$A = -J_c$，すなわち $J_c = A^{-1}$ である．

θ は m 次元の微分可能多様体 M (配置空間) の余接束 T^*M の元と考えることができる．すると $(z_1, \cdots, z_m) = (q_1, \cdots, q_m)$ は M 上の座標を示す変数であり，$(z_{m+1}, \cdots, z_{2m}) = (p_1, \cdots, p_m)$ はコベクトルの成分を示す変数である．式 (2.79) は座標の取り方に依存しているように見えるが，これは座標に依存しない 2 次形式であることが示される．

[*23] シンプレクティック (symplectic) 幾何学とは，群 $Sp(m) := \{A \in GL(2m; \mathbb{R}); A^{-1}J_c A = J_c\}$ を G 構造とする幾何学のことである．

b. 最小作用の原理

シンプレクティック構造と Hamilton 力学は最小作用の原理によって関係付けられる．**作用**とは時空間の出発点 $a = (z_0, t_0)$ から到着点 $b = (z_1, t_1)$ を結ぶ経路 $z(t)$ に沿う積分

$$S = \int_a^b (\theta - Hdt) = \int_{t_0}^{t_1} \left(\sum_{j=1}^m p_j \frac{dq_j}{dt} - H \right) dt \tag{2.81}$$

のことである．a と b を固定して $z(t) \to z(t) + \epsilon \tilde{z}(t)$ と摂動したときの変分を計算すると (部分積分をして)

$$\delta_{\tilde{z}_k(t)} S = \epsilon \int_a^b \left(\sum_{\ell=1}^n A^{k\ell} \frac{dz_\ell}{dt} - \frac{\partial H}{\partial z_k} \right) \tilde{z}_k dt + O(\epsilon^2).$$

したがって Euler-Lagrange 方程式

$$\sum_{\ell=1}^n A^{k\ell} \frac{dz_\ell}{dt} = \frac{\partial H}{\partial z_k} \quad (k = 1, \cdots, n) \tag{2.82}$$

を得る．これを書き直して (A^{-1} を掛けて) Hamilton の正準運動方程式

$$\frac{dz_k}{dt} = \sum_{\ell=1}^n J_{c,k\ell} \frac{\partial H}{\partial z_\ell} \quad (k = 1, \cdots, n) \tag{2.83}$$

を得るのである．これは式 (2.48) において Poisson 行列を正準形 J_c としたものにほかならない．

運動方程式に「具体形」を与えたのは作用の中で $-\int H dt$ の部分である．正準 1 次形式 θ (その渦 $\omega = d\theta$ が定義するシンプレクティック構造) は運動方程式の *a priori* な形式，すなわち幾何学的構造 J_c を定めているのである．

上記の道筋 (正準 1 次形式 → シンプレクティック 2 次形式 → 最小作用の原理 → Hamilton の運動方程式) を逆にたどろうとすると，すなわち Hamilton の運動方程式 (必ずしも正準形式ではない) から最小作用の原理，作用を構成するシンプレクティック 2 次形式を構築しようとすると，Poisson 行列 J の逆行列が定まらなくてはならないこと，つまり J が正則行列であることが必要である．2.4.3 項の議論で中心的なテーマとなるのは，まさにこの点である．J が正則行列でない場合，すなわち $\dim \mathrm{Ker}(J) \geq 1$ であるような Hamilton 力学系を**非正準**であるという．

2.4.3 非正準 Hamilton 力学系と葉層構造

引き続き有限次元で議論を進める．一般に正準形 (2.77) ではない Poisson 行列が $J(z)$ のように z に依存する関数として与えられるとする (正準系を仮定しないので次元 n は奇数でもよい)．ただし $J(z)$ は反対称であり，これで定義される Poisson 括弧が Jacobi の等式 (2.51) を満たすとする．

非正準 Hamilton 力学系とは，$\mathrm{Ker}(J(z))$ が自明でない元をもつ場合のことである[20]．例 2.4 でそのようなものの典型例を見た．

$$(Jz, u) = -(z, Ju) = 0 \quad (\forall z \in X, u \in \mathrm{Ker}(J))$$

であるから，$u \in \mathrm{Ker}(J)$ と $u \in \mathrm{Coker}(J)$ は等価である．$u \in \mathrm{Ker}(J(z)) = \mathrm{Coker}(J(z))$ は点 z において「運動できない方向」のベクトルを意味する．したがって，非正準 Hamilton 力学系の運動範囲は状態空間 X より次元が低い多様体の中に束縛される．このような状態空間は**葉層化** (foliate) されているという．

自明でない (定数でない) 関数 $C(z)$ が

$$J(z)\partial_z C(z) = 0 \tag{2.84}$$

を満たすならば，$C(z)$ を **Casimir** (カシミール) 元とよぶ．例 2.4 を思い出そう．もちろん $\partial_z C(z) \in \mathrm{Ker}(J(z))$ であるが，$v \in \mathrm{Ker}(J(z))$ に対して，その「積分」である Casimir 元 $C(z)$ があって $v = \partial_z C(z)$ と書けるとは限らないことに注意しよう．

次の基本的な定理が知られている[21]．

定理 2.11 (Darboux) 状態空間 X の次元は n とし，$z_0 \in X$ の近傍で $\mathrm{Rank}(J) = 2\nu \leq n$ であるとする．このとき式 (2.84) を満たす $\mu = n - 2\nu$ 個の独立な Casimir 元 $C_1(z), C_2(z), \cdots, C_\mu(z)$ が存在する．$z_0 \in X$ の近傍で，これらを μ 個の座標とし，さらに適当な座標変換を行って新たな状態変数を

$$\zeta = (\zeta_1, \cdots, \zeta_{2\nu}, C_{2\nu+1}, \cdots, C_{2\nu+\mu})$$

として，J を標準形

$$J' = \begin{pmatrix} 0_\nu & I_\nu & \\ -I_\nu & 0_\nu & \\ & & 0_\mu \end{pmatrix} \tag{2.85}$$

に変換できる．

Casimir 元は「保存量」である．実際，式 (2.52) に代入すると

$$\frac{d}{dt}C = \{C, H\} = 0.$$

これはどのようなハミルトニアン H に対しても成り立つ．Casimir 元は Poisson 括弧の「位相欠陥」すなわち Poisson 行列の核によって定まる保存量だからである．普通の保存量はハミルトニアン H の対称性によって生じるものであることと対比しよう．

Casimir 元 $C(z)$ が保存量であるという意味は，軌道が $C(z)$ の等高面 (level set) の上に束縛されているということである．$\{(\zeta_1, \cdots, \zeta_{2\nu})\}$ は z_0 の近傍で $R(J(z))$ の局所正準変数を与えている．したがって Casimir 元の等高面は葉層化された状態空間の中に埋め込まれた**シンプレクティック・リーフ** (symplectic leaf) を与える．

例 2.10 [Nambu 力学] 例 2.4 で見た 3 次元の非正準系を Darboux の標準形に書き直してみよう．変数を次のように変換すればよい：

$$(\omega_1, \omega_2, \omega_3) \to (\zeta_1, \zeta_2, C) = (\omega_1, \tan^{-1}(\omega_2/\omega_3), |\boldsymbol{\omega}|^2/2).$$

剛体運動の方程式 (2.55) は Casimir 元 $C = |\boldsymbol{\omega}|^2/2 = $ 一定の球面上の正準運動方程式に帰着できるのである．球面への束縛は角運動量の保存を意味する．ハミルトニアン $H(\boldsymbol{\omega})$ を与えると，具体的な運動が起こるのだが，H も保存するので，H の等高面と C の等高面 (球面) との交線が軌道だということになる．Poisson 括弧 (2.56) は Casimir 元 C を使って

$$\{A, B\}_\omega = (\nabla A) \cdot [(\nabla B) \times (\nabla C)] \tag{2.86}$$

と書くことができる．この右辺を 3 重積として $\{A, B, C\}$ と書くと，$\{A, B, C\} = \{B, C, A\} = \{C, A, B\}$ なる交換関係を満たす．ハミルトニアン B が与えられると，物理量 A の運動は $dA/dt = \{A, B, C\}$ に従う．C はこの Hamilton 力学系の幾何学を決めている．ここでハミルトニアン B と Casimir 元 C の役割を交換して，C がハミルトニアン，$-B$ が Casimir 元だと思うこともできる．南部[22]は C を第 2 のハミルトニアンだと解釈して，これを一般化した Hamilton 力学系と考える立場を提案している[*24]． ◁

[*24] このようにいうと B も C も自由に選べるようだが，C を 1 つ選んで $\{A, B, C\}$ を A と B の

a. エネルギー・カシミール関数

保存量の中でも Casimir 元がとりわけ重要であるのは,次の理由による.運動方程式を決定付けるハミルトニアンを次のように変換してみよう:

$$H_{\boldsymbol{\lambda}}(z) = H(z) - \sum_{j=1}^{\mu} \lambda_j C_j(z). \tag{2.87}$$

ここに $\boldsymbol{\lambda} = (\lambda_1, \cdots, \lambda_\mu)$, λ_j は任意の実定数,$C_j(z)$ は Casimir 元 $(j = 1, \cdots, \mu)$ である.式 (2.84) により,Hamilton 方程式 (2.48) はこの変換に対して不変である:

$$\frac{d}{dt}z = J(z)\partial_z H_{\boldsymbol{\lambda}}(z) = J(z)\partial_z H(z). \tag{2.88}$$

したがって,ハミルトニアン $H(z)$ を $H_{\boldsymbol{\lambda}}(z)$ で置き換えても,運動は変わらない.エネルギーと Casimir 元で構成された $H_{\boldsymbol{\lambda}}(z)$ をエネルギー・カシミール関数とよぶ.

状態空間の葉層化は運動の自由度を制限するのだが,面白いことに平衡状態は多様化する.正準運動方程式の平衡点 $(dz/dt = 0)$ はハミルトニアン $H(z)$ の極値点 (普通は極小点) すなわち $\partial_z H(z) = 0$ となる点である.J_c は正則行列であるから,これ以外の平衡点は存在しない.しかし,非正準運動方程式の場合は,$\partial_z H(z) \in \mathrm{Ker}(J(z))$ を満たす点が平衡点となる.Casimir 元で表現される $\mathrm{Ker}(J(z))$ については,エネルギー・カシミール関数 $H_{\boldsymbol{\lambda}}(z)$ の極値点が平衡点を与える.幾何学的にいうと,各シンプレクティック・リーフ (Casimir 元の等高面) の上に平衡点が現れ得るのである (必ず平衡点があるとは限らないが).平衡方程式 $\partial_z H_{\boldsymbol{\lambda}}(z) = 0$ はパラメタ $\boldsymbol{\lambda} = (\lambda_1, \cdots, \lambda_\mu)$ を「固有値」として含む ($\boldsymbol{\lambda} = 0$ の解は「基底状態」を表す).

例 2.4 において,ハミルトニアンを $H = a_1\omega_1^2 + a_2\omega_2^2 + a_3\omega_3^2$ (a_1, a_2, a_3 は定数) とおいて,平衡状態を計算されたい.

b. 無限次元への拡張

2.4.2 項および本項のここまでは有限次元の Hamilton 力学系を考えてきたが,無限次元の状態空間 (Hilbert 空間 X) へ拡張しておこう.$u \in X$ を状態ベクトル

Poisson 括弧とみるためには特別な C でないと Jacobi の等式が成り立たない.任意の C を選んだ場合は,本来の Hamilton 力学系 (Poisson 代数) の枠を超えるのである.その数学的な意味は十分解明されているわけではない.

とし，$J(u) \in \mathrm{Hom}(X, X)$ を Poisson 作用素とする．$\mathrm{Ker}(J(u))$ が自明でない元をもつとき (有限次元とは限らない)，Hamilton の運動方程式

$$\partial_t u = J(u) \partial_u H(u) \tag{2.89}$$

は非正準であるという．

2.4.1 項では無限次元 Hamilton 運動方程式の例を 3 つあげた．例 2.5 の Schrödinger 方程式では $J = -i$ であり，これは正準系である．例 2.6 の KdV 方程式では $J = -\partial_x$ であり，$C = \int u\, dx$ が Casimir 元である．

一方，同じ KdV 方程式でも，例 2.7 のように定式化すると正準系になる．Ju は KdV 方程式 (2.39) の右辺そのものであることに注意しよう[*25]．

例 2.8 の渦方程式も非正準系である．$J(\omega)w = \langle \omega, w \rangle = \nabla \omega \times \nabla w \cdot e_z$ であるから，任意の滑らかな関数 $f : \mathbb{R} \to \mathbb{R}$ について $f(\omega) \in \mathrm{Ker}(J(\omega))$．$f$ の原始関数を F とし，$C_F(\omega) = \int F(\omega)\, d^2 x$ とおくと，これが Casimir 元である．ただし $\mathrm{Ker}(J(\omega))$ は，これより広い集合である．実際，$\mathrm{Ker}(J(\omega))$ の元 v には $v = \partial_\omega F(\omega)$ のように汎関数 $F(\omega)$ の勾配 (1 次微分形式) として表現できないものがある．具体例を見つけることは課題とする．

c. 安定性

エネルギー・カシミール関数 $H_\lambda(u)$ の平衡点を u_λ と書く．u_λ の近傍で運動方程式を線形化して安定性を調べよう．エネルギー・カシミール関数の平衡点の安定性は，一般の平衡点にはない，単純さをもつ (上記のように $\mathrm{Ker}(J(u))$ は必ずしも Casimir 元の微分として表すことができないので，エネルギー・カシミール関数の平衡点以外の平衡点が存在する可能性がある)．

抽象的な運動方程式 (2.48) においてハミルトニアン $H(u)$ をエネルギー・カシミール関数 $H_\lambda(u)$ に変換しても運動は変わらないのであった:

$$\frac{d}{dt} u = J(u) \partial_u H_\lambda(u). \tag{2.90}$$

平衡点 u_λ の近傍で $u = u_\lambda + \epsilon \tilde{u}$ と摂動する．$H_\lambda(u)$ が十分滑らかな関数であるなら，自己共役作用素 $\mathcal{H}_\lambda$ があって，

[*25] 普通，KdV 方程式を考えるとき空間座標 x は実軸 $\mathbb{R}$ 全体に広がるとし，$|x| \to \infty$ で十分速く 0 になる u (すなわち，H および 2.4.4 項で述べる保存量たちが有限な積分値をもつような u) を考える．そのような定常解は $u = 0$ しかないことがわかるが，有限な領域で周期境界条件を課すと (すなわち円環 S を領域とすると)，周期的な定常解がある．

$$H_\lambda(u_\lambda + \epsilon \tilde{u}) = H_\lambda(u_\lambda) + \frac{\epsilon}{2}(\mathcal{H}_\lambda \tilde{u}, \tilde{u}) + O(\epsilon^2)$$

と書くことができる．$J(u)$ の摂動を形式的に $\widetilde{J}$ と書くと，線形化方程式は

$$\frac{d}{dt}\tilde{u} = J(u_\lambda)\partial_u \frac{1}{2}(\mathcal{H}_\lambda \tilde{u}, \tilde{u}) + \widetilde{J}\partial_u H_\lambda(u_\lambda). \tag{2.91}$$

ここで $\partial_u H_\lambda(u_\lambda) = 0$ に注意すると，右辺の第 2 項は 0 である．第 1 項の対称 2 次形式の勾配を計算すると $\partial_u(\mathcal{H}_\lambda \tilde{u}, \tilde{u})/2 = \mathcal{H}_\lambda \tilde{u}$．したがって式 (2.91) は

$$\frac{d}{dt}\tilde{u} = J(u_\lambda)\mathcal{H}_\lambda \tilde{u} \tag{2.92}$$

に帰着する．Poisson 作用素は ($\tilde{u}$ に依存しない) 反対称作用素であるから汎関数 $(\mathcal{H}_\lambda \tilde{u}, \tilde{u})/2$ は保存量である．もしこれが強圧性 (coercivity) をもつなら，すなわち $c > 0$ があって，

$$\|\tilde{u}\|^2 \leq c(\mathcal{H}_\lambda \tilde{u}, \tilde{u}) \tag{2.93}$$

が成り立つならば，平衡点 u_λ は安定である[9]．

2.4.4 対称性と可積分性

力学の究極の目標は (Copernicus の偉大な成功にならって)「見方」を変えて「見え方」を単純化すること，これによって，一見したところ明らかではない秩序・規則性を顕にすることである．線形理論では，法則＝グラフ自体がベクトル空間であり，これを分解して表現するためにイデアルやスペクトルという道具概念が開発されたのであった (1.1 節)．要するに，法則がもっとも簡単に見えるように空間の表現 (ベクトル空間の基底) を工夫するのである．例えば，正規行列はユニタリー変換で対角化 (スペクトル分解) される．座標を回転することで，線形写像は独立な比例関係の単なる集まりに還元されるのである．しかし非線形になると，グラフは曲がっている (1.2 節)．これをどう回してみても単純化できそうにはない．

線形理論の枠を超えて非線形系に対して秩序を知るためには，基底ベクトルというまっすぐな軸で空間を表現するかわりに，適当に曲がった軸で表現すればよいのではないかと考えられる．この曲がった軸を探す手掛かりは，法則の対称性にある．ここでも法則をみつめ，法則にあった空間を措定するというのが基本的な戦略である．例えば，ある法則が軸対称であるならば，極座標がよい．角変数 θ について $\partial_\theta = 0$ であるから，独立変数を減らすことができる．運動の理論の場

合,対称性は保存則を意味するのであった.保存量を座標に選べば,軌道は直線になる.軸対称の例では,$\partial_\theta = 0$ から角運動量 P_θ の保存が得られ,θ-P_θ 平面上で軌道は $P_\theta =$ 一定の直線となる.このことを,多次元さらには無限次元の空間で考えよう[*26].

a. 特性常微分方程式

運動の秩序と方程式の対称性について幾何学的に考察する.可積分という概念を通じて,幾何学的理論と代数学的理論の交流点をみる.

まず,線形波動方程式に潜む非線形問題について考える.$\boldsymbol{V}(\boldsymbol{x})$ は既知の n 次元実ベクトル値関数として偏微分方程式

$$\partial_t u + \boldsymbol{V} \cdot \nabla u = 0 \tag{2.94}$$

を考える.偏微分方程式 (2.94) の解を構築することと,その特性常微分方程式

$$\frac{d}{dt}\boldsymbol{x} = \boldsymbol{V}(\boldsymbol{x}) \tag{2.95}$$

の初期値問題を解くことは表裏一体である (ベクトル場 $\boldsymbol{V}$ が双方に共通であることに注意しよう).初期値 $\boldsymbol{x}(0) = \hat{\boldsymbol{x}}$ に対して運動方程式 (2.95) を解いて軌道 $\boldsymbol{x}(\hat{\boldsymbol{x}};t)$ が求められたとしよう.ここで軌道の表示において,その出発点を明らかにするために $\hat{\boldsymbol{x}}$ をパラメタとして付加してある (これを Lagrange パラメタという).$\boldsymbol{x}(\hat{\boldsymbol{x}};t)$ は,t をパラメタとして,$\hat{\boldsymbol{x}}$ から $\boldsymbol{x}$ への写像と考えることができる.この逆像を $\hat{\boldsymbol{x}}(\boldsymbol{x},t)$ と表す.時刻 t において位置 $\boldsymbol{x}$ にある軌道上の点は,時間を遡って $t = 0$ では,位置 $\hat{\boldsymbol{x}}(\boldsymbol{x},t)$ にあったことになる.

一方,偏微分方程式 (2.94) は,各軌道に沿って関数 $u(\boldsymbol{x},t)$ が一定であることを意味する.「軌道に沿って」とは,$u(\boldsymbol{x}(\hat{\boldsymbol{x}},t),t)$ と評価するという意味であり,この時間微分は,各軌道について

$$\frac{d}{dt}u(\boldsymbol{x}(\hat{\boldsymbol{x}},t),t) = \partial_t u + \frac{d\boldsymbol{x}}{dt}\cdot \nabla u = \partial_t u + \boldsymbol{V}\cdot\nabla u$$

と計算される.したがって,式 (2.94) の解は,初期分布 $u(\boldsymbol{x},0)$ を $f(\boldsymbol{x})$ と書くならば

$$u(\boldsymbol{x},t) = f(\hat{\boldsymbol{x}}(\boldsymbol{x},t)) \tag{2.96}$$

[*26] ただし,このような企てが成功するのは限られた場合である.非線形現象に関しては,秩序だけを探求するのでなく,混沌 (カオス) も主題にする必要がある.4 章では,Hamilton 力学の枠を超えて,散逸を含む系のカオスを中心に学ぶ.

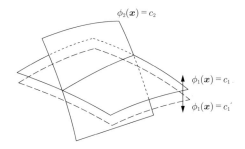

図 2.5 軌道 (曲線) は超曲面の交線として表される．各超曲面を規定する定数 c_j を変化させると，軌道は保存量を定義する関数の規則に従って変化する．

と与えられる．式 (2.96) が式 (2.94) を満たすことは，直接代入して確かめられる．

式 (2.96) は原理的な解であるが，非線形常微分方程式 (2.95) を積分して写像 $\hat{x}(x,t)$ を構築することは一般的には困難である．ここで常微分方程式を積分するとは，単に個々の初期値問題を解くという意味ではなく，任意の初期値に対して解を表現できる「秩序」を知るという意味である．実際，写像 $\hat{x}(x,t)$ は空間上のすべての点，すべての時間に対して表現されなくてはならない．無限の点，無限の時間について表現をつくるためには秩序が必要である．その具体的な意味を考えよう．

空間 $\mathbb{R}^n$ 内の滑らかな曲線は，$n-1$ 枚の超曲面の交差によって表すことができる (図 2.5 参照)．つまり，曲線上の点 $\boldsymbol{P}$ の近傍で定義された $n-1$ 個の滑らかな実関数 $\phi_j(\boldsymbol{x})$ と実定数 c_j を用いて

$$\phi_j(\boldsymbol{x}) = c_j \quad (j = 1, 2, \cdots, n-1) \tag{2.97}$$

を満たす点の集合として特徴付けることができる．各超曲面を与える $n-1$ 個の関数 ϕ_j は運動の保存量を表す．実際，軌道は $\phi_j(\boldsymbol{x}) = c_j$ (定数) により定められる超平面 (関数 ϕ_j のレベルセット) に含まれるので，軌道上を点 $\boldsymbol{x}(t)$ が運動しても $\phi_j(\boldsymbol{x}(t))$ は一定の値 c_j を保つ．

n 次元空間の力学系に関して，もし $n-1$ 個の保存量が先験的 (*a priori*) に知られていて，それらによって定義されるレベルセットが互いに平行でないという意味で「独立」であるならば，これら $n-1$ 枚のレベルセットの交線として軌道が与えられる．保存量を新しい座標であると考えて座標変換すると，運動は直線運動として観測される．このような場合が**可積分**である．

b. 可積分系

　可積分という言葉は，2.3.3 項ですでに用いている．方程式の対称性を明らかにすることにより，系の自由度の数だけ自由なパラメタを含む解を構築できるという意味であった．本項で見ている幾何学的な意味と，それが同じものであることを確認しておこう．

　引き続き線形波動方程式 (2.94) を例にして考える．ただし，V が Hamilton ベクトル場である場合 (2.4.1 項) を考える．座標 x を位相空間の状態ベクトル $z \in X$ にとる．ハミルトニアン $H(z)$ が与えられたとして，

$$V = J\partial_z H(z)$$

とおく．このとき，線形波動方程式 (2.94) は $\partial_t u + \{H, u\} = 0$ と表される．これは Hamilton 力学系における汎関数 $u(z)$ の時間変化の式 (2.52) にほかならない．汎関数 $\phi_j(z)$ $(j = 1, 2, \cdots)$ が保存量であるとは

$$\{H, \phi_j\} = 0$$

を意味する．したがって，Hamilton 力学系が可積分であるとは，H を含む互いに可換な n 個の汎関数が存在することである．保存量 $\phi_j(z)$ が 2.3.3 項で述べた意味で「対称性」を表すものであることは，次のように考えれば明らかになる．実数パラメタ t_j $(j = 1, \cdots, n)$ を導入して

$$\frac{d}{dt_j} z = J\partial_z \phi_j(z) \tag{2.98}$$

を考える．これは「時間変数」t_j に関する点 z の軌道を記述する方程式である．

$$\frac{\partial}{\partial t_j} H(z) = \{H, \phi_j\} = 0$$

であるから，式 (2.98) は H の対称性 (t_j を実数パラメタとする変換群) を表す方程式である．

　最後に無限次元の Hamilton 力学系である KdV 方程式 (2.39) について，これが可積分であること (2.3.3 項参照) の幾何学的な意味をみよう．例 2.6 (あるいは例 2.7) で見たように，式 (2.39) は関数空間上の Hamilton 運動方程式として解釈することができる．その Poisson 作用素を用いて，階層 Lax 方程式 (2.47) も式 (2.98) のごとき Hamilton 形式に書くことができる：

$$\frac{\partial}{\partial t_j} u = J\partial_u \phi_j(u) \quad (j = 1, 2, \cdots). \tag{2.99}$$

ここで $\phi_j(u)$ は u の微分多項式の積分として与えられる汎関数であり，ハミルトニアン H と交換する：$\{\phi_j, H\} = 0$. これらは無限個の保存量を与える．すなわち

$$\frac{d}{dt}\phi_j(u) = \{\phi_j, H\} = 0.$$

幾何学的にいうと，軌道 (正確にいうと余随伴軌道) は位相空間 (無限次元の関数空間) 内の無限個の保存量たち $H, \phi_1, \phi_2, \cdots$ のレベルセットの交線として与えられるのである．

3 スケーリングとくりこみ群

　非線形な系を解析するのは，線形な系に比べて格段に難しくなる．線形な場合には，結合系であっても固有モードで展開すると，独立な系の集まりとして記述される (Fourier 解析はその典型例である) のに対して，非線形な系では，モード間の結合が本質的に重要となるからである．この結合が弱い場合には，摂動的な取り扱いが有効であると予想されるが，この摂動展開が発散を含む状況がしばしば現れる．そのときに威力を発揮するのがスケーリングおよびくりこみ群という考え方である．この章では，その考え方と方法を，物理の問題——相転移と臨界現象——を例にとって解説する．このテーマは，1.2.4 項の襞の具体例であり，4.3 節の分岐理論とも深い関係がある．

3.1　問題の導入　相転移と臨界現象

　非線形現象を扱う数学的手法の 1 つの方法論として，スケーリング理論およびくりこみ群の手法について述べる．この理論は，物理学においては特に多数の自由度が非線形な結合をしている結果生じる現象——相転移と臨界現象——の記述に威力を発揮しているので，ここではそれを例にとって問題への導入としよう．

　自然界には，例えば温度を下げていくと無秩序な状態から秩序をもった状態へと質的な変化を起こすことがしばしば見出される．もっとも身近な現象は水が氷になるとか，ある温度以下で磁性体が磁化をもつといったものである．これらの現象は，**秩序パラメタ**とよばれる量 m の関数としての自由エネルギー $F(m)$ を用いて記述される．もっともよく使われる形は，**Ginzburg-Landau** (ギンツブルグ・ランダウ) **の自由エネルギー**とよばれる

$$F(m) = V\left[a(T)m^2 + \frac{1}{2}bm^4\right] = Vf(m) \tag{3.1}$$

という関数形である．ここでは m はスカラー量を考えているが，一般には多成分のベクトルや場合によってはテンソルを考えることもできる (対応して以下に出てくる磁場 h もスカラー量である)．

T は温度で，$a(T) = a(T - T_c)/T_c$ $(a > 0)$ は臨界温度 T_c で符号を変える．V は系の体積で自由エネルギーが系の大きさに比例することを式 (3.1) で顕わに示してある．$b(> 0)$ の項は，**非線形相互作用項**とよばれる．なぜ，非線形なのかは次のようにして理解できる．

m が磁化を表しているとしよう．すると，磁場 h の下での自由エネルギーは，

$$F(m, h) = V \left[f(m) - hm \right] \tag{3.2}$$

となる．磁場 h に対する応答として，磁化 m が発生することを調べるためには，$F(m, h)$ を最小にする m を決定すればよい．

$$\frac{\partial F(m, h)}{\partial m} = V \left[\frac{\partial f(m)}{\partial m} - h \right] = 0 \tag{3.3}$$

より

$$2a(T)m + 2bm^3 = h \tag{3.4}$$

を得る．ここで $b = 0$ とすると

$$m = \frac{h}{2a(T)} \tag{3.5}$$

となり，h に比例した m が得られる．この線形関係から，この応答は**線形応答**とよばれる．$b > 0$ が存在すると，線形関係からの補正，つまり非線形項が加わることになる．実は式 (3.5) は $a(T) > 0$ のときには，意味のある式であるが，$a(T) < 0$ のときには物理的に不合理である．このことを次に考えよう．

図 3.1 に，$F(m)$ の概形を示したが，その形は $a(T)$ の符号によって大きく異なることがわかる．$a(T) > 0$ の場合には $m = 0$ が $f(m)$ の最小を与えるが，$a(T) < 0$ の場合は，

$$m = \pm m_s(T) = \pm \sqrt{\frac{-a(T)}{b}} \tag{3.6}$$

が最小自由エネルギーを与えることになる．つまり，$T = T_c$ を境に，$T < T_c$ では「自発的に対称性が破れて秩序パラメタが発生する」という現象が起きる．「自発的対称性の破れ」は，自由エネルギーは m と $-m$ に対して対称であるにもかかわらず，物理的に実現される状態は，m の正負のどちらかを選ぶことになるのを意味している．この $T = T_c$ での劇的変化を**相転移**とよぶ．

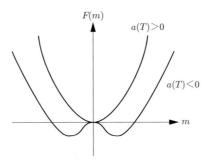

図 **3.1** 自由エネルギー $F(m)$ の概形

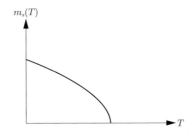

図 **3.2** 温度 T の関数としての自発磁化 $m_s(T)$

温度 T の関数として，この $m_s(T)$ (これを**自発磁化**とよぶ) を T の関数として描くと図 3.2 のような概形となる．ここで $T = T_c$ 近傍では，

$$m_s(T) \propto \sqrt{T_c - T} \tag{3.7}$$

となって，$T = T_c$ においてその T に関する微分が発散することがわかる．$f(m)$ の形は，m の微分可能連続関数であるのに，それによって記述される系は，$T = T_c$ においてその物理量が特異性を示す．以上の理論を **Landau の平均場理論**とよぶ．ここで $bm^4/2$ の非線形項が重要な役割を果たしていることが式 (3.6) からもわかるであろう．つまり，$a(T)$ が負になったときに，有限の m で極小値をもたせるのは $\frac{1}{2}bm^4$ の項なのである．この非線形項を，さらに精密に取り扱う手法，それがスケーリング理論とくりこみ群の手法である．

3.2 汎関数積分と鞍点法

前節の考察では秩序パラメタ m は 1 つの実数値であると考えていた．ところが，現実の系では m は空間依存性をもつ関数 $m(\boldsymbol{r})$ ($\boldsymbol{r}$: 空間座標) である．対応して自由エネルギー $F(m)$ も m の関数から $m(\boldsymbol{r})$ の汎関数へと拡張せねばならない．もっとも単純な拡張は式 (3.1) の体積 V を，空間積分に置き換えることであろう．

$$F(\{m(\boldsymbol{r})\}) = \int d\boldsymbol{r}\, f(m(\boldsymbol{r})) \tag{3.8}$$

しかし，この表式には重要な要素が欠落している．それは，空間的に近接した $m(\boldsymbol{r})$ は結合しており，対応して $m(\boldsymbol{r})$ は空間変化を嫌うという事情である．これを表現するために導入される自由エネルギー汎関数は

$$F(\{m(\boldsymbol{r})\},\{h(\boldsymbol{r})\}) = \int d\boldsymbol{r} \left[\frac{\kappa}{2}(\nabla m(\boldsymbol{r}))^2 + f(m(\boldsymbol{r})) - h(\boldsymbol{r})m(\boldsymbol{r})\right] \tag{3.9}$$

である．ここで κ は弾性定数，$\nabla m(\boldsymbol{r}) = (\partial m/\partial x, \partial m/\partial y, \partial m/\partial z)$ は勾配である．また空間に依存する磁場 $h(\boldsymbol{r})$ も含めてある．

統計力学の原理によると，系を特徴付ける変数 (一般的には N-自由度の系に対して，N 個の変数 $x_1,\ldots,x_N$ がそれにあたる) に対して，エネルギー関数 $H(x_1,\ldots,x_N)$ が定義される．$H(x_1,\ldots,x_N)$ を**ハミルトニアン**とよぶ．絶対温度 T において，系の自由エネルギー F は，

$$F = -k_B T \ln Z \tag{3.10}$$

$$Z = \int dx_1 \cdots dx_N\, e^{-\frac{1}{k_B T}H(x_1,\ldots,x_N)} \tag{3.11}$$

で求まる．ここで k_B は Boltzmann 定数，Z は状態和とよばれる量である．ここで前項との混乱を避けるために少し説明が必要である．ここで現れた F は系の巨視的状態に対して定義される自由エネルギーで，体積 V，温度 T，磁場 h といった変数の関数である．系の状態を記述する秩序パラメタ関数 $m(\boldsymbol{r})$ を導入して，**自由エネルギー汎関数** $F(\{m(\boldsymbol{r})\})$ を定義した時点で，むしろ $F(\{m(\boldsymbol{r})\})$ は，式 (3.11) のハミルトニアン H とみなし，変数 $x_1,\ldots,x_N$ を関数 $m(\boldsymbol{r})$ と考えるべきである．本来はミクロなハミルトニアンから出発して式 (3.11) の積分を実行するのだが，ミクロな自由度 (例えば電子など) を積分することで各秩序パラメタの配置 (つまり，空間の各点 $\boldsymbol{r}$ に対して，変数 $m(\boldsymbol{r})$ が定義されている) に対する "自

由エネルギー"を計算した後に，秩序パラメタの配置に関する積分を行う，という2段構えの積分を行っているのである．前者を現実に実行することは不可能なので，それを現象論的に仮定したのが式 (3.9) である．したがって，

$$\int dx_1 \cdots dx_N \tag{3.12}$$

は無限次元の積分，つまり**汎関数積分**

$$\int \mathcal{D}m(\boldsymbol{r}) \tag{3.13}$$

へと読み直さなければならない．これは，あらゆる可能な関数形 $m(\boldsymbol{r})$ に関する和をとる，という意味である．これにより，

$$Z = \int \mathcal{D}m(\boldsymbol{r}) \, e^{-\beta F(\{m(\boldsymbol{r})\})} \tag{3.14}$$

という量が，われわれの興味の対象となる．ここで $\beta = 1/(k_B T)$ を定義した．

しかし，一般にこの積分を実行することはたいへん困難で，不可能である場合がほとんどである．これをいかにして近似的に取り扱うかが以下のテーマとなるが，特に $F(\{m(\boldsymbol{r})\})$ が $m(\boldsymbol{r})$ の非線形な汎関数であるために，非線形数学の一分野とみなすことができるのである．

まず，もっとも基本的な近似は**鞍点法**とよばれているものである．これは，今の場合のように，被積分関数が常に正値をとる場合には，被積分関数が最大となる変数値を求め，そこでの被積分関数の値で，積分の近似値としてしまうという大胆な近似である．汎関数積分に即していえば，被積分関数の停留性条件によりもっとも被積分関数が大きくなる $m(\boldsymbol{r})$，つまり $F(\{m(\boldsymbol{r})\})$ を最小にする $m(\boldsymbol{r})$ が求まる．

$$\begin{aligned}
&\delta F(\{m(\boldsymbol{r})\}) \\
&= \int d\boldsymbol{r} \left[f'(m(\boldsymbol{r}))\delta m(\boldsymbol{r}) + \kappa \nabla m(\boldsymbol{r}) \cdot \nabla \delta m(\boldsymbol{r}) - h(\boldsymbol{r})\delta m(\boldsymbol{r}) \right] \\
&= \int d\boldsymbol{r} \delta m(\boldsymbol{r}) \left[f'(m(\boldsymbol{r})) - \kappa \nabla^2 m(\boldsymbol{r}) - h(\boldsymbol{r}) \right] \\
&= 0
\end{aligned} \tag{3.15}$$

ここで $\nabla \cdot (\nabla m(\boldsymbol{r}) \, \delta m(\boldsymbol{r})) = [\nabla^2 m(\boldsymbol{r})] \, \delta m(\boldsymbol{r}) + \nabla m(\boldsymbol{r}) \cdot \nabla \delta m(\boldsymbol{r})$ を使って部分積分を行い，境界からの寄与はそこで $\delta m(\boldsymbol{r}) = 0$ を仮定して落とした．

$$f'(m) = 2a(T)m + 2bm^3 \tag{3.16}$$

から方程式 $-\kappa\nabla^2 m(\boldsymbol{r}) + 2a(T)m(\boldsymbol{r}) + 2b[m(\boldsymbol{r})]^3 = h(\boldsymbol{r})$ が停留性を与える $m(\boldsymbol{r})$ を決定する方程式となる．磁場 $h(\boldsymbol{r})$ が 0 のときには，$m(\boldsymbol{r}) = m$ (空間に依存しない一様な値) がこの方程式の解となり

$$
\begin{aligned}
m &= 0 & a(T) &> 0 \\
m &= \pm\sqrt{\frac{-a(T)}{b}} & a(T) &< 0
\end{aligned}
\tag{3.17}
$$

が $F(\{m(\boldsymbol{r})\})$ を最小にする解となる．ここで空間に依存しない一様な解を選んだ理由は，弾性エネルギー項 $(\kappa/2)[\nabla m(\boldsymbol{r})]^2$ のエネルギーコストを避けるという物理的考察による．解 (3.17) は，前節で議論した，Landau の平均場理論にほかならない．このとき，自由エネルギーは，$F = 0$ $(a(T) > 0)$，および $F = -(V/2)(a(T)^2/b)$ $(a(T) < 0)$ となる．空間的に一様でない式 (3.15) の解も存在する．例えば，$m = m_s$ の領域と $m = -m_s$ の領域の境目，つまり磁壁の配置はその解の 1 つである．これらの配置はエネルギーが高い励起状態であり，熱揺らぎとして寄与することになる．顕わにではないが，後に述べるくりこみ群の手法ではこのような配置が近似的にではあるが取り込まれていると考えてよい．

次に **Gauss 近似** について述べよう．$a(T) > 0$ の場合を考えると，$F(m)$ は m の関数として $m = 0$ を極小としているので，その周辺からの寄与が支配的と考える．m の揺らぎが小さい場合は，高次項 $\frac{1}{2}bm(\boldsymbol{r})^4$ が無視できると期待されるので，自由エネルギーの 2 次までをとると

$$
\begin{aligned}
F(\{m(\boldsymbol{r})\}) &= \int d\boldsymbol{r}\left[a(T)m(\boldsymbol{r})^2 + \frac{1}{2}\kappa(\nabla m(\boldsymbol{r}))^2 - h(\boldsymbol{r})m(\boldsymbol{r})\right] \\
&= \sum_{\boldsymbol{k}}\left[\left(a(T) + \frac{\kappa}{2}|\boldsymbol{k}|^2\right)m(\boldsymbol{k})m(-\boldsymbol{k}) - h(\boldsymbol{k})m(-\boldsymbol{k})\right]
\end{aligned}
\tag{3.18}
$$

と書ける．ここで

$$
m(\boldsymbol{k}) = \int \frac{d\boldsymbol{r}}{\sqrt{V}} m(\boldsymbol{r}) e^{-i\boldsymbol{k}\cdot\boldsymbol{r}}
\tag{3.19}
$$

は $m(\boldsymbol{r})$ の Fourier 変換であり V は系の体積である (同じ記号 m を使っているが，変数が $\boldsymbol{r}$ か $\boldsymbol{k}$ かで区別している)．ここで，$\sum_{\boldsymbol{k}}$ という $\boldsymbol{k}$ に関する和という表現を用いた．それは $V = L^d$ として各方面に長さ L を周期とする周期的境界条件を課したとすると，d 次元の整数ベクトル $\boldsymbol{n}$ を用いて

$$
\boldsymbol{k} = \frac{2\pi}{L}\boldsymbol{n}
\tag{3.20}
$$

と書けることを使っている．ここで重要な点は，式 (3.18) では $F(\{m(\boldsymbol{r})\})$ が各 Fourier 成分の独立な和として書かれている点である (後に式 (3.30) に示すようにこの和は V が大きい極限で積分の形にも書ける)．ただし，$m(\boldsymbol{r})$ が実数であるという条件から

$$m(-\boldsymbol{k}) = [m(\boldsymbol{k})]^* \qquad (3.21)$$

という関係が得られる．これから，

$$m(\boldsymbol{k}) = \operatorname{Re} m(\boldsymbol{k}) + i \operatorname{Im} m(\boldsymbol{k}) \qquad (3.22)$$

と書くと

$$\operatorname{Re} m(\boldsymbol{k}) = \operatorname{Re} m(-\boldsymbol{k})$$
$$\operatorname{Im} m(\boldsymbol{k}) = -\operatorname{Im} m(-\boldsymbol{k}) \qquad (3.23)$$

が結論される．対応して汎関数積分は

$$\int \mathcal{D}m(\boldsymbol{r}) = \prod_{\boldsymbol{k}:\text{半分},|\boldsymbol{k}|<\Lambda} \iint d\operatorname{Re} m(\boldsymbol{k}) d\operatorname{Im} m(\boldsymbol{k}) \qquad (3.24)$$

となる．ただし，ここで $\boldsymbol{k}$ の領域は，(2 次元の場合は) 図 3.3 に示すような領域にわたる値について動かす．Λ は**カットオフ**とよばれる量で $F(\{m(\boldsymbol{r})\})$ の表式

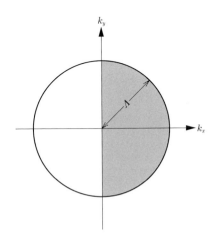

図 **3.3** 波数ベクトル $\boldsymbol{k}$ の領域

が意味をもつ波数の大きさの上限を与える．式 (3.18) のように $\bm{k}$ の和としての $F(\{m(\bm{r})\})$ が書けていると，汎関数積分を実行することができる．$h(\bm{r})=0$ のときには式 (3.18) を

$$F(\{m(\bm{r})\}) = \sum_{\bm{k}:\text{半分},|\bm{k}|<\Lambda} (\kappa\mid \bm{k}\mid^2 + 2a(T))\left[(\mathrm{Re}\, m(\bm{k}))^2 + (\mathrm{Im}\, m(\bm{k}))^2\right] \quad (3.25)$$

と書き直して，Gauss 積分の公式

$$\int_{-\infty}^{\infty} dx \int_{-\infty}^{\infty} dy\, e^{-A(x^2+y^2)} = \frac{\pi}{A} \quad (3.26)$$

を使うと，

$$Z = \prod_{\bm{k}:\text{半分},|\bm{k}|<\Lambda} \frac{\pi k_B T}{\kappa\mid \bm{k}\mid^2 + 2a(T)} \quad (3.27)$$

と求められる．これより自由エネルギーは

$$F = -\frac{1}{2}k_B T \sum_{|\bm{k}|<\Lambda} \log\left[\frac{\pi k_B T}{\kappa\mid \bm{k}\mid^2 + 2a(T)}\right] \quad (3.28)$$

となる．

3.3　スケーリング仮説と異常次元

前節では，鞍点法すなわち平均場近似と $a(T)>0$ の場合の Gauss 近似という 2 つの種類の近似について述べた．これが $a(T)\to 0$，つまり臨界点に近づくにつれて破たんすることをまず見てみよう．式 (3.28) で $a(T)=at$ $(t=(T-T_c)/T_c)$ からくる温度依存性が $F(T)$ の $t\to 0$ における特異性を与える．より具体的には，$F(T)$ の中で $a(T)=at$ の t-依存性だけに T 微分を作用させ他の T を T_c で置き換えると，もっとも特異性をもつ 2 階微分 (物理的には比熱という物理量に対応する) は，

$$\frac{d^2 F}{dT^2} = \frac{k_B}{2T_c^2} \sum_{|\bm{k}|<\Lambda} \frac{4a^2}{(2at+\kappa|\bm{k}|^2)^2} + 特異性をもたない項 \quad (3.29)$$

となる．ここで和 $\sum_{\bm{k}}$ は $\bm{k}$-空間の積分を用いて

$$\sum_{\bm{k}} = \int \frac{V d^d \bm{k}}{(2\pi)^d} \quad (3.30)$$

と書ける．d は空間の次元で V は系の体積である．式 (3.30) は，$L \to \infty$ の極限で $\boldsymbol{k}$-空間の微小体積 $(2\pi/L)^d$ を掛けて和 $\sum_n$ をとると積分 $\int d^d \boldsymbol{k}$ になることを考慮すると簡単に導出できる．これを使うと式 (3.29) の右辺の第 1 項は

$$\frac{Vk_B}{2T_c^2} \int_{|\boldsymbol{k}|<\Lambda} \frac{d^d\boldsymbol{k}}{(2\pi)^d} \frac{4a^2}{(2at+\kappa|\boldsymbol{k}|^2)^2} \tag{3.31}$$

となるが，$t \to 0$ でこの積分が発散するか，収束するかは次元 d に依存することがわかる．$t \to 0$ では，$|\boldsymbol{k}|$ が小さい領域 (物理学では光との類推から**赤外領域**とよぶ) からの寄与が重要である．被積分関数は $t = 0$ で $\propto |\boldsymbol{k}|^{-4}$ となるので $d = 4$ のときには log 発散，$d < 4$ のときにはそれよりも強い発散，$d > 4$ のときには収束することがわかる．このように次元 d が重要なパラメタとなり $d_c = 4$ を境にして性質が大きく変わる．この次元 $d_c = 4$ を (上部) **臨界次元**とよぶ．式 (3.31) で $t \to 0$ での発散の形は，式 (3.31) の積分で積分変数を $\boldsymbol{k}$ から $t^{\frac{1}{2}}\boldsymbol{k}$ に置き換えることで，

$$\frac{d^2 F(T)}{dT^2} \propto t^{-(2-\frac{d}{2})} \qquad d < 4 \tag{3.32}$$

と評価できる．

このように式 (3.7) の自発磁化以外にも，種々の物理量が臨界点上で特異性をもつことは**臨界現象**とよばれ，物理学の大きなテーマとなっている．このことを**揺らぎ**という観点から捉えてみよう．

前節の Gauss 近似に戻って，秩序パラメタの $\boldsymbol{k}$-成分の揺らぎを特徴付ける次の量を計算してみよう．

$$G(\boldsymbol{k}) = \langle m(\boldsymbol{k})m(-\boldsymbol{k})\rangle = \left\langle (\text{Re } m(\boldsymbol{k}))^2 + (\text{Im } m(\boldsymbol{k}))^2 \right\rangle \tag{3.33}$$

ここで平均 $\langle Q \rangle$ は

$$\langle Q \rangle = \frac{1}{Z} \int \mathcal{D}m(\boldsymbol{r}) Q e^{-\beta F(\{m(\boldsymbol{r})\})} \tag{3.34}$$

を意味する．Gauss 積分の公式 (3.26) を A に関して微分すると

$$\int_{-\infty}^{\infty} dx \int_{-\infty}^{\infty} dy (x^2 + y^2) e^{-A(x^2+y^2)} = \frac{\pi}{A^2} \tag{3.35}$$

を得るので，Gauss 分布に関する平均は

$$\langle x^2 + y^2 \rangle = \frac{1}{A} \tag{3.36}$$

となる．これより，

$$\langle m(\boldsymbol{k})m(-\boldsymbol{k})\rangle = \frac{k_B T}{2a(T) + \kappa \mid \boldsymbol{k} \mid^2} \tag{3.37}$$

がただちに得られる．$a(T) > 0$ では $\langle m(\boldsymbol{k})\rangle = 0$ であるから，秩序はまだ発生していないのだが，揺らぎとして $m(\boldsymbol{r})$ (もしくは $m(\boldsymbol{k})$) が熱分布 $\propto e^{-\beta F(\{m(\boldsymbol{r})\})}$ に従って実現している．その揺らぎの相関をとった $\langle m(\boldsymbol{k})m(-\boldsymbol{k})\rangle$ が $G(\boldsymbol{k})$ である．式 (3.37) には，長さのスケール $\xi(T)$ が潜んでいることが以下のようにして理解できる．簡単のために 1 次元系を考えると，$1/(k^2 + \alpha^2)$ ($\alpha > 0$) を Fourier 変換すると $e^{-\alpha|x|}$ の形が得られるので，α^{-1} が空間的な相関長 ξ を与えることになる．この考察を式 (3.37) に適用すると，$\xi(T)$ は

$$\xi(T) = \sqrt{\frac{\kappa}{2a(T)}} = \sqrt{\frac{\kappa}{2a}} t^{-\frac{1}{2}} \tag{3.38}$$

で与えられる．この $\xi(T)$ は，**相関長**とよばれ，$T \to T_c$ つまり $t \to 0$ で発散する．

 物理的に $\xi(T)$ は何を意味しているのだろうか．$m(\boldsymbol{r})$ は揺らぎとして有限値をとるのだが，正か負かは揺らいでいて変動している．ところが，式 (3.9) 中の $\kappa(\nabla m)^2$ によって隣り合った空間の点 $\boldsymbol{r}$ における $m(\boldsymbol{r})$ は結合しているために，正から負への (あるいはその逆の) 急激な変化は抑えられているはずである．このことから，$m(\boldsymbol{r})$ が正，もしくは負の領域は，あるサイズをもった塊り，ドメインとして存在しているはずである．このドメインのサイズが平均的におよそ $\xi(T)$ なのである．$t \to 0$ で $\xi(T)$ が発散することは，無限大のサイズのドメインが出現し，$t < 0$ での秩序状態へとつながっていくこととして理解できるであろう．

 ところが，今までの議論には大きな仮定，つまり非線形項 $bm^4/2$ を無視できるという仮定が含まれていた．この仮定は正当化できるのかどうかを次に調べてみよう．ここで**スケーリング解析**という考え方が登場する．

 まず，指数関数の肩に乗る $m(\boldsymbol{r})$ の汎関数

$$\beta F(\{m(\boldsymbol{r})\}) = \beta \int d^d \boldsymbol{r} \left\{ \frac{\kappa}{2}(\nabla m(\boldsymbol{r}))^2 + atm(\boldsymbol{r})^2 + \frac{1}{2}bm(\boldsymbol{r})^4 - hm(\boldsymbol{r}) \right\} \tag{3.39}$$

を次のように書き換える．ここで積分は d 次元の空間座標 $\boldsymbol{r}$ にわたって行う．新しい秩序変数 $\phi(\boldsymbol{r})$，座標 $\boldsymbol{x}$ を

$$\phi(\boldsymbol{r}) = \sqrt{\kappa\beta}\xi(T)^{\frac{d}{2}-1}m(\boldsymbol{r}) \tag{3.40}$$

3.3 スケーリング仮説と異常次元

$$x = \frac{r}{\xi(T)} \tag{3.41}$$

で導入する．式 (3.38) で定義した $\xi(T) = \sqrt{\kappa/2at}$ と Λ^{-1} が長さのスケールを特徴付ける 2 つの量であり，$t \to 0$ で $\xi(T)$ は発散するが，Λ^{-1} はミクロな長さで t に依存しない．これにより

$$\beta F(\{m(r)\}) = \int d^d x \left[\frac{1}{2}(\nabla_x \phi(x))^2 + \frac{1}{2}\phi(x)^2 + \frac{1}{4}\overline{u}_0 \phi(x)^4 \right] \tag{3.42}$$

と書ける．以下では磁場がないときの揺らぎを考えるので $h=0$ とした．

$$\overline{u}_0 = \frac{2b}{\beta \kappa^2} \xi(T)^{4-d} \tag{3.43}$$

である．これを用いて状態和 Z は，

$$Z = \int \mathcal{D}\phi e^{-(H_0(\phi) + H_1(\phi))} \tag{3.44}$$

となる．

$$H_0(\phi) = \int d^d x \left[\frac{1}{2}(\nabla_x \phi(x))^2 + \frac{1}{2}\phi(x)^2 \right] \tag{3.45}$$

は Gauss 近似に対応する項で

$$H_1(\phi) = \int d^d x \frac{1}{4}\overline{u}_0 \phi^4(x) \tag{3.46}$$

は非調和項である．式 (3.44) の積分は $H_1(\phi)$ の存在のために厳密には実行できないが，$\overline{u}_0$ が小さいときには，$\overline{u}_0$ に関する摂動展開ができて，その場合は $\overline{u}_0 = 0$ の Gauss 近似とそれほど変わらないことが期待できる．ところが，式 (3.43) で与えられた $\overline{u}_0$ は $\xi(T)$ を含んでおり，$t \to 0$ の極限で，次の 3 つの振舞いをする．

$$\begin{array}{ll} d > 4 \text{ の場合} & \overline{u}_0 \propto t^{\frac{d-4}{2}} \to 0 \\ d = 4 \text{ の場合} & \overline{u}_0 = \text{一定} \\ d < 4 \text{ の場合} & \overline{u}_0 \propto t^{\frac{d-4}{2}} \to \infty \end{array}$$

ここで再び $d_c = 4$ を境にして状況が大きく異なることがわかった．$d > 4$ の場合は $t \to 0$ で Gauss 近似が必ず正当化されるのに対して，$d < 4$ のときには $t \to 0$ で必ず破たんするのである．$\overline{u}_0 \sim 1$ を与える t よりも小さな t の領域では非線形項 $H_1(\phi)$ が本質的に重要となり，Gauss 近似とは異なる振舞いが生じる．この領

域を**臨界領域**とよぶ．この臨界領域で種々の物理量はどのように振舞うのであろうか？　この問いに答えるために導入されたのが**スケーリング仮説**である．

まず，各物理量に対して"次元"を定義しよう．この"次元"は長さのスケール ζ を変えたときに，各物理量がどのように変化して見えるか，を特徴付けるものである．まず，自由エネルギー F はスケールを変えても変化しないから

$$[F] = \zeta^0 \tag{3.47}$$

となる．自由エネルギー密度 $f = F/V$ は

$$[f] = \zeta^{-d} \tag{3.48}$$

となる．これより臨界点近傍で発散する長さのスケール $\xi(T)$ の領域ごとに $k_B T$ のオーダーの自由エネルギーが割り当てられるという仮説 (これを**ハイパースケーリング則**とよぶ) を認めれば，f の特異性は

$$f_{\text{singular}} \sim \xi(T)^{-d} \sim t^{\frac{d}{2}} \tag{3.49}$$

となる．$d=3$ の場合，これより比熱 (つまり f_{singular} の t に関する 2 階微分) は，

$$C_{\text{singular}} \sim t^{-\frac{1}{2}} \tag{3.50}$$

となり，Gauss 近似における結果と一致する．しかし，上に述べたように臨界領域では，非線形な項が効いてくるので，この単純なスケーリングは，破たんすることが予想される．ここで登場するのが**異常次元**である．Gauss 近似においては，各 k は独立であったため，式 (3.41) の下で定義した $\xi(T)$ の逆数 $1/\xi(T)$ という波数のスケールが f の特異性を決めていた．ところが，非線形性が本質的な臨界領域では，異なる波数の間に相互作用が存在するために，小さな波数スケール $1/\xi(T)$ と，カットオフのスケール Λ が結合している．つまり，大きな長さスケールの特異性を考えるときにも，ミクロな長さのスケール $a_0 = 1/\Lambda$ の「記憶」が残っているのである．この考えによると，Gauss 近似では式 (3.38) で与えられていた相関長 $\xi(T)$ は，a_0 と $\xi(T)$ の双方に依存して

$$\hat{\xi}(T) = \xi(T) g\left(\frac{\xi(T)}{a_0}\right) \tag{3.51}$$

と書くことができるであろう．ここで $g(x)$ はある関数であるが，特に $g(x) \sim x^\lambda$ であるときには，$\hat{\xi}(T) \propto \ell(T)^{1+\lambda} \propto t^{\frac{1+\lambda}{2}}$ となって Gauss 近似による物理量

3.3 スケーリング仮説と異常次元   99

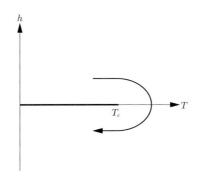

図 **3.4**　T-h 平面における連続性

の t 依存性とは異なる次元をもって t のベキ依存性が現れる．これを異常次元とよぶ．

　スケーリング仮説は，以上の異常次元のアイデアと，T-h 平面における連続性から導かれる．再びここで物理的な考察の助けを借りよう．図 3.4 に示すように，温度 T と磁場 h の平面上での自由エネルギー密度関数 $f(T, h)$ を考えると，$(T = T_c, h = 0)$ において f は特異性を示すが，そこからどの方向に遠ざかっても特異性はないはずである．したがって図 3.4 中の矢印のように動くと，特異点にぶつかることはなく，f は連続的に変化していく．この考察の下に自由エネルギーが

$$f_{\text{singular}}(t, h) = |t|^{2-\alpha} F_\pm\left(\frac{h}{|t|^\Delta}\right) \qquad (3.52)$$

という形をもつことを仮定する．ただし，$t > 0$ に対しては F_+，$t < 0$ に対しては F_- を採用するものとする．これがスケーリング仮説を表す式である．α や Δ は先に述べた異常次元を反映した数で，この段階では未知である．この関数形から，各種の物理量がどのように特異性を示すかを導くことができる．

　例えば比熱は

$$C_{\text{singular}} = \left.\frac{\partial^2 f_{\text{singular}}}{\partial t^2}\right|_{h=0} \sim |t|^{-\alpha} \qquad (3.53)$$

である．

　また，$t < 0$ での秩序パラメタ m の t-依存性は

$$m = \left.\frac{\partial f_{\text{singular}}}{\partial h}\right|_{h=0} = |t|^{2-\alpha-\Delta}\, F'_-(0) \qquad (3.54)$$

となり，$m \propto |t|^\beta$ によって指数 β を定義すると

$$\beta = 2 - \alpha - \Delta \tag{3.55}$$

の関係が得られる．

3.4 くりこみ群

前節で述べたスケーリング則は仮説であって，これを理論的に基礎付ける必要がある．この要求に応えるのが，**くりこみ群理論**とよばれるものである．問題の本質は，異なる波数 $\bm{k}$ の間の非線形な統合をいかにして取り扱うかということである．われわれの目的は，波数の小さな，つまり空間的に大きなスケールの極限での物理量の振舞いを理解することであり，それが Λ の程度の大きな波数から ξ^{-1} の程度の小さな波数まで結合していることが困難なのである．くりこみ群理論のアイデアは，この「困難」を「分割」として，少しずつこの非線形結合を解いていこうとするものである．

図 3.5 に示すように，波数 $\bm{k}$ の外側の薄皮領域 $\Lambda - d\Lambda <|\bm{k}|< \Lambda$ を積分してしまい，その結果得られた $|\bm{k}|< \Lambda - d\Lambda$ の成分に対する有効ハミルトニアンを求める．この操作は**粗視化**とよばれるもので，非線形結合によって内側の成分に及ぼされる影響を考慮することに相当する．くりこみ群の変換はこの粗視化の後に，スケール変換を行って波数空間のサイズ (カットオフ) を元の値に戻すことと組み

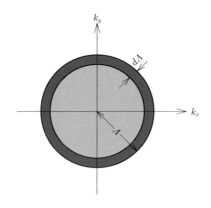

図 **3.5** くりこみ群変換における波数成分の部分的消去

合わせて完了する．

　ここで重要な点は，このくりこみ群の操作には，特異性が入る余地がないことである．なぜなら特異性は，$k = 0$ の近くで生じる赤外発散からくるので，それを遠まきに見ている $|k| \approx \Lambda$ のところでは，積分の値は有限に留まるからである．しかし，スケール変換によって内側の領域が外側へと出てくるので，このくりこみ群変換を何回も繰り返していると，興味のある $|k| = 0$ の近傍の様子がわかってくるであろう．以上の説明で「困難を分割する」という意味が理解できたことと思う．

3.4.1　くりこみ群の方程式

　以上述べてきたことを数学的に定式化しよう．一般に実数の $l > 1$ を考えて，$\Lambda/l < |k| < \Lambda$ の成分を積分することを考える．そこで $\phi(r)$ を波数の小さい成分の場 $\phi_<(r)$ と波数の大きい成分の場 $\phi_>(r)$ に分ける．

$$\phi(r) = \phi_<(r) + \phi_>(r) = \sum_{|k|<\frac{\Lambda}{l}} e^{ik\cdot r}\phi_k + \sum_{\frac{\Lambda}{l}<|k|<\Lambda} e^{ik\cdot r}\phi_k \tag{3.56}$$

対応して汎関数積分も $H = \beta F$ として

$$Z = \int \mathcal{D}\phi(r)\, e^{-H(\{\phi(r)\})} = \int \mathcal{D}\phi_<(r)\mathcal{D}\phi_>(r)\, e^{-H(\{\phi_<(r)+\phi_>(r)\})} \tag{3.57}$$

と書ける．式 (3.44), (3.45), (3.46) で与えられる分配関数は，その一例となっている．ここで

$$e^{-H'(\{\phi_<(r)\})} \equiv \int \mathcal{D}\phi_>(r) e^{-H(\{\phi_<(r)+\phi_>(r)\})} \tag{3.58}$$

によって $H'(\{\phi_<(r)\})$ を定義すると，これが $\phi_<(r)$ を積分することによって得られた $\phi_<(r)$ に対する粗視化された有効ハミルトニアンである．これにスケール変換 (その具体形については後述する) をほどこすと，ハミルトニアンが変換されるのである．

　一般的に，ハミルトニアンがパラメタの組 $[K] = (K_1, \ldots, K_m)$ で指定されているとしよう．すると，$[K]$ はくりこみ群変換 R_l によって新しい $[K']$ へと変換される．これを

$$[K'] = R_l[K] \tag{3.59}$$

と書く．この変換 R_l は具体的に計算方法を与えなければならないものであるが，それは後述するとして，ここではそれがもつ次の性質に着目しよう．まず R_{l_1} と R_{l_2} を続けて作用した結果は，$R_{l_1 l_2}$ に等しいはずである．つまり

$$R_{l_1 l_2}[K] = R_{l_2}\left[R_{l_1}[K]\right] \tag{3.60}$$

この式が，R_l が「群」(正確には半群) をなすことを示している．また，自由エネルギー密度 f は $[K'] = R_l[K]$ とすると，

$$f[K'] = l^d f[K] \tag{3.61}$$

となるはずである．なぜなら，$H[K']$ で記述される系は格子間隔が l^{-1} 倍に縮小 (つまり波数空間では l 倍に増大) しているので，その分だけ自由度が増えているからである．対応して相関長 ξ も

$$\xi[K'] = \frac{1}{l}\xi[K] \tag{3.62}$$

となる．このように，くりこみ変換によって $[K]$ が変化する様子を記述する方程式 (特に $l = 1 + d\Lambda/\Lambda$ である場合は微分方程式となる) を**くりこみ群の方程式**とよぶ．

3.4.2 固定点

もう少し一般論を続けよう．

最初の出発点から始まって R_l を作用させていくと，$[K]$ はその空間内で流れの場をつくって動いていく．ところで，この流れの場を考えたときに，特に重要な点が存在する．それは R_l によって変化しない点，つまり

$$R_l[K^*] = [K^*] \tag{3.63}$$

を満たす $[K^*]$ である．これを**固定点**とよぶ．前項の議論から

$$\xi[K^*] = \frac{1}{l}\xi[K^*] \tag{3.64}$$

が結論されるので，$\xi[K^*] = 0$ または $\xi[K^*] = \infty$ のどちらかのみが許される．この $\xi[K^*] = \infty$ の場合，$[K^*]$ を**臨界固定点**とよび，$\xi[K^*] = 0$ の場合，$[K^*]$ を**自明な固定点**とよぶ．$\xi[K]$ が発散するのは，臨界固定点 $[K^*]$ だけではなく，R_l によっ

て $[K^*]$ へと引き寄せられる $[K]$ すべて (これを**臨界多様体**とよぶ) で, $\xi[K] = \infty$ となることがわかる. なぜなら, $[K^{(1)}] = R_l[K], [K^{(2)}] = R_l[K^{(1)}], \cdots$ という系列をつくっていくと, $\lim_{N \to \infty} [K^{(N)}] = [K^*]$ となり,

$$\xi[K] = l\xi[K^{(1)}] = l^2\xi[K^{(2)}] = \cdots = l^N\xi[K^{(N)}] \tag{3.65}$$

の関係式から $N \to \infty$ の極限で最右辺が発散するからである. 臨界固定点は, スケール不変な状態を記述しており, 臨界現象を記述する上で重要な意味をもつ. また, 臨界多様体は 4.2.3 項の**安定多様体**に相当することも付記しておく.

3.4.3 固定点のまわりの挙動

前項で, 固定点 $[K^*]$, 特に臨界固定点について調べたが, その位置がわかっただけでは臨界現象を記述することはできない. その周囲での流れの場の様子を調べることが次に重要となる. そのために, $K = K^* + \delta K$ とおき, δK は小さいとしよう. すると δK に対して線形近似で R_l の作用を考えることができる.

$$[K^* + \delta K'] = R_l[K^* + \delta K] = R_l[K^*] + \left.\frac{\partial R_l}{\partial K}\right|_{K^* + \mathcal{O}((\delta K)^2)} [\delta K] \tag{3.66}$$

で, $[K^*] = R_l[K^*]$ より

$$[\delta K'] = \left.\frac{\partial R_l}{\partial K}\right|_{K^*} [\delta K] \tag{3.67}$$

となる. ここで $[\delta K]$ は一般には m 個のパラメタの組だから $\Lambda_l = \left.\frac{\partial R_l}{\partial K}\right|_{K^*}$ は $m \times m$ の行列である.

その固有値と固有ベクトルを求めることができれば, $[K^*]$ 近傍の振舞いは解析できたことになる. 今その固有値の 1 つを λ_l とすると, $R_l R_{l'} = R_{ll'}$ から

$$\Lambda_l \Lambda_{l'} = \Lambda_{ll'}, \text{ および } \lambda_l \lambda_{l'} = \lambda_{ll'} \tag{3.68}$$

の関係式が得られる. これを満たす λ_l は,

$$\lambda_l = l^y \tag{3.69}$$

という形に定まるので, 対応する固有ベクトルの方向で流れの場がどのようになっているかを, y の値が決定する. $y > 0$ のときには, 固有値は R_l を繰り返し作用

していくとどんどん増大し，対応する固有ベクトルの方向に固定点 $[K^*]$ から離れていくことになる．この固有ベクトルに対応した $H[K]$ の中の項を，**relevant** であるという．一方 $y<0$ のときには，逆に R_l を作用していくと $[K^*]$ へと吸い込まれていく．この場合を **irrelevant** とよぶ．$y=0$ の場合は (線形近似の範囲内では) $[\delta K]$ の値は変化せず，これを **marginal** とよぶ．この分類は，4.2.3 項で安定・不安定・中心部分空間を考える際の固定値の分類と同じものである．

実は，relevant な項の y が**臨界指数**を与えるのであるが，その事情を次に述べよう．いままでの議論より R_l の変換により格子間隔を縮めていくので，臨界点から遠ざかっていくことがわかる．これは $t=(T-T_c)/T_c$ が R_l によって増大することを意味しており，対応する固有値 l^{y_t} で $y_t>0$ となっているはずである．これを仮定とした上で y_t がどのように臨界指数を決めるのかを見よう．上述の一般論は今の場合，t が 1 回のくりこみ群変換で t' へ変化したとすると，

$$t' = tl^{y_t} \tag{3.70}$$

もしくは，n 回の後 $t^{(n)}$ になったとして

$$t^{(n)} = tl^{ny_t} \tag{3.71}$$

を与える．相関長に関しては

$$\xi(t) = l^n \xi(t^{(n)}) = l^n \xi(tl^{ny_t}) \tag{3.72}$$

がいえる．ここで

$$l^{ny_t} = \frac{b}{t} \tag{3.73}$$

となるように l を選んだとすると

$$\xi(t) = \left(\frac{b}{t}\right)^{\frac{1}{y_t}} \xi(b) \tag{3.74}$$

となり，$t\to 0$ で $\xi(t)\sim t^{-\frac{1}{y_t}}$ が結論される．これと臨界指数 ν の定義 $\xi(t)\sim t^{-\nu}$ を比べると

$$\nu = \frac{1}{y_t} \tag{3.75}$$

がただちに得られる．また，自由エネルギー密度 $f(t)$ に関しては，

$$f(t) = l^{-d} f(t') \tag{3.76}$$

なので同様に

$$f(t) = \left(\frac{t}{b}\right)^{\frac{d}{y_t}} f(b) \tag{3.77}$$

が得られる．これと臨界指数 α の定義，$f(t) \sim t^{2-\alpha}$ を比べると

$$2 - \alpha = \frac{d}{y_t} = \nu d \tag{3.78}$$

が得られる．このように臨界指数の計算は relevant な $y > 0$ の計算に帰着されることがわかった．後は R_l および y の具体的な計算方法がわかればよい．これについて次項で述べよう．

3.4.4 臨界指数の計算

今までの話は，少し抽象的で実際にどのようにして計算するのかわからないという感じを否めないであろう．現実的には今まで述べてきたくりこみ群変換を厳密に実行できる場合はごく少数で，ほとんどの場合には何らかの近似によらねばならない．このために，多くの方法論が発展してきたが，ここではその中でももっともよく使われる「摂動論的くりこみ群」について述べよう．

3.3 節で議論したように，非線形相互作用項に関して単純な摂動展開を行うと赤外域から積分の発散が生じてしまう．ところが本項で導入したくりこみ群の方法では，カットオフ Λ を少しだけずらして外殻のみを積分するので発散が起こらず，摂動展開が可能となるのである．

見易くするために，記号等を整理・再定義しておく．

$$Z = \int \mathcal{D}\varphi(\boldsymbol{r}) e^{-H(\varphi(\boldsymbol{r}))}$$

$$H(\varphi(\boldsymbol{r})) = H_0(\varphi(\boldsymbol{r})) + H_1(\varphi(\boldsymbol{r}))$$
$$H_0(\varphi(\boldsymbol{r})) = \int d^d \boldsymbol{r} \frac{1}{2} \left[(\nabla \varphi)^2 + r\varphi^2\right]$$
$$= \frac{1}{2} \sum_{\boldsymbol{k}} (\boldsymbol{k}^2 + r) \varphi_{\boldsymbol{k}} \varphi_{-\boldsymbol{k}}$$

$$H_1(\varphi(\boldsymbol{r})) = \int d^d \boldsymbol{r} u[\varphi(\boldsymbol{r})]^4$$
$$= \frac{u}{V} \sum_{\boldsymbol{k}_1,\boldsymbol{k}_2,\boldsymbol{k}_3,\boldsymbol{k}_4} \delta_{\boldsymbol{k}_1+\boldsymbol{k}_2+\boldsymbol{k}_3+\boldsymbol{k}_4,0} \varphi_{\boldsymbol{k}_1} \varphi_{\boldsymbol{k}_2} \varphi_{\boldsymbol{k}_3} \varphi_{\boldsymbol{k}_4}$$

ここで，r は式 (3.39) における $at = a(T)$ に比例していることを注意しておく．d 次元の空間を考え，その体積 V を L^d として，各方向に周期 L の周期的境界条件を課する．対応して，波数ベクトルは整数ベクトル $\boldsymbol{m}$ を用いて

$$\boldsymbol{k} = \frac{2\pi}{L}\boldsymbol{m} \tag{3.79}$$

となる．

$\varphi_{\boldsymbol{k}}$ をゆっくり変動する場 $\varphi'_{\boldsymbol{k}}$ と速く変動する場 $\delta\varphi_{\boldsymbol{k}}$ に分ける．

$$\varphi_{\boldsymbol{k}} = \varphi'_{\boldsymbol{k}} + \delta\varphi_{\boldsymbol{k}} = \varphi_{\boldsymbol{k}}\theta(|\boldsymbol{k}|<\Lambda') + \varphi_{\boldsymbol{k}}\theta(\Lambda'<|\boldsymbol{k}|<\Lambda) \tag{3.80}$$

ここで，$\theta(\cdot)$ は括弧内が成立しているときに 1，成立していないときに 0 の値をとるが，$\Lambda'<|\boldsymbol{k}|<\Lambda$ の波数ベクトル成分をもつ場を積分することを考えている．実際に式で示すと

$$e^{-H'(\varphi'_{\boldsymbol{k}})} = \int \mathcal{D}\delta\varphi e^{-H_0(\varphi'_{\boldsymbol{k}}+\delta\varphi_{\boldsymbol{k}}) - H_1(\varphi'_{\boldsymbol{k}}+\delta\varphi_{\boldsymbol{k}})} \tag{3.81}$$

となり調和項 H_0 は

$$H_0(\varphi'_{\boldsymbol{k}}+\delta\varphi_{\boldsymbol{k}}) = H_0(\varphi'_{\boldsymbol{k}}) + H_0(\delta\varphi_{\boldsymbol{k}}) \tag{3.82}$$

の関係を満たすので

$$H'(\varphi'_{\boldsymbol{k}}) = H_0(\varphi'_{\boldsymbol{k}}) - \log\left[\int \mathcal{D}\delta\varphi e^{-H_0(\delta\varphi_{\boldsymbol{k}}) - H_1(\varphi'_{\boldsymbol{k}}+\delta\varphi_{\boldsymbol{k}})}\right] \tag{3.83}$$

を得る．ここで

$$H_0(\delta\varphi_{\boldsymbol{k}}) = \sum_{\Lambda'<|\boldsymbol{k}|<\Lambda} \frac{1}{2}(k^2+r)\varphi_{\boldsymbol{k}}\varphi_{-\boldsymbol{k}} \tag{3.84}$$

であり，$e^{-H_0(\delta\varphi_{\boldsymbol{k}})}$ はガウシアンの形をしている．だから，$H_1(\varphi'_{\boldsymbol{k}}+\delta\varphi_{\boldsymbol{k}})$ に関して摂動展開を行うと (つまり指数関数の肩から下へ降ろすと) 汎関数積分 $\int \mathcal{D}\delta\varphi$ は Gauss 積分となって厳密に実行できる．

$$\langle A \rangle = \frac{\int \mathcal{D}\delta\varphi e^{-H_0(\delta\varphi_{\boldsymbol{k}})} A}{\int \mathcal{D}\delta\varphi e^{-H_0(\delta\varphi_{\boldsymbol{k}})}} \tag{3.85}$$

によって $\langle\ \rangle$ を定義すると，式 (3.83) の log の中を H_1 に関して展開することで

$$H'(\varphi'_{\boldsymbol{k}}) = H_0(\varphi'_{\boldsymbol{k}}) - \log\langle e^{-H_1(\varphi'_{\boldsymbol{k}}+\delta\varphi_{\boldsymbol{k}})}\rangle$$
$$= H_0(\varphi'_{\boldsymbol{k}}) + \langle H_1\rangle + \frac{1}{2}\left[\langle H_1^2\rangle - \langle H_1\rangle^2\right] + \mathcal{O}(u^3) \quad (3.86)$$

が得られる．これらの項の計算は単純ではあるが長くなるので，そのあらすじだけを説明する．$\varphi_{\boldsymbol{k}} = \varphi'_{\boldsymbol{k}} + \delta\varphi_{\boldsymbol{k}}$ を H_1 に代入すると，$\varphi'_{\boldsymbol{k}} + \delta\varphi_{\boldsymbol{k}}$ の 4 次の項なので，(a) $\varphi'_{\boldsymbol{k}}$ だけの 4 次の項，(b) $\varphi'_{\boldsymbol{k}}$ の 3 次，$\delta\varphi_{\boldsymbol{k}}$ の 1 次の項，(c) $\varphi'_{\boldsymbol{k}}$ の 2 次，$\delta\varphi_{\boldsymbol{k}}$ の 2 次の項，(d) $\varphi'_{\boldsymbol{k}}$ の 1 次，$\delta\varphi_{\boldsymbol{k}}$ の 3 次の項，(e) $\delta\varphi_{\boldsymbol{k}}$ だけの 4 次の項，の 5 種類が生じる．

このそれぞれに，式 (3.85) の平均操作を行うわけであるが，これは $\delta\varphi_{\boldsymbol{k}}$ に関する Gauss 積分なので容易に実行できる．まず，$\langle H_1\rangle$ に対しては，(a)～(e) の各項に，そのまま $\delta\varphi_{\boldsymbol{k}}$ に関する積分操作をほどこせばよい．その結果，$\varphi'_{\boldsymbol{k}}$ に依存するものだけが興味のある項であり，しかも $\delta\varphi_{\boldsymbol{k}}$ に関して偶数次の項だけが積分して有限の寄与を与える．以上の考察から $H_1(\varphi'_{\boldsymbol{k}})$ を与える (a) の寄与のほかには，(c) の項のみを考えればよい．この際に，

$$\langle\delta\varphi_{\boldsymbol{k}'}\delta\varphi_{\boldsymbol{k}''}\rangle = \delta_{\boldsymbol{k}'+\boldsymbol{k}'',0}\frac{1}{r+|\boldsymbol{k}'|^2} \quad (3.87)$$

($\delta_{\boldsymbol{k}'+\boldsymbol{k}'',0}$ は Kronecker のデルタ記号) を使えば

$$24\frac{u}{V}\left(\sum_{\Lambda'<|\boldsymbol{k}'|<\Lambda}\frac{1}{r+|\boldsymbol{k}'|^2}\right)\sum_{|\boldsymbol{k}|<\Lambda'}\varphi'_{\boldsymbol{k}}\varphi'_{-\boldsymbol{k}} \quad (3.88)$$

という結果を得る．

以上の考察を，$\langle H_1^2\rangle - \langle H_1\rangle^2$ にも拡張して計算を進めればよいのであるが，その際には，Gauss 積分のもつ性質

$$\langle\delta\varphi_{\boldsymbol{k}_1}\delta\varphi_{\boldsymbol{k}_2}\delta\varphi_{\boldsymbol{k}_3}\delta\varphi_{\boldsymbol{k}_4}\rangle$$
$$= \langle\delta\varphi_{\boldsymbol{k}_1}\delta\varphi_{\boldsymbol{k}_2}\rangle\langle\delta\varphi_{\boldsymbol{k}_3}\delta\varphi_{\boldsymbol{k}_4}\rangle + \langle\delta\varphi_{\boldsymbol{k}_1}\delta\varphi_{\boldsymbol{k}_3}\rangle\langle\delta\varphi_{\boldsymbol{k}_2}\delta\varphi_{\boldsymbol{k}_4}\rangle$$
$$+ \langle\delta\varphi_{\boldsymbol{k}_1}\delta\varphi_{\boldsymbol{k}_4}\rangle\langle\delta\varphi_{\boldsymbol{k}_2}\delta\varphi_{\boldsymbol{k}_3}\rangle \quad (3.89)$$

を使う．その結果 $H'(\varphi'_{\boldsymbol{k}})$ は

$$H'(\varphi'_{\boldsymbol{k}}) = \frac{1}{2}\sum_{|\boldsymbol{k}|<\Lambda'}(r'+k^2)\varphi'_{\boldsymbol{k}}\cdot\varphi'_{-\boldsymbol{k}}$$

$$+ \frac{u'}{V} \sum_{\substack{\bm{k}_1, \bm{k}_2, \bm{k}_3, \bm{k}_4 \\ \bm{k}_1 + \bm{k}_2 + \bm{k}_3 + \bm{k}_4 = 0}} \varphi'_{\bm{k}_1} \varphi'_{\bm{k}_2} \varphi'_{\bm{k}_3} \varphi'_{\bm{k}_4} \tag{3.90}$$

となり

$$r' = r + 12 \frac{u}{V} \sum_{\Lambda' < |\bm{k}| < \Lambda} \frac{1}{r + |\bm{k}|^2} \tag{3.91}$$

$$u' = u - 36 \frac{u^2}{V} \sum_{\Lambda' < |\bm{k}| < \Lambda} \frac{1}{(r + |\bm{k}|^2)^2} \tag{3.92}$$

を得る．ここでいくつかの注意が必要である．

まず，r' に寄与する $O(u^2)$ の項は無視した．これは後に示すように，$\varepsilon = 4 - d$ (d は次元) に関する最低次のみを考える近似では重要でないからである．同様の理由で $O(u^3)$ よりも高次の項を考えていない．また，$\varphi'_{\bm{k}}$ に関して 6 次以上の項が生成されるがこれも無視している．これは，くりこみ群変換に対して $d = 4$ 付近では irrelevant であることがわかっているからである．同様の理由で，本来は波数依存性をもつ $\varphi'_{\bm{k}}$ の 4 次の項の係数も，すべての波数 0 のときの値で代表させてある．以上までが「粗視化」のプロセスである．

次にスケーリングを行うが，ここで $\Lambda' = \Lambda - d\Lambda$ として微小な $d\Lambda$ のベキだけの積分を行うこととし，また次元 d を $d = 4 - \varepsilon$ と書く．

$$\begin{aligned}
\bm{k} &\to \hat{\bm{k}} = \left(1 + \frac{d\Lambda}{\Lambda}\right) \bm{k} \\
\varphi'_{\bm{k}} &\to \hat{\varphi}_{\bm{k}} = \varphi'_{\bm{k}} \left(1 - \frac{d\Lambda}{\Lambda}\right)^{3 - \frac{\varepsilon}{2}} \\
r' &\to \hat{r} = r' \left(1 + \frac{d\Lambda}{\Lambda}\right)^2 \\
u' &\to \hat{u} = u' \left(1 + \frac{d\Lambda}{\Lambda}\right)^\varepsilon
\end{aligned}$$

と変数変換すると，$l = \log \Lambda$ として式 (3.91)，(3.92) を用いて

$$\frac{dr}{dl} = \frac{\hat{r} - r}{dl} = 2r + \frac{12 S_d}{r + 1} u \tag{3.93}$$

$$\frac{du}{dl} = \frac{\hat{u} - u}{dl} = \varepsilon u - \frac{36 S_d}{(r + 1)^2} u^2 \tag{3.94}$$

を得る．これが R_l を微分方程式の形で書いた具体形である．つまり

$$R_{1+dl}(r) = r + \frac{dr}{dl}dl, \ R_{1+dl}(u) = u + \frac{du}{dl}dl,$$

として $dr/dl, du/dl$ に式 (3.91)，(3.92) の右辺をそれぞれに代入したものが，R_l の具体形を与えているのである．ここで Λ は $d\Lambda$ だけ小さくした後，再びスケーリングによって元の値に戻るので，一定に保たれることに注意し，これを 1 とおいた．S_d は

$$S_d = \int \frac{d^d \boldsymbol{k}}{(2\pi)^d} \delta(|\boldsymbol{k}|-1) \tag{3.95}$$

で定義される．

このくりこみ群方程式 (3.93), (3.94) から，固定点は容易に求められる．$dr/dl = 0, du/dl = 0$ から

$$\begin{cases} r^* = 0, \\ u^* = 0, \end{cases} \quad \text{(ガウシアン固定点 G)}$$

という解と

$$\begin{cases} r^* = -\dfrac{\varepsilon}{6}, \\ u^* = \dfrac{\varepsilon}{36 S_d}, \end{cases} \quad \text{(非自明な固定点 N)}$$

という 2 つの解が得られる．ここで ε が小さいと考えており，その高次項の寄与は無視している．くりこみ群の方程式から (r, u) の平面上で l を大きくする，つまりくりこみ群の変換を繰り返すごとに，軌跡がどのように動いていくかを調べることができる．図 3.6 に示すように，その様子は $d > 4$ (つまり $\varepsilon < 0$) の場合と，$d < 4$ (つまり $\varepsilon > 0$) で大きく異なることがわかる．これは先に述べたように $d_c = 4$ が臨界次元であるという事情と符合している．$\varepsilon < 0$ の場合には，ガウシアン固定点は r 方向には不安定だが，u 方向には安定でこの固定点が臨界固定点となる．一方 $\varepsilon > 0$ の場合は，非自明な固定点が臨界現象を記述することになり，その周りで線形化して解析を行うと $r = r^* + \delta r, u = u^* + \delta u$ として

$$\frac{d}{dl}\begin{pmatrix} \delta r \\ \delta u \end{pmatrix} = \begin{pmatrix} 2 - \dfrac{\varepsilon}{3} & 12 S_d \\ 0 & -\varepsilon \end{pmatrix} \begin{pmatrix} \delta r \\ \delta u \end{pmatrix} \tag{3.96}$$

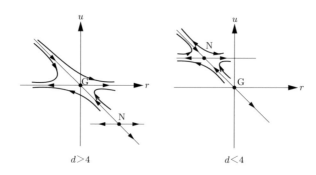

図 **3.6** パラメタ r, u のくりこみ群変換による軌跡

となる．これより

$$\begin{pmatrix} 1 \\ 0 \end{pmatrix} \tag{3.97}$$

の方向に relevant な演算子があり，その固有値 y_r は

$$y_r = 2 - \frac{\varepsilon}{3} \tag{3.98}$$

となる．($\varepsilon < 4$ は当然仮定されている) 一方，

$$\begin{pmatrix} -6S_d \\ 1 + \dfrac{\varepsilon}{3} \end{pmatrix} \tag{3.99}$$

の方向は irrelevant な演算子であり，その固有値 y_u は

$$y_u = -\varepsilon \tag{3.100}$$

となる．r は温度 $t = (T - T_c)/T$ と (比例係数を除いて) 同じ量なので，前項で議論した y_t は y_r にほかならない．ここで $\varepsilon = 4 - d$ が正の小さい量である場合[*1]，r^*, u^* も小さい値となり，摂動論的くりこみ群の解析が正当化される領域で，固定点およびその周りでのスケーリング解析を行うことができる．これを **ε-展開** とよぶ．以上で述べてきたように，スケーリングやくりこみ群の手法は，非線形な

[*1] これは次元をあたかも連続変数であるかのように扱うことに対応し，奇異に思うかもしれないが，物理学ではこのような大胆な考え方をよく行う．くりこみ群の方程式が得られた後は，次元は別に整数値でなくとも良いのである．

相互作用が存在する場合の系の解析に大きな威力を発揮し，その考え方はここで述べてきた統計力学に限らず，広く他分野にも波及している．興味をもつ読者は，さらに巻末の参考文献を読むことを薦める．

4 分岐・アトラクター・カオス

この章では，散逸系の非線形方程式に対して，分岐解析やアトラクターおよびカオスの理論を概観する．常微分方程式に関する安定性理論の復習から始めて，安定多様体や不安定多様体の概念を考察する．アトラクターの理論では，非線形偏微分方程式の定める半群の立場からの取扱いを紹介する．最後にカオスの理論では，カオスの判定に用いられるさまざまな次元についての解説を行う．

4.1 典型的な非線形方程式

まず，本章での解析の目標とされる典型的な非線形方程式を取り上げよう．

4.1.1 Lorenz 方程式

気象学者の Lorenz (ローレンツ) により 1963 年に提出された次の 3 成分の常微分方程式系は，決定論的カオスを導く例としてたいへんよく知られている．

$$\begin{aligned}\dot{x}(t) &= -\sigma x(t) + \sigma y(t) \\ \dot{y}(t) &= Rx(t) - y(t) - x(t)z(t) \\ \dot{z}(t) &= -bz(t) + x(t)y(t)\end{aligned} \quad (4.1)$$

ただし，σ は Prandtl (プラントル) 数，R は Rayleigh (レイリー) 数，b は縦横比とよばれるそれぞれ定数である．Lorenz が用いた数値は，$\sigma = 10$，$R = 28$，$b = 8/3$ である．

2 次元で，下部が上部より高温である容器に満たされた非圧縮性粘性流体に対する熱対流方程式 (4.1.3 項参照) を考えよう．Galerkin (ガレルキン) 近似により解析したとき，速度成分のモード x，および温度成分のモード y, z が満たすべき方程式として式 (4.1) は導出された．吸引集合，アトラクターの存在が示されており，特にアトラクターは，蝶の羽のように大きく 2 つの部分から成り，**Lorenz アトラクター** (attractor) として知られている (図 4.1).

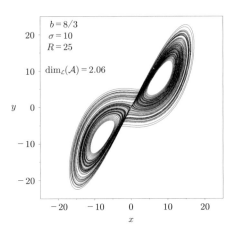

図 4.1　Lorenz アトラクター
$\dim_{\mathcal{L}}(\mathcal{A})$ は Lyapunov 次元 (4.5.4 項) を表す

4.1.2　反応拡散方程式

化学反応や神経回路での情報伝播を記述する方程式として，反応拡散方程式 (reaction-diffusion equation) がおおいに研究されている．$\Omega \subset \mathbb{R}^n$ を有界領域とし，$\partial \Omega$ を Ω の境界とする．未知関数 $u = u(x,t)$ ($x \in \Omega, t \in \mathbb{R}^+ = \{t \geq 0\}$) に対する

$$\frac{\partial u}{\partial t} = d\Delta u + f(u) \tag{4.2}$$

の形の方程式を，**反応拡散方程式** (reaction-diffusion equation) という．ただし，$d > 0$ は定数である．Δu を**拡散項**，$f(u)$ を**反応項**という．未知関数 u は，拡散と反応の 2 つの異なる影響の兼ね合いの結果として，興味深い振舞いを示す場合がある．よく用いられる反応項の例としては

$f(u) = au(1-u)$　　ロジスティック型

$f(u) = au(1-|u|^2)$　　Ginzburg-Landau (ギンツブルグ・ランダウ) 型

などがある．

式 (4.2) は，一般には境界条件のもとで考察される．例えば

$$u = 0 \quad \text{on } \partial \Omega \times \mathbb{R}^+ \quad \text{Dirichlet (ディリクレ) 型} \tag{4.3}$$

あるいは

$$\frac{\partial u}{\partial \boldsymbol{n}} = 0 \quad \text{on } \partial\Omega \times \mathbb{R}^+ \quad \text{Neumann (ノイマン) 型}$$

はその代表例である．ただし，$\boldsymbol{n}$ は境界における外向き単位法線ベクトルを表す．

拡散方程式 (4.2) では，u がベクトル値の場合も研究が進んでいる．すなわち

$$\frac{\partial \boldsymbol{u}}{\partial t} = D\Delta \boldsymbol{u} + \boldsymbol{f}(\boldsymbol{u})$$

である．ここで D は，簡単な場合には非負値対角行列である．1 つの著名な例として，FitzHugh-Nagumo (フィッツフュー・南雲) 方程式を挙げておこう．これは，神経の情報伝達を記述するモデルとして提出された．$n = 1$ であり

$$\boldsymbol{u} = \begin{pmatrix} u \\ v \end{pmatrix}, \quad D = \begin{pmatrix} d_1 & 0 \\ 0 & d_2 \end{pmatrix}, \quad \boldsymbol{f}(\boldsymbol{u}) = \begin{pmatrix} -u(u-\beta)(u-1) - v \\ \delta u - \gamma v \end{pmatrix}$$

のときである．すなわち

$$\frac{\partial u}{\partial t} = d_1 \frac{\partial^2 u}{\partial x^2} - u(u-\beta)(u-1) - v$$
$$\frac{\partial v}{\partial t} = d_2 \frac{\partial^2 v}{\partial x^2} + \delta u - \gamma v$$

である．ただし，d_1, d_2, γ, δ は正定数であり，$0 < \beta < 1/2$ である．もとの FitzHugh-Nagumo 方程式としては，むしろ $d_2 = 0$ の場合が適切であることを注意しておく．

4.1.3 Navier-Stokes 方程式

n 次元 Euclid 空間 $\mathbb{R}^n$ ($n = 2, 3$) の領域 Ω を粘性流体が満たしており，流体には外力 $\boldsymbol{f}$ が働いているとする．非圧縮性の **Navier-Stokes** (ナヴィエ・ストークス) **方程式**とは，流体の速度ベクトル $\boldsymbol{u}$，および圧力 p を未知関数とする

$$\rho \left(\frac{\partial \boldsymbol{u}}{\partial t} + (\boldsymbol{u} \cdot \nabla)\boldsymbol{u} \right) - \nu \Delta \boldsymbol{u} + \nabla p = \boldsymbol{f}$$
$$\operatorname{div} \boldsymbol{u} = 0 \tag{4.4}$$

で与えられる方程式である．ここで，$\rho > 0$ は流体の密度を，$\nu > 0$ は粘性係数を表すそれぞれ定数である．最初の式は運動量保存則であり，$\operatorname{div} \boldsymbol{u} = 0$ は Euler (オイラー) の連続方程式に由来する非圧縮性の条件である．

Navier-Stokes 方程式は，理論上の観点のみならず応用上もきわめて重要な方程式であり，さまざまな見地からの研究や取扱いがなされている．ここでは方程式の単なる紹介に留めておくが，さらに詳しく学びたい場合は，例えば岡本[30]を参照されたい．

Navier-Stokes 方程式を含んだより複雑な方程式も重要である．ここでは熱対流方程式 (heat convection equations) と磁気流体方程式 (magnetohydrodynamics equations) を取り上げておこう．まず，**熱対流方程式**は，領域 $\Omega = \Omega' \times (0, L) \subset \mathbb{R}^{n-1} \times \mathbb{R}$ ($n = 2, 3$) を満たした流体の下部 $x_n = 0$ が熱せられている状況で，速度ベクトル $\boldsymbol{u}$ と圧力 p に加えて温度 T も未知関数として

$$\rho\Big(\frac{\partial \boldsymbol{u}}{\partial t} + (\boldsymbol{u} \cdot \nabla)\boldsymbol{u}\Big) - \nu\Delta\boldsymbol{u} + \nabla p = \boldsymbol{e_n}(T - T_L)$$
$$\frac{\partial T}{\partial t} + (\boldsymbol{u} \cdot \nabla)T - \kappa\Delta T = 0 \qquad (4.5)$$
$$\mathrm{div}\,\boldsymbol{u} = 0$$

で与えられる．ただし，T_L は $x_n = L$ における温度を表し，また，$\kappa > 0$ は熱拡散係数，$\boldsymbol{e_n}$ は x_n 方向の単位ベクトルである．この熱対流方程式を Galerkin 近似によりモード展開し，最初の数項をとれば Lorenz 方程式 (4.1) が得られる．

次に**磁気流体方程式**は，$\mathbb{R}^n$ ($n = 2, 3$) の領域 Ω を粘性磁性流体が満たしており，速度ベクトル $\boldsymbol{u}$ と圧力 p に加えて磁場ベクトル $\boldsymbol{B}$ も未知関数として，無次元化のもとでは

$$\frac{\partial \boldsymbol{u}}{\partial t} + (\boldsymbol{u} \cdot \nabla)\boldsymbol{u} - \frac{1}{R_e}\Delta\boldsymbol{u} - S(\boldsymbol{B} \cdot \nabla)\boldsymbol{B} + \nabla\Big(p + \frac{S|\boldsymbol{B}|^2}{2}\Big) = \boldsymbol{f}$$
$$\frac{\partial \boldsymbol{B}}{\partial t} + (\boldsymbol{u} \cdot \nabla)\boldsymbol{B} + \frac{1}{R_m}\nabla \times (\nabla \times \boldsymbol{B}) - (\boldsymbol{B} \cdot \nabla)\boldsymbol{u} = 0 \qquad (4.6)$$
$$\mathrm{div}\,\boldsymbol{u} = 0$$
$$\mathrm{div}\,\boldsymbol{B} = 0$$

で与えられる．ここで，R_e は Reynolds (レイノルズ) 数，R_m は磁気 Reynolds 数，また $S = M^2/R_e R_m$ であり，M は Hartman (ハルトマン) 数である．磁性流体を解析する場合の基本的な方程式であり，応用上もたいへんに重要である．

4.2 平衡点の安定性

n 次元 Euclid 空間 $\mathbb{R}^n$ において，パラメタ $\mu\,(\in \mathbb{R})$ を含む次の非線形自律的常微分方程式系

$$\dot{\boldsymbol{x}}(t) = \boldsymbol{f}(\boldsymbol{x}(t), \mu) \tag{4.7}$$

を考えよう．あるいは簡単に

$$\dot{\boldsymbol{x}} = \boldsymbol{f}(\boldsymbol{x}, \mu)$$

と表す．ただし，$\boldsymbol{x}(t) : \mathbb{R} \to \mathbb{R}^n$ であり，$\dot{} = d/dt$ とする．

以下では，$\boldsymbol{f}$ は十分に滑らかであり，方程式系 (4.7) は，任意の初期値 $\boldsymbol{x}_0 \in \mathbb{R}^n$ に対して解 $\boldsymbol{x}^\mu(t; \boldsymbol{x}_0) = \boldsymbol{x}(t; \boldsymbol{x}_0, \mu)$ ($\boldsymbol{x}(0; \boldsymbol{x}_0, \mu) = \boldsymbol{0}$) をもつと仮定する．

さらに，式 (4.7) には**平衡点** (equilibrium point) (あるいは不動点 (2.1.2 項参照)) $\boldsymbol{x}_*^\mu$ が存在すると仮定する．すなわち，$\boldsymbol{x}_*^\mu$ は $\boldsymbol{f}(\boldsymbol{x}_*^\mu, \mu) = \boldsymbol{0}$ を満たす点である．パラメタ μ が暗黙に了解されているときは，単に平衡点 $\boldsymbol{x}_*$ と書く．この節では，パラメタ μ は固定されたものとして考察を進めよう．

平衡点は，微分方程式系 (4.7) が記述する現象をしばしば特徴付けることが知られている．その際に重要となるのは安定性の概念である．

定義 4.1 常微分方程式系 (4.7) の平衡点 $\boldsymbol{x}_*$ が**安定**であるとは，$\boldsymbol{x}_*$ の十分近くから出発した式 (4.7) の解が，すべての $t > 0$ に対して，$\boldsymbol{x}_*$ の近くに留まっているときをいう．平衡点 $\boldsymbol{x}_*$ が安定でないときは**不安定**という．

平衡点 $\boldsymbol{x}_*$ が安定であり，かつ $\boldsymbol{x}_*$ の十分近くから出発した式 (4.7) の解が，$t \to \infty$ のとき必ず $\boldsymbol{x}_*$ に収束するとき，平衡点 $\boldsymbol{x}_*$ は**漸近安定** (asymptotically stable) であるという．

以下ではまず，安定性の解析に関する基本的な事項の復習から始めよう．

4.2.1 線形系の場合

方程式系 (4.7) において，パラメタ μ を固定するために省略し，$\boldsymbol{f} = \boldsymbol{f}(\cdot, \mu) : \mathbb{R}^n \to \mathbb{R}^n$ が線形系の場合は基本的である．すなわち，ある $n \times n$ 行列 A によって式 (4.7) が

$$\dot{\boldsymbol{x}} = A\boldsymbol{x} \tag{4.8}$$

となるときである．A を式 (4.8) の**係数行列** (coefficient matrix) とよぶ．

例 4.1 線形微分方程式系

$$\text{(i)} \quad \begin{cases} \dot{x} = -y \\ \dot{y} = x \end{cases} \qquad \text{(ii)} \quad \begin{cases} \dot{x} = 2y \\ \dot{y} = -x - 2y \end{cases}$$

に対して，ともに原点は平衡点である．(i) では係数行列の固有値は $\pm i$ であり，原点は安定であるが漸近安定ではない．(ii) では係数行列の固有値は $-1 \pm i$ であり，原点は漸近安定である． ◁

例 4.1 のように，係数行列の固有値と平衡点の安定性には密接な関係がある．

さて一般に，線形常微分方程式系 (4.8) の初期条件 $\boldsymbol{x}(0) = \boldsymbol{x}_0$ を満たす解は

$$\boldsymbol{x}(t) = \exp(tA)\boldsymbol{x}_0$$

と表される．ただし，$\exp(tA)$ は

$$\begin{aligned} \exp(tA) &= I + tA + \frac{t^2 A^2}{2!} + \cdots + \frac{t^n A^n}{n!} + \cdots \\ &= \sum_{n=0}^{\infty} \frac{t^n A^n}{n!} \qquad (I \text{ は単位行列，} 0! = 1) \end{aligned}$$

と定められ，**行列の指数関数** (matrix exponential)，あるいは簡単に指数行列とよばれている (1.1.7 項参照)．

例 4.2 2×2 行列の Jordan (ジョルダン) 標準形 (canonical form) に対しては

$$\exp t \begin{pmatrix} \lambda_1 & 0 \\ 0 & \lambda_2 \end{pmatrix} = \begin{pmatrix} e^{\lambda_1 t} & 0 \\ 0 & e^{\lambda_2 t} \end{pmatrix}$$

$$\exp t \begin{pmatrix} \lambda & 1 \\ 0 & \lambda \end{pmatrix} = \begin{pmatrix} e^{\lambda t} & te^{\lambda t} \\ 0 & e^{\lambda t} \end{pmatrix}$$

$$\exp t \begin{pmatrix} \mu & -\nu \\ \nu & \mu \end{pmatrix} = \begin{pmatrix} e^{\mu t} \cos \nu t & -e^{\mu t} \sin \nu t \\ e^{\mu t} \sin \nu t & e^{\mu t} \cos \nu t \end{pmatrix}$$

となることはよく知られている．ここで $\lambda_1, \lambda_2, \lambda, \mu, \nu$ は定数である． ◁

例 4.3 行列 A が

$$A = \begin{pmatrix} -1 & -3 & 6 \\ 4 & 6 & -18 \\ 1 & 1 & -4 \end{pmatrix}$$

のときに，式 (4.8) の一般解を求めよう．A の固有値は，-1, 0, 2 であり，対応する固有ベクトルは，それぞれ例えば

$$\boldsymbol{e}_1 = \begin{pmatrix} 1 \\ 2 \\ 1 \end{pmatrix}, \quad \boldsymbol{e}_2 = \begin{pmatrix} 3 \\ 1 \\ 1 \end{pmatrix}, \quad \boldsymbol{e}_3 = \begin{pmatrix} -1 \\ 1 \\ 0 \end{pmatrix} \tag{4.9}$$

となる．よって $P := (\boldsymbol{e}_1, \boldsymbol{e}_2, \boldsymbol{e}_3)$ とおくと，

$$AP = P \begin{pmatrix} -1 & 0 & 0 \\ 0 & 0 & 0 \\ 0 & 0 & 2 \end{pmatrix}$$

と A は対角化でき，これから

$$\exp(tA) = P \begin{pmatrix} e^{-t} & 0 & 0 \\ 0 & 1 & 0 \\ 0 & 0 & e^{2t} \end{pmatrix} P^{-1}$$

$$= \begin{pmatrix} -e^{-t} + 3 - e^{2t} & -e^{-t} + 3 - 2e^{2t} & 4e^{-t} - 9 + 5e^{2t} \\ -2e^{-t} + 1 + e^{2t} & -2e^{-t} + 1 + 2e^{2t} & 8e^{-t} - 3 - 5e^{2t} \\ -e^{-t} + 1 & -e^{-t} + 1 & 4e^{-t} - 3 \end{pmatrix}$$

を得る．特に，$P^{-1}\boldsymbol{x}_0 = {}^t(C_1, C_2, C_3)$ (C_1, C_2, C_3 は定数. ^{t} は転置を表す) とすれば

$$\boldsymbol{x}(t) = \exp(tA)\boldsymbol{x}_0 = P \begin{pmatrix} e^{-t} & 0 & 0 \\ 0 & 1 & 0 \\ 0 & 0 & e^{2t} \end{pmatrix} \begin{pmatrix} C_1 \\ C_2 \\ C_3 \end{pmatrix} = C_1 e^{-t}\boldsymbol{e}_1 + C_2 \boldsymbol{e}_2 + C_3 e^{2t}\boldsymbol{e}_3$$

という一般解の表示も導かれる． ◁

上の例 4.3 では，固有値は実数であり，かつ重複はなかったが，一般の場合には少し考察が必要である．

まず，A の固有値に複素数 $\mu \pm i\nu$ $(\mu, \nu \in \mathbb{R})$ があるときを考えよう．簡単のため重複はないとし，A が実行列であることに注意して，対応する固有ベクトルを $e_R \pm i e_I$ とおくと

$$Ae_R = \mu e_R - \nu e_I, \qquad Ae_I = \nu e_R + \mu e_I$$

を得る．実数値ベクトル e_R, e_I で張られる線形部分空間 $\mathrm{Span}\{e_R, e_I\}$ は，A により不変な部分空間である．特に，$\mathrm{Span}\{e_R, e_I\}$ は $\exp tA$ によっても不変な部分空間である．

次に，固有値に重複度がある場合を考えよう．A の固有値 λ の重複度を $n_\lambda > 1$ とする．固有ベクトルを含む線形独立なベクトル $e_1, e_2, \cdots, e_{n_\lambda}$ で，$\mathrm{Span}\{e_1, e_2, \cdots, e_{n_\lambda}\}$ が A により不変なものが存在する．Ae_i $(i = 1, 2, \cdots, n_\lambda)$ の表現は，固有値 λ の重複の仕方による．以上の $\mathrm{Span}\{e_R, e_I\}$ や $\mathrm{Span}\{e_1, e_2, \cdots, e_{n_\lambda}\}$ を，一般化された固有空間とよんでおく．詳しいことは線形代数の教科書を参照のこと．

4.2.2 線形化方程式

一般の方程式系 (4.7) に対して，平衡点の性質を調べるには，そこでの**線形化方程式** (linearized equation) を考察することが基本となる．$\boldsymbol{x}_*$ を式 (4.7) の平衡点とする．簡単のためパラメタ μ を省略する．微小な ε $(\in \mathbb{R})$ に対して，$\boldsymbol{x}(t) = \boldsymbol{x}_* + \varepsilon \boldsymbol{v}(t)$ は式 (4.7) を満たすとすれば，$\boldsymbol{f}(\boldsymbol{x}_*) = \boldsymbol{0}$ に注意して

$$\dot{\boldsymbol{v}}(t) = \frac{1}{\varepsilon}(\boldsymbol{f}(\boldsymbol{x}_* + \varepsilon \boldsymbol{v}(t)) - \boldsymbol{f}(\boldsymbol{x}_*))$$

を得る．$\varepsilon \to 0$ の極限をとれば，$\boldsymbol{v}(t)$ に対する線形方程式系

$$\dot{\boldsymbol{v}}(t) = (\mathrm{D}_{\boldsymbol{x}} \boldsymbol{f})(\boldsymbol{x}_*) \boldsymbol{v}(t) \tag{4.10}$$

が得られる．ここで，$(\mathrm{D}_{\boldsymbol{x}} \boldsymbol{f})(\boldsymbol{x}_*) = ((\partial f_i / \partial x_j)(\boldsymbol{x}_*))_{i,j=1,2,\cdots,n}$ は $n \times n$ 行列 (Jacobi (ヤコビ) 行列) であり，式 (4.10) を成分で書くと

$$\dot{v}_i(t) = \sum_{j=1}^n \frac{\partial f_i}{\partial x_j}(\boldsymbol{x}_*) v_j(t) \qquad (i = 1, 2, \cdots, n)$$

となる．式 (4.10) を，常微分方程式系 (4.7) の平衡点 $\boldsymbol{x}_*$ における線形化方程式という．また，式 (4.10) の係数行列 $(\mathrm{D}_{\boldsymbol{x}} \boldsymbol{f})(\boldsymbol{x}_*)$ を，平衡点 $\boldsymbol{x}_*$ における式 (4.7) の**線形化行列** (linearized matrix) とよぶ．

平衡点の安定性についての線形化方程式の役割に関しては，次の定理がよく知られている．

定理 4.1 平衡点 x_* における線形化行列の固有値の実部がすべて負であるならば，平衡点 x_* は漸近安定である．

もちろん，線形化行列の固有値の実部がすべて負である場合は，式 (4.10) の任意の v_0 を初期値とする解 $v(t) = v(t; v_0)$ は

$$v(t) \to 0 \qquad (t \to \infty)$$

を満たす．

証明は，例えば柳田・栄[34]第 5.3 節を参照のこと．

例 4.4 Lorenz 方程式 (4.1) に対して，平衡点は原点 $(x, y, z) = (0, 0, 0)$，および $R > 1$ のときに $(\pm\sqrt{b(R-1)}, \pm\sqrt{b(R-1)}, R-1)$ である．平衡点における線形化行列は，それぞれ順に

$$\begin{pmatrix} -\sigma & \sigma & 0 \\ R & -1 & 0 \\ 0 & 0 & -b \end{pmatrix} \tag{4.11}$$

および

$$\begin{pmatrix} -\sigma & \sigma & 0 \\ 1 & -1 & \mp\sqrt{b(R-1)} \\ \pm\sqrt{b(R-1)} & \pm\sqrt{b(R-1)} & -b \end{pmatrix} \tag{4.12}$$

である．

式 (4.11) の固有値は

$$\frac{-(1+\sigma) \pm \sqrt{(1+\sigma)^2 - 4\sigma(1-R)}}{2}, \qquad -b$$

であるので，$0 < R < 1$ のときはすべて負である．よって原点は，$0 < R < 1$ のとき漸近安定である．

式 (4.12) の固有値は

$$\lambda^3 + (1+b+\sigma)\lambda^2 + b(R+\sigma)\lambda + 2b\sigma(R-1) = 0 \tag{4.13}$$

の根である．固有値の実部の正負をすぐには判定できないが，**Hurwitz** (フルヴィッツ) **の安定判別法**を適用すれば，$\sigma > 1 + b$ であり，かつ $1 < R < (\sigma(\sigma +$

$b+3))/(\sigma-b-1)$ のときには固有値の実部はすべて負となり，この平衡点は漸近安定となることが示される． ◁

4.2.3 安定多様体・不安定多様体

線形化行列の固有値の実部がすべて負である場合に限らず，平衡点の安定性をより詳しく調べるために，**安定多様体** (stable manifold)，**中心多様体** (center manifold)，**不安定多様体** (unstable manifold) の概念を導入しよう．これらの多様体は，平衡点の近くでの解の挙動を特徴付ける．

まず，線形系 (4.8) の場合，多様体は部分空間となり

$$\text{安定部分空間}: E^s = \mathrm{Span}\{s_1,\cdots,s_{n_s}\}$$
$$\text{中心部分空間}: E^c = \mathrm{Span}\{c_1,\cdots,c_{n_c}\}$$
$$\text{不安定部分空間}: E^u = \mathrm{Span}\{u_1,\cdots,u_{n_u}\}$$

である．ただし，E^s は固有値の実部が負であるものに対応する A で不変な一般化された固有空間であり，E^c は固有値の実部が 0 であるものに対応する A で不変な一般化された固有空間であり，E^u は固有値の実部が正であるものに対応する A で不変な一般化された固有空間である．

$$s_1,\cdots,s_{n_s},c_1,\cdots,c_{n_c},u_1,\cdots,u_{n_u}$$

は互いに線形独立であり，$n_s+n_c+n_u=n$ が成り立つ．

例えば例 4.3 では，式 (4.9) の e_1,e_2,e_3 を用いて

$$E^s=\{le_1\,|\,l\in\mathbb{R}\},\quad E^c=\{le_2\,|\,l\in\mathbb{R}\},\quad E^u=\{le_3\,|\,l\in\mathbb{R}\}$$

となる．

次に，一般の常微分方程式系 (4.7) の場合を考察しよう．そのために記号を導入する．初期値 $\boldsymbol{x}(0)=\boldsymbol{x}_0$ である式 (4.7) の解 $\boldsymbol{x}=\boldsymbol{x}(t;\boldsymbol{x}_0)$ を，$\boldsymbol{x}=\phi_t(\boldsymbol{x}_0):=\boldsymbol{x}(t;\boldsymbol{x}_0)$ と表そう．$\phi_t:\mathbb{R}^n\to\mathbb{R}^n$ は，各 t に対して連続な写像であり，次の性質を満たす．

(i) $\phi_0=\mathrm{Id}$.

(ii) $\phi_{t+s}=\phi_t\circ\phi_s=\phi_s\circ\phi_t\quad(t,s\geq 0)$

(4.14)

(ii) を**半群性** (semigroup property) とよぶ．また，解作用素 ϕ_t を微分方程式系 (4.7) の定める流れ，あるいは簡単に $\boldsymbol{f}$ の定める流れなどとよぶ．(ii) において，$t, s \geq 0$ に限らず $t, s \in \mathbb{R}$ に対して成立するときは，半群ではなく群となる．以下ではこの場合を考える．

さて，式 (4.7) の平衡点 $\boldsymbol{x}_*$ の**局所安定多様体** (local stable manifold) $W^s_{\mathrm{loc}}(\boldsymbol{x}_*, U)$ および**局所不安定多様体** (local unstable manifold) $W^u_{\mathrm{loc}}(\boldsymbol{x}_*, U)$ を，それぞれ

$$W^s_{\mathrm{loc}}(\boldsymbol{x}_*, U) = \{\boldsymbol{x} \in U \mid \phi_t(\boldsymbol{x}) \to \boldsymbol{x}_* \ (t \to \infty) \ \text{かつ} \ \phi_t(\boldsymbol{x}) \in U \ (t \geq 0)\}$$

$$W^u_{\mathrm{loc}}(\boldsymbol{x}_*, U) = \{\boldsymbol{x} \in U \mid \phi_t(\boldsymbol{x}) \to \boldsymbol{x}_* \ (t \to -\infty) \ \text{かつ} \ \phi_t(\boldsymbol{x}) \in U \ (t \leq 0)\}$$

と定める．ここで U は，$\boldsymbol{x}_*$ を含む開集合である．W^s_{loc} と W^u_{loc} は，線形系 (4.8) の場合の，それぞれ E^s, E^u に対応している．

用語を用意しよう．

定義 4.2 式 (4.7) の平衡点 $\boldsymbol{x}_*$ における線形化行列の固有値に，実部が 0 であるものが存在しないとき，$\boldsymbol{x}_*$ は**双曲型** (hyperbolic) であるという．

双曲型の定義において，固有値の実部が 0 であるものを含めていない．実際，固有値の実部が 0 であるものが存在する場合，線形化の情報だけでは十分でないことが次の例から見てとれる．後の 4.3.2 項も参照．

例 4.5 常微分方程式系

$$\frac{d}{dt}\begin{pmatrix} x(t) \\ y(t) \end{pmatrix} = \begin{pmatrix} 0 & 1 \\ -1 & 0 \end{pmatrix}\begin{pmatrix} x(t) \\ y(t) \end{pmatrix} + \mu \begin{pmatrix} 0 \\ x(t)^2 y(t)^2 \end{pmatrix} \tag{4.15}$$

を考える．平衡点は，μ によらずに原点 $(x, y) = (0, 0)$ である．また，線形化行列の固有値の実部は 0 である．

$$\frac{1}{2}\frac{d}{dt}(x^2 + y^2) = \mu x^2 y^2$$

なので，$\mu > 0$ のときは原点は湧き出し点 (source) で不安定である．$\mu < 0$ のときは原点は沈み込み点 (sink) となり安定である．　　　　　　　　　　　　◁

双曲型の平衡点に関しては，次の定理が成り立つ．

定理 4.2 (安定多様体定理) 常微分方程式系 $\dot{\boldsymbol{x}} = \boldsymbol{f}(\boldsymbol{x})$ の平衡点 $\boldsymbol{x}_*$ は双曲型であると仮定する．また，線形化方程式 (4.10) に対する安定部分空間 E^s の次元を

n_s，不安定部分空間 E^u の次元を n_u とする．このとき，次元が n_s である局所安定多様体 $W_{\text{loc}}^s(\boldsymbol{x}_*, U)$，および次元が n_u である局所不安定多様体 $W_{\text{loc}}^u(\boldsymbol{x}_*, U)$ が存在し，それぞれ E^s および E^u に $\boldsymbol{x}_*$ において接する．多様体 $W_{\text{loc}}^s(\boldsymbol{x}_*, U)$，$W_{\text{loc}}^u(\boldsymbol{x}_*, U)$ の滑らかさは，$\boldsymbol{f}$ の滑らかさと連動している．

さて，**大域的な安定多様体** (global stable manifold)，**不安定多様体** (global unstable manifold) は，それぞれ

$$W^s(\boldsymbol{x}_*) = \bigcup_{t \leq 0} \phi_t(W_{\text{loc}}^s(\boldsymbol{x}_*, U))$$

$$W^u(\boldsymbol{x}_*) = \bigcup_{t \geq 0} \phi_t(W_{\text{loc}}^u(\boldsymbol{x}_*, U))$$

により定められる．すなわち，大域的は安定多様体 $W^s(\boldsymbol{x}_*)$ は，$W_{\text{loc}}^s(\boldsymbol{x}_*, U)$ の元を時間の後ろ向きに発展させた集合であり，大域的な不安定多様体 $W^u(\boldsymbol{x}_*)$ は，$W_{\text{loc}}^u(\boldsymbol{x}_*, U)$ の元を時間の前向きに発展させた集合である．この場合 U は適当なものを選ぶとして明示しないことが多い．

常微分方程式系 (4.7) の解の存在と一意性により，異なる平衡点に関する安定多様体どうし (あるいは不安定多様体どうし) は交叉しないし，安定多様体 (あるいは不安定多様体) 自身も自己交叉しない．一方で，同じあるいは異なる平衡点の安定多様体と不安定多様体は交叉し得る．

中心多様体を含む場合については，次節の分岐理論において取り扱う．

例 4.6 2 変数の常微分方程式系

$$\begin{cases} \dot{x} = -x \\ \dot{y} = y - x^2 \end{cases}$$

に対して，安定多様体と不安定多様体を求めよう．

平衡点は原点 $(0,0)$ のみであり，そこでの線形化行列は

$$\begin{pmatrix} -1 & 0 \\ 0 & 1 \end{pmatrix}$$

であるので，線形化方程式に対する安定部分空間 E^s および不安定部分空間 E^u は，それぞれ

$$E^s = \{(x,y) \in \mathbb{R}^2 \,|\, y = 0\}$$

$$E^u = \{(x,y) \in \mathbb{R}^2 \,|\, x = 0\}$$

となる．

一方，問題の微分方程式系そのものは
$$\frac{dy}{dx} = \frac{\dot{y}}{\dot{x}} = -\frac{y}{x} + x$$
であることにより，C を定数として
$$y = y(x) = \frac{x^2}{3} + \frac{C}{x}$$
と解くことができる．安定多様体定理を適用すれば，安定多様体 $W^s(0,0)$ は，ある関数 $g(x)$ で $g(0) = g'(0) = 0$ を満たすものに対して $W^s(0,0) = \{(x,y) \in \mathbb{R}^2 \,|\, y = g(x)\}$ と与えられるから，上で $C = 0$ となる．また，不安定多様体 $W^u(0,0)$ は，今の場合 E^u に等しい．よって
$$W^s(0,0) = \left\{ (x,y) \in \mathbb{R}^2 \,\Big|\, y = \frac{x^2}{3} \right\}, \qquad W^u(0,0) = E^u$$
であることがわかる． ◁

4.3 分岐理論

分岐 (bifurcation) とは，そもそもはパラメタの変化に伴い，解が枝分かれしていくような状況を意味する．常微分方程式系 (4.7) において，各 μ に対して平衡点 $\boldsymbol{x}_*^\mu$ が存在すると仮定する．すなわち，
$$\boldsymbol{f}(\boldsymbol{x}_*^\mu, \mu) = \boldsymbol{0}$$
を考察する．一般には μ はベクトル値でもよいが，簡単のため今は実数値としておこう．μ が変化するにつれて，平衡点 $\boldsymbol{x}_*^\mu$ がどのように変化するのか調べたい．

まず，もし $(\mathrm{D}_{\boldsymbol{x}}\boldsymbol{f})(\boldsymbol{x}_*^\mu)$ が正則ならば，**陰関数定理** (implicit function theorem) により $\boldsymbol{x}_*^\mu$ が μ の滑らかな関数として定められることがわかる．よってもし，ある点 $(\boldsymbol{x}_*^{\mu_0}, \mu_0)$ において，その前後で解の構造が異なるならば，例えば，$\mu < \mu_0$ ならば平衡点の個数は 1 個であるが $\mu > \mu_0$ のときは 3 個になるような状況ならば，少なくとも次がいえる．

命題 4.1 常微分方程式系 (4.7) の平衡点 $\boldsymbol{x}_*^\mu$ に対して，$(\boldsymbol{x}_*^{\mu_0}, \mu_0)$ において平衡点が分岐して平衡点の個数が変化するならば，行列 $(\mathrm{D}_{\boldsymbol{x}}\boldsymbol{f})(\boldsymbol{x}_*^{\mu_0})$ は 0 の固有値をもつ．

上記の点 $(\boldsymbol{x}_*^{\mu_0}, \mu)$ を (定常) **分岐点**という．命題の意味することは，$\det(\mathrm{D}_{\boldsymbol{x}}\boldsymbol{f})(\boldsymbol{x}_*^{\mu_0}) = 0$ は，平衡点が分岐して平衡点の個数が変化するための必要条件ということである．

分岐理論は，種々さまざまに複雑なパターン現象を解析する際の，重要な手法の 1 つである．たいへんに深い理論体系が構築されているが，ここではそのうちの初歩的な事項のみ取り上げる．

4.3.1 1 パラメタ分岐

パラメタ μ は引き続き 1 次元であるとし，典型的な分岐現象の例として $n = 1, 2$ の場合を取り扱おう．簡単のため $\mathbb{R}^n \times \mathbb{R}$ の原点 $(\boldsymbol{0}, 0)$ が平衡点であり，かつそこで平衡点の分岐が起こるとする．以下では，詳しくは J. Guckenheimer and P. Holmes[28], §3.4，あるいは C. Robinson[31], Chapter 7 を参照のこと．

まず $n = 1$ のときを考える．分岐点であるための必要条件から

$$f(0,0) = 0, \qquad f_x(0,0) = 0 \tag{4.16}$$

を仮定する．ただし，f_x は x に関する偏微分を表す．

命題 4.2 パラメタ μ $(\in \mathbb{R})$ を含む方程式 $f(x, \mu) = 0$ $(x \in \mathbb{R})$ において式 (4.16) を仮定する．さらに

$$f_\mu(0,0) \neq 0, \qquad f_{xx}(0,0) \neq 0 \tag{4.17}$$

を仮定する．このとき，原点 $(0, 0)$ の近傍で適当な局所微分同相写像 $(x, \mu) \to (y(x, \mu), \nu(\mu))$ および 0 をとらない関数 $s(x, \mu)$ が存在し

$$s(x,\mu) f(y(x,\mu), \nu(\mu)) = \mu - x^2$$

が成り立つ．

上で局所微分同相写像とは，定義されている近傍において全単射かつ連続微分可能であり，さらに逆写像も連続微分可能であるものが存在するときをいう．

命題 4.2 の分岐を**サドル・ノード** (saddle-node) **分岐**という．また，命題の結論を，微分方程式 $\dot{x} = f(x, \mu)$ は，条件 (4.16), (4.17) のもとでは平衡点の近傍で $\dot{x} = \mu - x^2$ に同値であるという．

条件 (4.17) は，必ずしも一般的に成り立つ性質ではない．例えば，反対称性 $f(x,\mu) = -f(-x,\mu)$ が満たされているときは，条件 (4.17) のどちらも成立しない．

そこで，条件 (4.17) とは異なる仮定のもとで，次に挙げるいくつかの分岐型が知られている．

命題 4.3 条件 (4.16) に加えて，さらに

$$f_\mu(0,0) = 0, \qquad f_{xx}(0,0) \neq 0, \qquad f_{x\mu}(0,0) \neq 0 \tag{4.18}$$

を仮定する．このとき，$\dot{x} = f(x,\mu)$ は，原点 $(0,0)$ の近傍で

$$\dot{x} = \mu x - x^2 \tag{4.19}$$

に同値である．

上の分岐を**安定性交代型** (transcritical) **分岐**という．

命題 4.4 条件 (4.16) に加えて，さらに

$$f_\mu(0,0) = 0, \qquad f_{xx}(0,0) = 0, \qquad f_{x\mu}(0,0) \neq 0, \qquad f_{xxx}(0,0) \neq 0 \tag{4.20}$$

を仮定する．このとき，$\dot{x} = f(x,\mu)$ は，原点 $(0,0)$ の近傍で

$$\dot{x} = \mu x \pm x^3 \tag{4.21}$$

に同値である．式 (4.21) で $\pm$ は $f_{xxx}(0,0)$ の符号で決まり，$+$ の場合を亜臨界 (subcritical)，$-$ の場合を超臨界 (supercritical) という．

上の分岐をピッチフォーク (pitchfork，熊手型) 分岐という．これは一般に，パラメタ μ が，ある値 μ_0 を超えたときに解の数が 1 個から 3 個へと変化するような分岐である．

例 4.7 念のために式 (4.19) と式 (4.21) の場合を解いて，それぞれの微分方程式の解の挙動を確認しておこう．ともに $x(t) \equiv 0$ は常に解となることに注意しよう．他の t によらない定常解は，式 (4.19) では $x(t) \equiv \mu$，式 (4.21) では $\mu > 0$ のときに $x(t) = \pm\sqrt{\mu}$ である．これ以外の解を求めよう．

まず式 (4.19) の場合は，初期条件 $x(0) = x_0$ を満たす解は

$$x(t) = \begin{cases} \dfrac{\mu x_0}{x_0 + (\mu - x_0)e^{-\mu t}} & (\mu \neq 0) \\ \dfrac{x_0}{1 - x_0 t} & (\mu = 0) \end{cases}$$

である．これより特に，解の $t \to \pm\infty$ における振舞いは初期値 x_0 によって異なることがわかる．例えば $\mu > 0$ のとき，$x_0 > 0$ ならば $\lim_{t\to\infty} x(t) = \mu$ であるが，$x_0 < 0$ ならば t の正の向きには有限時間で爆発する (1.2.2 項参照)．また，$x_0 > \mu > 0$ あるいは $x_0 < 0 < \mu$ ならば t の負の向きには有限時間で爆発するが，$0 < x_0 < \mu$ ならば $\lim_{t\to-\infty} x(t) = 0$ である．$\mu < 0$ のときも同様に，$t \to \pm\infty$ における解の振舞いは初期値 x_0 に依存する．

次に式 (4.21) で，簡単のために $-$ の場合，すなわち $\dot{x} = \mu x - x^3$ を考える．$y(t) = 1/x(t)^2$ とおくと

$$\dot{y} = -2\mu y(t) + 2$$

となり求積可能であることを利用する．初期条件 $x(0) = x_0$ を満たす解は

$$x(t) = \begin{cases} \dfrac{x_0}{\sqrt{\dfrac{x_0^2}{\mu} + \left(1 - \dfrac{x_0^2}{\mu}\right)e^{-2\mu t}}} & (\mu \neq 0) \\ \dfrac{x_0}{\sqrt{1 + 2x_0^2 t}} & (\mu = 0) \end{cases}$$

である．特に，$\mu < 0$ のときは，t の負の向きには有限時間で爆発するが $\lim_{t\to\infty} x(t) = 0$ である．また，$\mu > 0$ のときは，$|x_0| < \sqrt{\mu}$ ならば $\lim_{t\to-\infty} x(t) = 0$ であるが，$|x_0| > \sqrt{\mu}$ ならば t の負の向きには有限時間で爆発する．さらに，$\mu > 0$ のときは，$\lim_{t\to\infty} x(t) = \mathrm{sgn}(x_0)\sqrt{\mu}$ である． ◁

次に $n = 2$ の場合を考えよう．条件 $\boldsymbol{f}(\boldsymbol{0}, 0) = \boldsymbol{0}$ に加えて

$$\text{線形化行列 } (\mathrm{D}_{\boldsymbol{x}}\boldsymbol{f})(\boldsymbol{0}, 0) \text{ の固有値は } \pm i\omega \quad (\omega > 0) \tag{4.22}$$

であると仮定する．

命題 4.5 パラメタ $\mu\ (\in \mathbb{R})$ を含む 2 次元での方程式 $\boldsymbol{f}(\boldsymbol{x}, \mu) = \boldsymbol{0}\ (\boldsymbol{x} \in \mathbb{R}^2)$ において式 (4.16)，(4.22) を仮定する．このとき，$\dot{\boldsymbol{x}} = \boldsymbol{f}(\boldsymbol{x}, \mu)$ は，原点 $(0, 0)$ の近傍で

$$\begin{pmatrix} \dot{x} \\ \dot{y} \end{pmatrix} = \begin{pmatrix} \mu & -1 \\ 1 & \mu \end{pmatrix} \begin{pmatrix} x \\ y \end{pmatrix} - (x^2 + y^2)\begin{pmatrix} x \\ y \end{pmatrix} \tag{4.23}$$

と同値である．

上の分岐を **Hopf** (ホップ) **分岐**という．式 (4.23) の線形部分の係数行列の固有値は $\mu \pm i$ である．式 (4.23) は，極座標 $x(t) = r(t)\cos\theta(t)$, $y(t) = r(t)\sin\theta(t)$ を用いると

$$\dot{r} = r(\mu - r^2), \qquad \dot{\theta} = 1$$

となり，特に $\mu > 0$ のとき周期軌道が存在することがわかる．$\mu < 0$ のときは，原点 $(0,0)$ は安定なので，$\mu = 0$ で平衡点の分岐が起こり $\mu > 0$ となれば周期軌道が生じる．

例 4.8 Hopf 分岐ではないが，パラメタにより係数行列の固有値に純虚数が現れる場合の例を，補足のために見ておこう．線形系

$$\begin{pmatrix} \dot{x} \\ \dot{y} \end{pmatrix} = \begin{pmatrix} \mu & -\mu \\ a & -1 \end{pmatrix} \begin{pmatrix} x \\ y \end{pmatrix}$$

を考えよう．ただし，$a > 1$ は定数，$\mu > 0$ が分岐パラメタである．

平衡点は原点 $(x, y) = (0, 0)$ のみである．係数行列の固有方程式は

$$\lambda^2 - (\mu - 1)\lambda + (a - 1)\mu = 0$$

なので，$0 < \mu < 1$ のとき原点は漸近安定であり，$\mu > 1$ のとき不安定である．固有値は $\mu = 0$ のときは 0 と -1 であり，$\mu = 1$ のときに純虚数となる．この場合には，単に平衡点の安定性が変化するだけであり，分岐が起こるわけではない． ◁

例 4.9 Lorenz 方程式 (4.1) において $R > 1$, $\sigma > 1 + b$ を仮定する．R を分岐パラメタと考える．平衡点 (4.12) での線形化行列の固有値は式 (4.13) の根である．$R = \sigma(\sigma + b + 3)/(\sigma - b - 1)$ のとき根は

$$\lambda = -(1 + b + \sigma), \quad \pm i\sqrt{\frac{2b\sigma(\sigma + 1)}{\sigma - b - 1}}$$

となり，ここで Hopf 分岐が起こることがわかる．命題 4.5 の Hopf 分岐の説明では，簡単のため空間 2 次元で考えたが，一般には線形化行列の固有値の一部がそうであればよく，この場合も Hopf 分岐とよぶ． ◁

4.3.2 中心多様体定理

中心多様体とは，荒く述べれば，平衡点における線形化行列の固有値の実部が0である固有空間に対応する解軌道の集合である．微分方程式系の定める解構造をむしろ特徴付け，分岐解析では重要な対象である．

中心多様体に関して，安定多様体定理と異なる点は，一意性が必ずしも成立しないことと微分可能性が弱まる場合が存在することである．一意性が成り立たないことは次の例で示される．

例 4.10 微分方程式系

$$\begin{cases} \dot{x} = -x \\ \dot{y} = y^2 \end{cases}$$

を考える．平衡点は原点 ${}^t(0,0)$ であり，そこでの線形化行列の固有値は $-1, 0$ である．解そのものは

$$x(t) = x_0 e^{-t}, \qquad y(t) = \frac{y_0}{1 - ty_0} \qquad (x_0, y_0 \text{ は定数})$$

となり，これから t を消去すると

$$x(y) = x_0 e^{-\frac{1}{y_0}} e^{\frac{1}{y}}$$

を得る．$y < 0$ のときは，すべての解曲線は原点において y 軸に接する．しかも $\lim_{y \to 0, y < 0} x^{(n)}(y) = 0 \ (n = 1, 2, \cdots)$ である．一方，$y > 0$ のときは，原点に近づき得る (これは $t \to -\infty$ のときである) 唯一の解は y 軸である．固有値 0 に対応する接ベクトルの方向は y 軸方向なので，原点において y 軸に接する C^∞ 級の中心多様体は一意ではなく無数に存在することがわかる．ちなみに，実解析的な中心多様体は y 軸のみである． ◁

微分可能性が弱くなる例については，例えば J. Guckenheimer and P. Holmes[28]，C. Robinson[31] を参照のこと．

以上の注意点を念頭に，次の定理を述べる．

定理 4.3 (中心多様体定理) $\boldsymbol{f}$ を C^α 級とし，原点において $\boldsymbol{f}(\boldsymbol{0}, 0) = 0$ とする．また，線形化行列 $(\mathrm{D}_{\boldsymbol{x}} \boldsymbol{f})(\boldsymbol{0})$ の固有値 λ を，次のように 3 つの部分 $\sigma_s, \sigma_c, \sigma_u$，た

だし

$$\sigma_s = \{\lambda \mid \operatorname{Re}\lambda < 0\}$$
$$\sigma_c = \{\lambda \mid \operatorname{Re}\lambda = 0\}$$
$$\sigma_u = \{\lambda \mid \operatorname{Re}\lambda > 0\}$$

に分類する．固有値 $\sigma_s, \sigma_c, \sigma_u$ に対応する一般化された固有空間を，それぞれ E^s, E^c, E^u とする．このとき，C^α 級の安定多様体 W^s および不安定多様体 W^u が存在し，原点においてそれぞれ E^s, E^u と接する．さらに，原点において E^c と接する $C^{\alpha-1}$ 級の中心多様体 W^c が存在する．多様体 W^s, W^c, W^u はいずれも $\boldsymbol{f}$ の定める流れに関して不変である．さらに，W^s と W^u は一意に決まるが，W^c は必ずしもそうではない．

中心多様体定理に関してさらに詳しいことは，例えば前述の J. Guckenheimer and P. Holmes[28], C. Robinson[31]を参照のこと．

例 4.11 中心多様体定理の適用例として，μ を分岐パラメタとする常微分方程式系

$$\begin{cases} \dot{x} = \mu x + 2xy \\ \dot{y} = -y + \mu y + x^2 + y^2 \end{cases}$$

を考えよう．$\mu = 0$ のとき平衡点は原点 $(x, y) = (0, 0)$ および $(x, y) = (0, 1)$ である．このうちの $(x, y, \mu) = (0, 0, 0)$ の近傍での解の振舞いを調べよう．このような場合，形式的に μ も変数と考え

$$\begin{cases} \dot{x} = \mu x + 2xy \\ \dot{y} = -y + \mu y + x^2 + y^2 \\ \dot{\mu} = 0 \end{cases} \tag{4.24}$$

と 3 成分の常微分方程式系に拡張し，平衡点 $(x, y, \mu) = (0, 0, 0)$ の解析を行うと好都合である．

式 (4.24) の原点における線形化行列は

$$\begin{pmatrix} 0 & 0 & 0 \\ 0 & -1 & 0 \\ 0 & 0 & 0 \end{pmatrix}$$

であるので，中心多様体定理から，原点近傍では解曲線は $y = y(x, \mu)$ という関数のグラフで表される．また，$y = y(x, \mu)$ は原点で x-μ 平面に接する．そこで

$$y(x, \mu) = ax^2 + bx\mu + c\mu^2 + (高次項) \qquad (a, b, c \in \mathbb{R})$$

とおいて a, b, c を定めよう．高次項は，x, μ の 3 次以上の項を意味する．まず，式 (4.24) より

$$\dot{y} = -(ax^2 + bx\mu + c\mu^2) + x^2 + (高次項)$$
$$= ((1-a)x^2 - bx\mu - c\mu^2) + (高次項)$$

である．$y(x, \mu)$ を t で微分すれば

$$\dot{y} = 2ax\dot{x} + b\dot{x}\mu + (高次項) = (高次項)$$

となるので，$x^2, x\mu, \mu^2$ の係数比較より，それぞれ $a = 1, b = c = 0$ がわかる．すなわち $y = y(x, \mu) = x^2 + (高次項)$ である．これを式 (4.24) に代入すれば，常微分方程式系 (4.24) は，原点 $(x, y, \mu) = (0, 0, 0)$ の近傍では，常微分方程式系

$$\begin{cases} \dot{x} = \mu x + 2x^3 \\ \dot{\mu} = 0 \end{cases}$$

と解の挙動は同値であることがわかる． ◁

例 4.12 Lorenz 方程式 (4.1) を例に，中心多様体をどのように解析するか考えてみよう．以下では，J. Guckenheimer and P. Holmes[28], pp. 128–129 を参照のこと．平衡点の 1 つである原点 $(x, y, z) = (0, 0, 0)$ において，そこでの線形化行列は式 (4.11) で与えられる．よって特に $R = 1$ のとき，固有値は $0, -\sigma - 1, -b$ となり中心多様体が存在する．このとき，それぞれの固有値に対応する固有ベクトルとして

$$\begin{pmatrix} 1 \\ 1 \\ 0 \end{pmatrix}, \quad \begin{pmatrix} \sigma \\ -1 \\ 0 \end{pmatrix}, \quad \begin{pmatrix} 0 \\ 0 \\ 1 \end{pmatrix}$$

をとろう．この固有ベクトルを用いて変数変換

$$\begin{pmatrix} x \\ y \\ z \end{pmatrix} = \begin{pmatrix} 1 & \sigma & 0 \\ 1 & -1 & 0 \\ 0 & 0 & 1 \end{pmatrix} \begin{pmatrix} u \\ v \\ w \end{pmatrix}, \quad \text{すなわち} \quad \begin{pmatrix} u \\ v \\ w \end{pmatrix} = \begin{pmatrix} \frac{1}{1+\sigma} & \frac{\sigma}{1+\sigma} & 0 \\ \frac{1}{1+\sigma} & \frac{-1}{1+\sigma} & 0 \\ 0 & 0 & 1 \end{pmatrix} \begin{pmatrix} x \\ y \\ z \end{pmatrix}$$

を行うと

$$\begin{pmatrix} \dot{u} \\ \dot{v} \\ \dot{w} \end{pmatrix} = \begin{pmatrix} 0 & 0 & 0 \\ 0 & -(1+\sigma) & 0 \\ 0 & 0 & -b \end{pmatrix} \begin{pmatrix} u \\ v \\ w \end{pmatrix} + \begin{pmatrix} \frac{-\sigma}{1+\sigma}(u+\sigma v)w \\ \frac{1}{1+\sigma}(u+\sigma v)w \\ (u+\sigma v)(u-v) \end{pmatrix}$$

のように線形部分が対角化される．(u,v,w)-座標系では，中心多様体は u-軸に接する曲線である．ここで $v = w = 0$ とおいて，Lorenz 系を u-軸に射影してみると，u の方程式は $\dot{u} = 0$ となるが，w の方程式に u^2 の項が含まれ u-軸は不変ではない．そこで

$$\tilde{w} = w - \frac{u^2}{b}$$

と変換すると，$(u,v,\tilde{w})$-座標系では

$$\dot{u} = -\frac{\sigma}{1+\sigma}(u+\sigma v)\left(\tilde{w}+\frac{u^2}{b}\right)$$
$$\dot{v} = -(1+\sigma)v + \frac{1}{1+\sigma}\left(\tilde{w}+\frac{u^2}{b}\right)$$
$$\dot{\tilde{w}} = -b\tilde{w} + ((\sigma-1)u - \sigma v)v + \frac{2\sigma}{b(1+\sigma)}u(u+\sigma v)\left(\tilde{w}+\frac{u^2}{b}\right)$$

となり，今度は u-軸への射影 $(v = \tilde{w} = 0)$ は

$$\dot{u} = -\frac{\sigma}{b(1+\sigma)}u^3, \quad \dot{v} = 0, \quad \dot{\tilde{w}} = \frac{2\sigma}{b^2(1+\sigma)}u^4$$

のように，非線形項は 3 次以上の高次項のみとなり，2 次の項までを考えた場合では u-軸は不変となることが示された． ◁

4.4 アトラクター

　非線形モデルの解析において，1 つの興味深い対象は，解が長時間後に一般にどのような振舞いをするかという問題である．もちろん漸近安定な平衡点の近くから出発した解は，単にその平衡点に収束するだけであるが，それ以外にも例えば Lorenz 方程式 (4.1) であれば，多くは複雑な挙動，すなわちカオス的な挙動を示す．

　このような解の長時間後の挙動を捉えるために，アトラクターの概念は有効である．この節では，R. Temam[32] に従い，まずは一般的な設定においてアトラクターの基本事項を解説し，次に実際の個別の例でその解析を行いたい．

4.4.1 作用素の半群

一般に，拡散方程式や Navier-Stokes 方程式の解 $u = u(t)$ は，ある関数空間 H を設定し，そこに属すると考える．ここで H は，Hilbert 空間や Banach 空間を想定するが，当面は単なる関数空間で距離空間の構造のみを考えておく．このとき，$u(t) = S(t)u(0)$ により，H から H への作用素の族 $S = \{S(t)\}_{t \geq 0}$ が定められる．常微分方程式系 (4.7) の場合の式 (4.14) と同様に，$\{S(t)\}_{t \geq 0}$ は半群の性質

(i) $\quad S(0) = \mathrm{Id}.$
(ii) $\quad S(t + s) = S(t) \cdot S(s) \quad (t, s \geq 0)$ (4.25)

を満たす．以下では逆に，式 (4.25) の性質を満たす作用素の族 $S = \{S(t)\}_{t \geq 0}$ をまず考え，さらに

$$\text{すべての } t \geq 0 \text{ に対して } S(t) : H \to H \text{ は連続} \tag{4.26}$$

を仮定して話を進めよう．

$u_0 \in H$ に対して

$$\bigcup_{t \geq 0} S(t)u_0$$

を，u_0 から出発する**軌道** (orbit) あるいは**解軌道**という．

定義 4.3 (ω-極限集合) $u_0 \in H$，あるいは $U \subset H$ に対して，ω-極限集合 $\omega(u_0)$, $\omega(U)$ を，それぞれ

$$\omega(u_0) = \bigcap_{s \geq 0} \mathrm{Cl}.\{\bigcup_{t \geq s} S(t)u_0\}$$

$$\omega(U) = \bigcap_{s \geq 0} \mathrm{Cl}.\{\bigcup_{t \geq s} S(t)U\}$$

により定める．ただし，Cl. は距離空間としての H の位相による閉包を意味する．また，

$$S(t)U = \{u \in H \mid \text{ある } u_1 \in U \text{ に対して } u = S(t)u_1\}$$

とする．

別の述べ方をすれば，$u \in \omega(U)$ であるとは，ある $u_n \in U$ ($n = 1, 2, \cdots$) および列 $t_1 < t_2 < \cdots < t_n < \cdots \to \infty$ が存在して

$$S(t_n)u_n \to u \qquad (n \to \infty)$$

となることと同値である．

ところで，作用素 $S(t)$ は単射である必要は必ずしもないが，もし $S(t)$ ($t > 0$) が単射であるとき，$S(-t) = S(t)^{-1}$ ($t > 0$) により逆写像を表すと，$\{S(t)\}_{t \in \mathbb{R}}$ は任意の $s, t \in \mathbb{R}$ に対して式 (4.25) を満たすことになり群となる．この場合，$u_0 \in H$ に対して

$$\bigcup_{t \geq 0} S(t)^{-1} u_0 = \bigcup_{t \leq 0} S(t)u_0$$

を，u_0 に向かう軌道という．

定義 4.4 (α-極限集合) $S(t)^{-1}$ ($t > 0$) が定められるとする．$u_0 \in H$，あるいは $U \subset H$ に対して，α-極限集合 $\alpha(u_0), \alpha(U)$ を，それぞれ

$$\alpha(u_0) = \bigcap_{s \leq 0} \mathrm{Cl}.\{\bigcup_{t \leq s} S(t)u_0\}$$

$$\alpha(U) = \bigcap_{s \leq 0} \mathrm{Cl}.\{\bigcup_{t \leq s} S(t)U\}$$

により定める．

ω-極限集合の場合と同様に，$u \in \alpha(U)$ とは，ある $\lim_{n \to \infty} u_n = u$ となる u_n ($n = 1, 2, \cdots$) および列 $t_1 < t_2 < \cdots < t_n < \cdots \to \infty$ が存在して

$$S(t_n)u_n \in U$$

となることと同値である．

$\omega(u_0), \alpha(u_0)$ は，u_0 が 1 点であるからといって必ずしも 1 点とならないことに注意しよう．

例 4.13 常微分方程式系

$$\begin{pmatrix} \dot{x} \\ \dot{y} \end{pmatrix} = \begin{pmatrix} 1 & -1 \\ 1 & 1 \end{pmatrix} \begin{pmatrix} x \\ y \end{pmatrix} - \sqrt{x^2 + y^2} \begin{pmatrix} x \\ y \end{pmatrix}$$

を考えよう．極座標 $x(t) = r(t)\cos\theta(t), y(t) = r(t)\sin\theta(t)$ を用いると

$$\dot{r} = r(1-r), \qquad \dot{\theta} = 1$$

となり，

$$r(t) = \frac{r(0)}{r(0) + (1-r(0))e^{-t}}, \ \theta(t) = t + \theta(0)$$

と解くことができる．よって，$r(0) \neq 0$ である初期値 (x_0, y_0) に対しては

$$\omega((x_0, y_0)) = \{(x,y) \,|\, x^2 + y^2 = 1\}$$

となることがわかる． ◁

さて，平衡点 $u_* \in H$ とは，すべての $t \geq 0$ に対して

$$S(t)u_* = u_*$$

となる要素のことである．このとき，$\omega(u_*) = \alpha(u_*) = \{u_*\}$ が成り立つ．

平衡点 u_* に対して，安定多様体 $W^s(u_*)$ と不安定多様体 $W^u(u_*)$ を定めよう．前節の場合と異なり，必ずしも $S(t)^{-1}$ $(t > 0)$ が存在しないため，前と少し定義を変更する (R. Temam[32], p.18 参照)．

$W^s(u_*) = \{u \in H \,|\, S(t)u \to u_* \ (t \to \infty)$

かつ，任意の $t > 0$ に対して $u = S(t)u_t$ となる $u_t \in H$ が存在する $\}$

$W^u(u_*) = \{u \in H \,|\, $任意の $t > 0$ に対して $u = S(t)u_t$ となる $u_t \in H$ が存在し

$$u_t \to u_* \ (t \to \infty)\}$$

と定める．$W^s(u_*) \setminus \{u_*\} = \emptyset$，あるいは $W^u(u_*) \setminus \{u_*\} = \emptyset$ の可能性があることに注意しよう．実際，平衡点 u_* が安定であるとは，$W^u(u_*) \setminus \{u_*\} = \emptyset$ のときを意味し，それ以外は不安定であると定める．

半群 $S(t)$ が一対一のとき，すなわち $S(t)^{-1}$ $(t > 0)$ が存在するときには，常微分方程式系 (4.7) の場合と同様に，異なる平衡点に関する安定多様体どうし (あるいは不安定多様体どうし) は交叉しないし，安定多様体 (あるいは不安定多様体) 自身も自己交叉しないことがわかる．一方で，同じあるいは異なる平衡点の安定多様体と不安定多様体は交叉し得る．実際，平衡点 u_* の不安定多様体から出発し，平衡点 u_{**} の安定多様体に至る軌道は，$u_* \neq u_{**}$ のときには**ヘテロクリニッ**

ク軌道 (heteroclinic orbit) とよばれ，$u_* = u_{**}$ のときには**ホモクリニック軌道** (homoclinic orbit) とよばれる．

さて，集合 $X \subset H$ が半群 $S(t)$ に関して正の向きに不変であるとは

$$\text{任意の } t > 0 \text{ に対して } S(t)X \subset X$$

であるときをいい，負の向きに不変であるとは

$$\text{任意の } t > 0 \text{ に対して } S(t)X \supset X$$

であるときをいう．正の向きにも負の向きにも不変であるときは重要であり，次の定義となる．

定義 4.5 集合 $X \subset H$ が半群 $S(t)$ に関して**不変** (invariant) であるとは

$$\text{任意の } t > 0 \text{ に対して } S(t)X = X \tag{4.27}$$

であるときをいう．もし $S(t)$ が一対一ならば，$S(t)^{-1}$ $(t > 0)$ が存在するので，式 (4.27) において $t < 0$ の場合も成立し

$$\text{任意の } t \in \mathbb{R} \text{ に対して } S(t)X = X$$

となる．

不変集合 (invariant set) の例は，もちろん平衡点の集合 X である．その他にも，時間周期軌道が存在するならば，すなわち，ある $u_0 \in H$, $T > 0$ に対して $S(T)u_0 = u_0$ となるならば，$S(t)u_0$ は任意の $t \in \mathbb{R}$ に対して存在し

$$X = \bigcup_{0 \leq t \leq T} \{S(t)u_0\}$$

は不変集合となる．

不変集合のさらに重要な例が次の命題で与えられる．

命題 4.6 ある空でない集合 $U \subset H$ に対して，$t_0 > 0$ が存在し $\mathrm{Cl}.\{\bigcup_{t \geq t_0} S(t)U\}$ は H でコンパクトと仮定する．このとき，U の ω-極限集合 $\omega(U)$ は空でなく，コンパクトかつ不変である．

(証明) $\omega(U) = \bigcap_{s \geq t_0} \text{Cl.}\{\bigcup_{t \geq s} S(t)U\}$ に注意しよう．$\text{Cl.}\{\bigcup_{t \geq s} S(t)U\}$ は s $(s \geq t_0)$ について単調減少なコンパクト集合列であるため，その共通部分として $\omega(U)$ は空でなくコンパクトである．

$\omega(U)$ が不変であること，すなわち，任意の $t > 0$ に対して $S(t)\omega(U) = \omega(U)$ となることを示そう．まず $u \in \omega(U)$ とする．$u_n \in U$ $(n = 1, 2, \cdots)$, $t_1 < t_2 < \cdots < t_n < \cdots \to \infty$ で $S(t_n)u_n \to u$ $(n \to \infty)$ となるものが存在する．$t_n \geq t + t_0$ に対して $S(t_n - t)u_n \in \text{Cl.}\{\bigcup_{t \geq t_0} S(t)U\}$ なので，コンパクト性の仮定から部分列 t_{n_k} と $v \in H$ が存在して

$$S(t_{n_k} - t)u_{n_k} \to v \quad (k \to \infty)$$

となる．$v \in \omega(U)$ であり，作用素 $S(t)$ の連続性から

$$S(t_{n_k})u_{n_k} = S(t)S(t_{n_k} - t)u_{n_k} \to u = S(t)v \quad (k \to \infty),$$

したがって $u \in S(t)\omega(U)$ となる．

次に $v \in S(t)\omega(U)$ とする．$v = S(t)u$ となる $u \in \omega(U)$ が存在する．この u に対して，同様に u_n, t_n が対応して，$S(t_n)u_n \to u$ となるので

$$S(t + t_n)u_n = S(t)S(t_n)u_n \to S(t)u = v \quad (n \to \infty)$$

となる．これは $v \in \omega(U)$ を意味し，以上により $\omega(U)$ は不変であることが示された． ∎

$\alpha(U)$ についても同様の性質が成り立つ．すなわち，$U \subset H$ は空でなく，ある $t_0 > 0$ に対して $\text{Cl.}\{\bigcup_{t \geq t_0} S(t)^{-1}U\}$ は H でコンパクトと仮定する．このとき，$\alpha(U)$ は空でなく，コンパクトかつ不変である．

4.4.2 吸引集合とアトラクター

アトラクターとは，文字どおり引き付けるものという意味で，解軌道が最終的にそこに引き付けられるような集合を意味する．カオスの研究において基本となる対象である．まずは定義から始めよう．引き続き H は関数空間とし，$S = \{S(t)\}_{t \geq 0}$ は H で定められた半群とする．

定義 4.6 (アトラクター) 集合 $\mathcal{A} \subset H$ が半群 $S(t)$ に関する**アトラクター**であるとは，次の (i), (ii) が満たされるときをいう．
(i) $\mathcal{A}$ は不変である．すなわち $S(t)\mathcal{A} = \mathcal{A}$ $(t \geq 0)$ を満たす．
(ii) $\mathcal{A}$ のある開近傍 $\mathcal{U} \subset H$ が存在し，任意の $u_0 \in \mathcal{U}$ に対して

$$d(S(t)u_0, \mathcal{A}) \to 0 \qquad (t \to \infty)$$

が成り立つ．ただし，点 $u \in H$ と集合 $V \subset H$ に対して

$$d(u, V) = \inf_{v \in V} d(u, v)$$

と定める．$d(u, v)$ は，u と v の H における距離を表す．

上の定義で，(ii) を満たす最大の開集合 $\mathcal{U}$ を**アトラクターの吸引領域** (basin of attractor) とよぶ．また一般に，アトラクター $\mathcal{A}$ が集合 $U \subset \mathcal{U}$ を**引き付ける**とは

$$d(S(t)U, \mathcal{A}) \to 0 \qquad (t \to \infty)$$

であるときをいう．ここで，集合 U, V に対して

$$d(U, V) = \sup_{u \in U} \inf_{v \in V} d(u, v) \tag{4.28}$$

とする．簡単に，アトラクター $\mathcal{A}$ は集合 U を引き付けるという．

次の大域アトラクターの概念は重要である．

定義 4.7 (大域アトラクター) 集合 $\mathcal{A} \subset H$ が半群 $S(t)$ に関する**大域アトラクター** (global attractor) であるとは，$\mathcal{A}$ はコンパクトであり，さらに H の任意の有界集合 B を引き付けるときをいう．言い換えれば，アトラクター $\mathcal{A}$ の吸引領域は H 全体のときをいう．

大域アトラクターは，存在すれば一意であり，有界なアトラクターのうちの包含関係に関して極大である．この意味で，大域アトラクターは**極大アトラクター** (maximal attractor) ともよばれる．

さて，目標とするのはアトラクターの存在である．そのために，次の吸引集合の概念は有効である．

定義 4.8 (吸引集合) 集合 $\mathcal{B} \subset H$ および $\mathcal{B}$ の開近傍 $\mathcal{U}$ に対して，$\mathcal{U}$ が $\mathcal{B}$ の**吸引集合** (absorbing set) であるとは，$\mathcal{U}$ の任意の有界集合から出発した解が，ある時刻以降は $\mathcal{B}$ に入り留まるときをいう．すなわち，任意の有界集合 $B \subset \mathcal{U}$ に対して B に依存する t_0 が存在し

$$S(t)B \subset \mathcal{B} \qquad (t \geq t_0)$$

であるときをいう．このとき，$\mathcal{B}$ は $\mathcal{U}$ の有界集合を吸収するという．

容易に想像されるように，吸引集合の存在は，半群により定められる系が散逸系であるということと関連している．

大域アトラクター $\mathcal{A}$ が存在するならば吸引集合が存在することは，定義からすぐわかる．実際，任意の $\varepsilon > 0$ に対して $\mathcal{U}_\varepsilon$ を $\mathcal{A}$ の ε 近傍，すなわち $\mathcal{U}_\varepsilon = \{u \in H \mid d(u, \mathcal{A}) < \varepsilon\}$ とするとき，$\mathcal{U}_\varepsilon$ は $\mathcal{A}$ の吸引集合となる．というのは，任意の有界集合 $B \subset H$ に対してある $t_0 > 0$ が対応して

$$d(S(t)B, \mathcal{A}) < \varepsilon \qquad (t \geq t_0)$$

となるからである．

この逆が以後にも重要であり，次の定理で与えられる．

定理 4.4 (極大アトラクターの存在定理) H は関数空間とし，$S(t)$ は H で定められた半群で条件 (4.26) を満たすとする．また，任意の有界集合 $B \subset H$ に対して t_0 が対応し

$$\mathrm{Cl.}\{\bigcup_{t \geq t_0} S(t)B\}$$

は H でコンパクトとする．さらに，開集合 $\mathcal{U} \subset H$ とその有界な閉部分集合 $\mathcal{B} \subset \mathcal{U}$ で，$\mathcal{B}$ が $\mathcal{U}$ の吸引集合となるものが存在すると仮定する．また，一般性を失うことなく，t_0 は定義 4.8 の条件を満たすとする．

このとき，$\mathcal{B}$ の ω-極限集合 $\mathcal{A} = \omega(\mathcal{B})$ は，$\mathcal{U}$ の極大アトラクターであり有界である．すなわち，$\mathcal{A}$ はコンパクトであり，$\mathcal{U}$ の任意の有界集合を引き付ける．

さらに，$\mathcal{U}$ が連結のときは，$\mathcal{A}$ も連結である．

(証明) 仮定および命題 4.6 より，$\mathcal{A} = \omega(\mathcal{B})$ は空でないコンパクトな不変集合であることが従う．$\mathcal{A}$ がアトラクターであり，$\mathcal{U}$ の有界集合を引き付けることを矛盾によって示そう．

$\mathcal{U}$ のある有界集合 B に対しては, $\delta > 0$ および $t_1 < t_2 < \cdots < t_n < \cdots \to \infty$ が存在して
$$d(S(t_n)B, \mathcal{A}) \geq 2\delta > 0 \qquad (n = 1, 2, \cdots)$$
となると仮定する. 各 $n = 1, 2, \cdots$ について
$$d(S(t_n)b_n, \mathcal{A}) \geq \delta > 0$$
を満たす $b_n \in B$ を選ぶことができる. $\mathcal{B}$ は $\mathcal{U}$ の吸引集合なので, ある n_0 が対応し $n \geq n_0$ のときは
$$S(t_n)b_n \in S(t_n)B \subset \mathcal{B} \qquad (n \geq n_0)$$
となる. 仮定より, さらに部分列 t_{n_k} を選べば, 集積点 $b \in \mathcal{U}$ で
$$b = \lim_{n_k \to \infty} S(t_{n_k})b_{n_k} = \lim_{n_k \to \infty} S(t_{n_k} - t_0)S(t_0)b_{n_k}$$
となるものが存在する. $S(t_0)b_{n_k} \in S(t_0)B \subset \mathcal{B}$ なので b は $\mathcal{A} = \omega(\mathcal{B})$ に属することになりこれは矛盾である. よって $\mathcal{A}$ がアトラクターであることが示された.

アトラクター $\mathcal{A}$ が極大であることは次のようにわかる. $\mathcal{A}'$ を, $\mathcal{U} \supset \mathcal{A}' \supset \mathcal{A}$ を満たすアトラクターとする. $\mathcal{B}$ は吸引集合なので, 十分大きいすべての t に対しては
$$S(t)\mathcal{A}' = \mathcal{A}' \subset \mathcal{B}$$
である. よって
$$\omega(\mathcal{A}') \subset \mathcal{A}' \subset \omega(\mathcal{B}) = \mathcal{A}$$
となり $\mathcal{A}$ は極大である.

最後に, $\mathcal{U}$ が連結ならば $\mathcal{A}$ も連結であることを示そう. もし $\mathcal{A}$ が連結でないとすれば, 開集合 U_1, U_2 で $U_1 \cap \mathcal{A} \neq \emptyset$, $U_2 \cap \mathcal{A} \neq \emptyset$, $\mathcal{A} \subset U_1 \cup U_2$ かつ $U_1 \cap U_2 = \emptyset$ となるものが存在する. $\mathcal{A} = S(t)\mathcal{A} \subset S(t)\mathcal{U}$ であり $S(t)$ は連続なので, $\mathcal{U}$ は連結により $S(t)\mathcal{U}$ も連結である. これより, $U_1 \cap S(t)\mathcal{U} \neq \emptyset$, $U_2 \cap S(t)\mathcal{U} \neq \emptyset$ であり, かつ $U_1 \cup U_2$ は $S(t)\mathcal{U}$ を被覆しないことがわかる. よって, 任意の $t > 0$ に対して $u_t \in S(t)\mathcal{U}$ かつ $u_t \notin U_1 \cup U_2$ となるものが存在する. $t = n \ (n = 1, 2, \cdots)$ とすれば, 仮定より部分列 u_{n_k} および $u \in \mathcal{A}$ で
$$u_{n_k} \to u \qquad (k \to \infty)$$
となるものが存在する. $U_1 \cup U_2$ は開集合なので $u \notin U_1 \cup U_2$ となりこれは矛盾である. よって $\mathcal{A}$ は連結である. ∎

4.4.3　例: Lorenz 方程式

常微分方程式の例として Lorenz 方程式 (4.1) を取り上げよう．目標は極大アトラクターの存在である．

$H = \mathbb{R}^3$ とする．

$$N(t) = x(t)^2 + y(t)^2 + (z(t) - R - \sigma)^2$$

とおいて $N(t)$ の時間発展を計算すると

$$\frac{1}{2}\frac{d}{dt}N(t) = x\dot{x} + y\dot{y} + (z - R - \sigma)\dot{z}$$
$$= -\sigma x^2 - y^2 - b(z - R - \sigma)^2 - b(R + \sigma)(z - R - \sigma)$$
$$\leq -\sigma x^2 - y^2 - \frac{b}{2}(z - R - \sigma)^2 + \frac{b}{2}(R + \sigma)^2$$

を得る．ただし上では，不等式 $2\alpha\beta \leq \alpha^2 + \beta^2$ $(\alpha, \beta \in \mathbb{R})$ を用いた．これより，$\gamma = \min\{1, b/2, \sigma\}$ とおくと

$$\frac{d}{dt}N(t) \leq -2\gamma N(t) + b(R + \sigma)^2$$

$$N(t) \leq N(0)e^{-2\gamma t} + \frac{b(R + \sigma)^2}{2\gamma}(1 - e^{-2\gamma t})$$

$$\limsup_{t \to \infty} N(t) \leq \frac{b(R + \sigma)^2}{2\gamma}$$

となることがわかる．よって例えば，$\rho_0 = \sqrt{\frac{b}{\gamma}}(R + \sigma)$ とし

$$\mathcal{B} = \{(x, y, z) \in H \,|\, x^2 + y^2 + (z - R - \sigma)^2 < \rho_0^2\} \tag{4.29}$$

とおくと，$\mathcal{B}$ は吸引集合となる．実際，$H = \mathbb{R}^3$ の任意の有界集合 B に対して

$$B \subset \{(x, y, z) \in H \,|\, x^2 + y^2 + (z - R - \sigma)^2 < \rho^2\}$$

となる ρ $(> \rho_0)$ を選べば

$$t(\rho) = \frac{1}{2\gamma}\log\frac{2\rho^2 - \rho_0^2}{\rho_0^2}$$

とすれば，$t \geq t(\rho)$ に対して $S(t)B \subset \mathcal{B}$ となるからである．ここで $S(t)$ は，Lorenz 方程式 (4.1) の解作用素として定められる半群を表す．

よって，定理 4.4 を適用すれば，Lorenz 方程式 (4.1) は有界な極大アトラクターをもつことがわかる．

例 4.4 で調べた，Lorenz 方程式の平衡点について再考しよう．1 つの平衡点である原点 $(x, y, z) = (0, 0, 0)$ は，$0 < R < 1$ のとき安定であり，$R > 1$ のとき 2 次元の安定多様体と 1 次元の不安定多様体をもつ．また，$R > 1$ のときに現れる別の平衡点 $(\pm\sqrt{b(R-1)}, \pm\sqrt{b(R-1)}, R-1)$ については，$\sigma > 1 + b$ の仮定のもと，$1 < R < \sigma(\sigma+b+3)/(\sigma-b-1)$ のとき安定であった．$R > \sigma(\sigma+b+3)/(\sigma-b-1)$ のときは，それぞれが 1 次元の安定多様体と 2 次元の不安定多様体をもつ．極大アトラクターは，平衡点とこれら不安定多様体とから成る．

4.4.4 例: 非線形偏微分方程式

非線形偏微分方程式のアトラクターの存在を示すことは，一般にはそれぞれ個別の方程式に関しての独立した研究課題となっている場合が多い．ここでは，反応拡散方程式と Navier-Stokes 方程式についての知られている結果を証明なしに述べるに留める．

まず，実数値の反応拡散方程式 (4.2) について考察しよう．やはり $\Omega \subset \mathbb{R}^n$ を有界領域とし，$\partial\Omega$ を Ω の境界とする．以下で $L^p(\Omega)$ $(p \geq 1)$ は，領域 Ω の上で定められた p 乗可積分な可測関数の集合である．関数空間についての基本的な事項に関しては，例えば吉田[35]を参照のこと．

非線形項 f は奇数次の多項式であり，最高次の係数は負であるとする．すなわち

$$f(u) = \sum_{k=0}^{2p-1} a_k u^k \qquad (a_i \in \mathbb{R} \ (i = 1, 2, \cdots, 2p-1), a_{2p-1} < 0) \tag{4.30}$$

とする．また，境界条件は Dirichlet 境界条件 (4.3) を仮定する．関数空間は $H = L^2(\Omega)$ とする．

このとき次の定理が成り立つ (R. Temam[32], Theorem III.1.1, p.82 参照)．

定理 4.5 反応拡散方程式 (4.2), (4.30), (4.3) は，任意の初期値 $u_0 \in H$ に対して一意な解 $u = u(t)$ が存在し，任意の $T > 0$ について

$$u \in L^2((0, T); H_0^1(\Omega)) \cap L^{2p}((0, T); L^{2p}(\Omega)),$$

および $u \in C(\mathbb{R}^+; H)$ が成り立つ．

さらに，対応する解作用素による半群は，連結かつコンパクトな極大アトラクター $\mathcal{A}$ をもつ．$\mathcal{A}$ は H の任意の有界集合を引き付ける．すなわち $\mathcal{A}$ の吸引領域は H 全体である．

上で Sobolev 空間 (1.1.3 項参照)$H_0^1(\Omega)$ は，$u \in L^2(\Omega)$ かつ u の一般化された導関数も $L^2(\Omega)$ に属し，加えて境界で 0 となる関数の集合を表す．

次に，Navier-Stokes 方程式 (4.4) の場合であるが，次元 $n = 2, 3$ により状況がおおいに異なる．$n = 3$ の場合は，もっとも扱いやすい設定のもとでも，初期値問題に対する時間大域解の存在は，現時点でも未解決である．よって以下では $n = 2$ とし，簡単な場合である周期境界条件のもとで考察する．すなわち

$$\Omega = (0, L_1) \times (0, L_2) \qquad (L_1, L_2 > 0)$$

とし，速度ベクトル $\boldsymbol{u}$ および圧力 p は 1 階偏導関数を含めて周期境界条件を満たすとする．また，Ω の境界を $\partial\Omega$ とし，$\boldsymbol{n}$ により $\partial\Omega$ の外向き単位法線ベクトルを表す．

関数空間 H は

$$H = \{\boldsymbol{u} \in L^2(\Omega)^2 \,|\, \mathrm{div}\,\boldsymbol{u} = 0, \int_\Omega \boldsymbol{u}\,dx = \boldsymbol{0}, \boldsymbol{u} \cdot \boldsymbol{n} = 0 \text{ on } \partial\Omega\}$$

とし，さらに

$$V = \left\{\boldsymbol{u} \in H \,\Big|\, \frac{\partial \boldsymbol{u}}{\partial x_i} \in H \ (i = 1, 2)\right\}$$

と定める．このとき，次の定理が知られている (R. Temam[32], Theorem III.2.1, p.106 参照)．

定理 4.6 $n = 2$ の場合の Navier-Stokes 方程式 (4.4) に対して，上記の設定に加えて，外力 $\boldsymbol{f}$ は時間に依存せず $\boldsymbol{f} \in H$ であるとする．

このとき，任意の $\boldsymbol{u}_0 \in H$ に対して $\boldsymbol{u}_0$ を初期値とする式 (4.4) の解が存在し，任意の $T > 0$ に対して

$$\boldsymbol{u} \in C((0, T]; H) \cap L^2((0, T); V)$$

を満たす．

さらに，式 (4.4) は H において連結かつコンパクトな極大アトラクター $\mathcal{A}$ をもつ．$\mathcal{A}$ は H の任意の有界集合を引き付ける．すなわち $\mathcal{A}$ の吸引領域は H 全体である．

4.4.5 アトラクターの安定性

この節の最後に,半群 $\{S(t)\}_{t\geq 0}$ にアトラクター $\mathcal{A}$ が存在し,この半群に微小な摂動が加えられ $S_\mu(t)$ となったときに,対応するアトラクター $\mathcal{A}_\mu$ がどうなるのか考察しよう.

まず設定を述べよう.半群 $S = \{S(t)\}_{t\geq 0}$ は式 (4.26) を満たし,アトラクター $\mathcal{A}$ をもち開近傍 $\mathcal{U}$ ($\supset \mathcal{A}$) を引き付けるとする.摂動系 $S_\mu = \{S_\mu(t)\}_{t\geq 0}$ は,パラメタ μ ($0 < \mu \leq \mu_0$) により定められており,式 (4.25), (4.26) を満たすとする.同じパラメタ μ に対して,H の閉部分空間の族 H_μ ($0 < \mu \leq \mu_0$) が定められ

$$S_\mu(t) : H_\mu \to H_\mu \qquad (0 < \mu \leq \mu_0,\ t \geq 0)$$

$$\bigcup_{0 < \mu \leq \mu_0} H_\mu \text{ は } H \text{ で稠密}$$

が成り立つとする.また,$\mu \to 0$ のとき作用素 S_μ は次の意味で作用素 S を近似すると仮定する.すなわち,任意の有界な閉区間 $I \subset \mathbb{R}^+ = \{x > 0\}$ に対して

$$\sup_{u \in \mathcal{U} \cap H_\mu} \sup_{t \in I} d(S_\mu(t)u, S(t)u) \to 0 \qquad (\mu \to 0) \tag{4.31}$$

とする.さらに,作用素 S_μ はアトラクター $\mathcal{A}_\mu$ ($\subset \mathcal{U}$) をもち,μ によらない開近傍 $\mathcal{V}$ に対して,$\mathcal{A}_\mu$ は $\mathcal{V} \cap H_\mu$ を引き付けるとする.

このとき,次の定理が成り立つ (R. Temam[32], Theorem I.1.2, p.27 参照).

定理 4.7 $\mu \to 0$ のとき,アトラクター $\mathcal{A}_\mu$ は式 (4.28) で与えた d に関してアトラクター $\mathcal{A}$ に収束する.すなわち

$$d(\mathcal{A}_\mu, \mathcal{A}) \to 0 \qquad (\mu \to 0)$$

が成り立つ.

(証明) $\mathcal{A}_\mu$ は S_μ に対する $\mathcal{V} \cap H_\mu$ の ω-極限集合なので,任意の $\varepsilon > 0$ に対してある $\mu(\varepsilon)$ と $\tau(\varepsilon)$ が対応し,$0 < \mu \leq \mu(\varepsilon)$ および $t \geq \tau(\varepsilon)$ ならば

$$S_\mu(t)(\mathcal{U} \cap \mathcal{V} \cap H_\mu) \subset \mathcal{U}_\varepsilon(\mathcal{A}) \tag{4.32}$$

であることを示せば証明は完了する.ここで $\mathcal{U}_\varepsilon(\mathcal{A})$ は,$\mathcal{A}$ の ε 近傍を表す.実際このとき,$\mathcal{A}_\mu = \omega(\mathcal{V} \cap H_\mu) \subset \mathcal{U}_\varepsilon(\mathcal{A})$ と d の定義より

$$d(\mathcal{A}_\mu, \mathcal{A}) \leq \varepsilon \qquad (\mu \leq \mu(\varepsilon))$$

となるからである．

そこで式 (4.32) を示そう．十分小さい $\varepsilon_0 > 0$ をとれば $\mathcal{U} \cap \mathcal{V} \supset \mathcal{U}_{\varepsilon_0}(\mathcal{A})$ とできる．必要ならば ε をさらに小さく選んで $\varepsilon < \varepsilon_0$ とし，$\mathcal{A} = \omega(\mathcal{U})$ より $\tau_0(\varepsilon)$ が対応し

$$S(t)(\mathcal{U} \cap \mathcal{V}) \subset \mathcal{U}_{\varepsilon/2}(\mathcal{A}) \qquad (t \geq \tau_0(\varepsilon))$$

となる．$I = [\tau_0(\varepsilon), 2\tau_0(\varepsilon)]$ に対して式 (4.31) を適用すれば，$\mu_0 = \mu_0(\varepsilon)$ が対応し

$$d(S_\mu(t)u, S(t)u) \leq \frac{\varepsilon}{2} \qquad (t \in I, \, 0 < \mu \leq \mu_0(\varepsilon), \, u \in \mathcal{U} \cap \mathcal{V} \cap H_\mu)$$

が成り立つ．これは，$0 < \mu \leq \mu_0(\varepsilon)$，$t \in I$ に対して式 (4.32) が成り立つことを示している．

以下，帰納法により $0 < \mu \leq \mu_0(\varepsilon)$ のとき $t \geq \tau_0(\varepsilon)$ に対して式 (4.32) が成り立つことを確かめよう．$t \in [\tau_0(\varepsilon), n\tau_0(\varepsilon)]$ に対しては式 (4.32) が成立していると仮定し，$t \in [n\tau_0(\varepsilon), (n+1)\tau_0(\varepsilon)]$ に対しても成り立つことを示そう．$t \in [n\tau_0(\varepsilon), (n+1)\tau_0(\varepsilon)]$ を $t = (n-1)\tau_0(\varepsilon) + \tau$ $(\tau \in [\tau_0(\varepsilon), 2\tau_0(\varepsilon)])$ と表すと，$u \in \mathcal{U} \cap \mathcal{V} \cap H_\mu$ $(0 < \mu \leq \mu_0(\varepsilon))$ について，帰納法の仮定より

$$S_\mu(t)u = S_\mu(\tau)S_\mu((n-1)\tau_0(\varepsilon))u \in S_\mu(\tau)\mathcal{U}_\varepsilon(\mathcal{A})$$

となる．$\mathcal{U}_\varepsilon(\mathcal{A}) \subset \mathcal{U}_{\varepsilon_0}(\mathcal{A}) \subset \mathcal{U} \cap \mathcal{V}$ であり，$\tau \in [\tau_0(\varepsilon), 2\tau_0(\varepsilon)]$ について式 (4.32) は成り立つから，まとめると

$$S_\mu(t)u \in S_\mu(\tau)(\mathcal{U} \cap \mathcal{V} \cap H_\mu) \subset \mathcal{U}_\varepsilon(\mathcal{A})$$

が得られ，帰納法が完成した． ∎

4.5 カオス

非線形現象の1つのキーワードである**カオス** (chaos) は，一般には秩序のない状態を意味するものと考えられている．実際，カオスは混沌とも訳され，それは未分化の総合態というような意味である．ところが一方で，カオスにはさまざまな秩序構造のあることが明らかになってきている．この節では，このようなカオスの研究の，歴史的な事項も含めて基本的な内容を取り上げる．さらに，カオスを判定するための種々の次元について解説する．ここで取り上げなかった事項を含め，さらに詳しい内容については，例えば，山口[33]，金子・津田[29]，R.L. Devaney[27]，C. Robinson[31]を参照して欲しい．

4.5.1 Li-Yorkeの定理

1975年に American Mathematical Monthly 誌 82 巻 pp.985–992 に発表された T.Y. Li と J.A. Yorke による論文は，カオスという用語が数学で用いられた，おそらく最初の部類に属する著名な論文である．その Li-Yorke の定理から始めよう．これは，今まで考察してきた微分方程式の定める連続力学系とは異なり，写像の反復による離散力学系に関する内容である．

$I = [0,1]$ を $\mathbb{R}$ の閉区間とし，f を I から I への連続関数とする．任意の $x_0 \in I$ に対して，I の列 $\{x_n\}_{n=0,1,2,\cdots}$ を

$$x_{n+1} = f(x_n) \qquad (n = 0, 1, 2, \cdots) \tag{4.33}$$

により帰納的に定める．$\{x_n\}$ を x_0 の f による**軌道**，あるいは単に軌道とよぶ．例えば

$$x_2 = f(x_1) = f(f(x_0)) = (f \circ f)(x_0) = f^2(x_0),$$
$$x_3 = f(x_2) = (f \circ f \circ f)(x_0) = f^3(x_0),$$
$$\cdots\cdots\cdots$$

であり，一般に $x_n = f^n(x_0)$ により $f^n : I \to I$ を定める．微分方程式により定められる力学系にならって，このような関数の反復による系を**離散力学系**とよぶ．

平衡点 x_* とは，前と同様に $f(x_*) = x_*$ を満たす点 $x_* \in I$ のことである．また，自然数 k に対して **k-周期点** (periodic point) とは

$$x_i \neq x_j \quad (0 \leq i < j < k), \quad x_k = x_0$$

を満たす点 x_j ($j = 0, 1, \cdots, k$) のことである．

以上の準備のもと，次の定理が成立する．

定理 4.8 (Li-Yorke の定理) f を $I = [0,1] \subset \mathbb{R}$ の上の連続関数とし，式 (4.33) により定められる離散力学系を考える．

ある $a, b, c, d \in I$ に対して，次の条件が満たされているとする．

$$\begin{aligned} d \leq a < b < c \\ b = f(a),\ c = f(b),\ d = f(c) \end{aligned} \tag{4.34}$$

このとき，以下の (i), (ii), (iii) が成立する．

(i) 任意の自然数 k に対して，k-周期点が存在する．

(ii) I の非可算部分集合 S が存在し，$x, y \in S$ $(x \neq y)$ ならば

$$\begin{aligned} \limsup_{n\to\infty} |f^n(x) - f^n(y)| &> 0 \\ \liminf_{n\to\infty} |f^n(x) - f^n(y)| &= 0 \end{aligned} \quad (4.35)$$

が成り立つ．

(iii) $x \in S$，および任意の自然数 k に対して $y \in I$ を k-周期点とするとき，この x, y に対して上の式 (4.35) が成り立つ．

上の (i), (ii), (iii) の性質を，Li-Yorke はカオスとよんだ．特に (ii) から次の事実もわかる．軌道が別個の振舞いをするようになる任意に近接した 2 点が存在する．実際，$x, y \in S$ を選び

$$\limsup_{n\to\infty} |f^n(x) - f^n(y)| \geq \delta > 0$$

とする．任意の $0 < \varepsilon \ (< \delta)$ に対して

$$0 < |f^{n_\varepsilon}(x) - f^{n_\varepsilon}(y)| < \varepsilon$$

となる n_ε をとり，あらためて $x_\varepsilon = f^{n_\varepsilon}(x)$, $y_\varepsilon = f^{n_\varepsilon}(y)$ とおくと，2 つの軌道 $\{f^n(x_\varepsilon)\}$, $\{f^n(y_\varepsilon)\}$ は

$$|x_\varepsilon - y_\varepsilon| < \varepsilon, \quad \limsup_{n\to\infty} |f^n(x_\varepsilon) - f^n(y_\varepsilon)| \geq \delta$$

を満たすからである．

Li-Yorke の定理の証明はまったく初等的である．是非とも原論文にあたってみて欲しい．

さて，Li-Yorke の定理の仮定 (4.34) は，特に $a = d$ のときに 3-周期点の存在を仮定していると捉えることができる．しかし，実は 3-周期点の存在は一般的ではない．ここでは取り上げなかったが，3-周期点が存在すれば任意の周期の周期点が存在する，という Sarkovskii (サルコフスキ) の定理はよく知られている (例えば，R.L. Devaney[27], §1.10 参照)．また，簡単な例として次の離散力学系を考えよう．

やはり $I = [0, 1] \subset \mathbb{R}$ とし，パラメタ $0 < a \leq 4$ に対して $f_a : I \to I$ を

$$f_a(x) = ax(1-x) \quad (4.36)$$

と定める．f_a は上に凸な 2 次関数であり $f_a(0) = f_a(1) = 0$，また，$x = 1/2$ で最大となり $f_a(1/2) = a/4$ である．$x_0 \in I$ に対して，式 (4.36) により定められる離散力学系

$$x_{n+1} = f_a(x_n) \qquad (n = 0, 1, 2, \cdots)$$

が，パラメタ a によりどのように変化するのか考察するのである．

まず平衡点は，$f_a(x) = x$ を解いて $x = 0, 1 - 1/a$ である．後者は $a \geq 1$ のときに I に属する．

以下，いくつかの場合に分けて考えよう．

(1) $0 < a < 1$ のとき．

このときは，すべての初期値 $x_0 \in I$ に対して $x_n \to 0 \; (n \to \infty)$ となる．実際，

$$x_n = ax_{n-1}(1 - x_{n-1}) \leq ax_{n-1} \leq \cdots \leq a^n x_0 \to 0 \qquad (n \to \infty)$$

となるからである．

(2) $1 \leq a \leq 2$ のとき．

このとき，平衡点 $x = 0$ 以外のすべての軌道は，平衡点 $x = 1 - 1/a$ に収束する．

(3) $2 < a \leq 3$ のとき．

このとき，平衡点 $x = 0$ 以外のすべての軌道は，振動しながら平衡点 $x = 1 - 1/a$ に収束する．

(4) $3 < a \leq 1 + \sqrt{6}$ のとき．

このとき，平衡点以外の軌道は，2-周期軌道に近づく．

例 4.14 f_a の 2-周期軌道が存在するような a の範囲を，実際に計算で求めよう．すなわち，$f_a^2(x) = x$ を，あるいは書き下せば

$$a(ax(1-x))(1 - ax(1-x)) = x$$

を解いてみよう．これは因数分解できて

$$x(ax - a + 1)\{a^2 x^2 - a(a+1)x + a + 1\} = 0$$

となる．平衡点以外の解をもつためには，判別式

$$a^2(a+1)^2 - 4a^2(a+1) > 0$$

であるので，$a < -1$ あるいは $a > 3$ を得る．このとき，2-周期点 $x_\pm$ は

である．また，$a = 1 + \sqrt{6}$ は

$$|(f_a^2)'(x_\pm)| = 1 \quad 今の場合 \quad f_a'(f_a(x_\pm))f_a'(x_\pm) = -1$$

より求められることを注意しておこう．

容易に想像されるように，反復の回数が増えれば，計算はますます面倒になり，手計算ではほぼ不可能となる． ◁

(5) $1 + \sqrt{6} < a \le 4$ のとき．

このとき，$a_2 < a_3 < \cdots < a_n < \cdots$ という単調増加列があり，$1 + \sqrt{6} < a \le a_2$ では 2^2-軌道に漸近し，$a_2 < a \le a_3$ では 2^3-周期軌道に漸近し，$a_3 < a \le a_4$ では 2^4-周期軌道に漸近し，以下同様に，$a_n < a \le a_{n+1}$ では 2^{n+1}-周期軌道に漸近する．このパラメタ a による分岐は**周期倍型分岐** (period-doubling bifurcation) とよばれる分岐である．a_n は，$a_\infty = \lim_{n \to \infty} a_n = 3.57\cdots$ と収束するが，この a_∞ が無理数かどうかは未解決問題である．

$a_\infty < a \le 4$ のときは，カオスとよぶに値する状況であるとみなされている．

このように，2-周期，2^2-周期，2^3-周期，$\cdots$ と 2^n-周期が次々に分岐してくる状況は，カオスが現れる場合の 1 つの重要な道すじであると考えられている．

4.5.2　カオスとは何か

離散力学系のカオスを考察してきたが，そもそもカオスとは何であろうか．

実は，カオスの定義は有力なものでもいくつか微妙に異なるものが知られている．解軌道が複雑な振舞いをすることはカオスの条件の 1 つとしてほぼ共通に考えられているが，他にもいくつかの特徴が認められている．その 1 つとして，決定論的なカオスの最初の発見とみなされている Lorenz 方程式 (4.1) をもう一度振り返ってみよう．

アメリカの気象学者 Lorenz は，1961 年のある日，気象変化の方程式を計算機で検算していた．先にあげた Lorenz 方程式 (4.1) より複雑な方程式であったようだが，ともあれ，初期値を 5000 分の 1 程度異なった値で計算させ，1 時間ほど席を外した．帰ってきてみると，まったく異なる計算結果になっていることを発見

した．すなわち，解は初期値に敏感に反応したのである．これを，**初期値鋭敏性** (sensitive dependence on initial condition)，あるいは繊細な初期値依存性とよび，現在でもカオスの 1 つの特徴と考えられている．

ここで，常微分方程式論における初期値に関する解の連続性の定理を思い出した方がいるだろう．それは，例えば次のような定理である．今は簡単のため厳しい条件を課さずに述べておく．

定理 4.9 常微分方程式の初期値問題

$$\dot{\boldsymbol{x}}(t) = \boldsymbol{f}(t, \boldsymbol{x}(t)), \qquad \boldsymbol{x}(0) = \boldsymbol{x}_0$$

において，$\boldsymbol{f}$ は $\mathbb{R} \times \mathbb{R}^n$ で連続，かつ $\boldsymbol{x}$ に関して Lipschitz 連続とする．すなわち，ある $L > 0$ が存在して

$$|\boldsymbol{f}(t, \boldsymbol{x}_1) - \boldsymbol{f}(t, \boldsymbol{x}_2)| \leq L|\boldsymbol{x}_1 - \boldsymbol{x}_2| \qquad (\boldsymbol{x}_1, \boldsymbol{x}_2 \in \mathbb{R}^n)$$

が成り立つとする．よって特に，一意解 $\boldsymbol{x} = \boldsymbol{x}(t; \boldsymbol{x}_0)$ がすべての $t \in \mathbb{R}$ について存在する．

このとき，解 $\boldsymbol{x} = \boldsymbol{x}(t; \boldsymbol{x}_0)$ は初期値 $\boldsymbol{x}_0$ に関して連続である．すなわち，任意の 0 を含む有界区間 I および $\varepsilon > 0$ に対して，$\delta > 0$ が対応し

$$|\boldsymbol{x}_0 - \boldsymbol{x}_1| < \delta \quad \text{ならば} \quad \sup_{t \in I} |\boldsymbol{x}(t; \boldsymbol{x}_0) - \boldsymbol{x}(t; \boldsymbol{x}_1)| < \varepsilon$$

が成り立つ．

上の定理では，I の有界性が重要である．というのは，カオスが対象とするのは $t \to \infty$ における振舞いだからである．I が有界でない場合は，微小に異なる 2 つの初期値 $\boldsymbol{x}_0, \boldsymbol{x}_1$ に対しても

$$\lim_{t \to \infty} |\boldsymbol{x}(t; \boldsymbol{x}_0) - \boldsymbol{x}(t; \boldsymbol{x}_1)| = \infty$$

の可能性があるからである．つまり，初期値に関する極限操作 $\boldsymbol{x}_1 \to \boldsymbol{x}_0$ と，$t \to \infty$ の極限操作は交換可能でない．初期値鋭敏性は，カオスを特徴付ける概念としてやはり有効なものである．Li-Yorke のカオスにおいても，この性質が成り立っていることは先に見た．

もう 1 つ注意を述べておこう．Lorenz 方程式 (4.1) が 3 成分，3 次元の方程式であるのは偶然ではない．2 次元の自励系常微分方程式であれば，次の Poincaré-Bendixson の定理が成立し，複雑な解の振舞いはあり得ないからである．

定理 4.10 (Poincaré-Bendixson の定理) 2 次元での常微分方程式 $\dot{\boldsymbol{x}} = \boldsymbol{f}(\boldsymbol{x})$ には吸引集合 $\mathcal{B}$ が存在すると仮定する．もし $\mathcal{B}$ に平衡点が存在しないならば，$\boldsymbol{x}_0 \in \mathcal{B}$ の ω-極限集合は周期軌道である．

次では，カオスを判定するために用いられるさまざまな次元について考察しよう．

4.5.3　Hausdorff 次元・フラクタル次元

直線は 1 次元，平面は 2 次元のように，通常の集合は自然数の次元をもつ．一方，後述の Cantor 集合 (例 4.16 参照) のように，複雑な構造を有する集合には一般に非自然数の次元のものがある．逆に，非自然数の次元ならば複雑な構造を有しているとみなすことができる．そこで，カオスであるかどうかを判定する 1 つの指標としてではあるが，非自然数の場合を許すいくつかの次元が用いられている．

まず，**Hausdorff 次元**と**フラクタル次元** (fractal dimension) から始めよう．K を n 次元 Euclid 空間における有界な閉集合とする．$\delta > 0$ を任意にとり，K を半径が δ 以下の有限個の開球で覆うことを考えよう．すなわち

$$K \subset \bigcup_{j=1}^{k} B_{r_j}, \quad r_j \leq \delta, \quad k \in \mathbb{N}$$

とする．ここで，B_{r_j} は半径が r_j の n 次元球を表す．K の覆い方は 1 通りではない．$d > 0$ が与えられたとき，K の覆い方の中で d 次元体積の小さいものに興味がある．そこで

$$\mu_{d,\delta}(K) = \inf\left\{\sum_{j=1}^{k} r_j^d \,\middle|\, K \subset \bigcup_{j=1}^{k} B_{r_j}, r_j \leq \delta, k \in \mathbb{N}\right\}$$

と定める．$\mu_{d,\delta}(K)$ は δ の単調非増大関数である．つまり，δ を大きくとればそれだけ覆い方の可能性が増すので，d 次元体積は小さくなる．よって

$$\mu_{d,\mathcal{H}}(K) = \sup_{\delta > 0} \mu_{d,\delta}(K) = \lim_{\delta \downarrow 0} \mu_{d,\delta}(K)$$

が定まる．例えば，通常の 2 次元平面 H に対して，$\mu_{3,\mathcal{H}}(H) = 0$，$\mu_{1,\mathcal{H}}(H) = \infty$ である．これから

$$\dim_{\mathcal{H}}(K) = \inf\{d > 0 \,|\, \mu_{d,\mathcal{H}}(K) = 0\}$$

が一意に定まることが知られている．この $\dim_{\mathcal{H}}(K)$ を，K の Hausdorff 次元という．もし K が，通常の直線や平面の場合は，Hausdorff 次元もそのまま通常の次元と同じ 1 次元や 2 次元を与える．

フラクタル次元の定め方は，Hausdorff 次元の定め方と少し似ている．まず

$$n_K(\delta) = \min\left\{k \in \mathbb{N} \,\middle|\, K \subset \bigcup_{j=1}^{k} B_{\delta,j}\right\}$$

とおく．$n_K(\delta)$ は，半径 δ の n 次元球 $B_{\delta,j}$ で K を覆うときに要する最小の個数を表す．$d > 0$ に対して

$$\mu_{d,\mathcal{F}}(K) = \limsup_{\delta \to 0} n_K(\delta) \cdot \delta^d$$

が定まり，Hausdorff 次元の場合と同様に，K のフラクタル次元 $\dim_{\mathcal{F}}(K)$ が

$$\dim_{\mathcal{F}}(K) = \inf\{d > 0 \,|\, \mu_{d,\mathcal{F}}(K) = 0\}$$

によって一意に定められる．別の表現では

$$\dim_{\mathcal{F}}(K) = \limsup_{\delta \to 0} \frac{\log n_K(\delta)}{\log \frac{1}{\delta}}$$

となる．

なお，上で定めたフラクタル次元は，容量次元あるいはボックスカウンティング次元ともよばれている．ここでの用語法は，R. Temam[32] に従ったことを付記しておこう．

Hausdorff 次元のほうがフラクタル次元より下限をとる集合が大きい．というのは，Hausdorff 次元の定義では半径が δ 以下の n 次元球を考え，フラクタル次元の定義では半径が δ の n 次元球を考えるからである．よってただちに

$$\dim_{\mathcal{H}}(K) \leq \dim_{\mathcal{F}}(K)$$

がわかる．等号は一般には成立しないが，それらの例はいくぶん病的である．

例 4.15

$$K = \left\{\frac{1}{k} \,\middle|\, k \in \mathbb{N} \setminus \{0\}\right\} \subset \mathbb{R}$$

とおく．

$$\delta = \delta_k = \frac{1}{4}\left(\frac{1}{k} - \frac{1}{k+1}\right) = \frac{1}{4k(k+1)}$$

とすれば，点 $1, 1/2, \cdots, 1/k$ は，半径 δ_k の異なる k 個の球で覆われねばならないので $n_K(\delta_k) \geq k$ であり，よって $\dim_\mathcal{F}(K) \geq 1/2$ がわかる．

一方，K は可算集合なので $\dim_\mathcal{H}(K) = 0$ である． $\triangleleft$

実際に非自然数次元をもつ集合として，次の **Cantor 集合**はよく知られている．

例 4.16 $I = [0, 1] \subset \mathbb{R}$ を 1 次元閉区間とする．まず，I を 3 等分し，その中央の開区間 $A_1 = (1/3, 2/3)$ を取り除く．

$$C_1 = \left[0, \frac{1}{3}\right] \cup \left[\frac{2}{3}, 1\right]$$

が残る．C_1 の 2 つの閉区間をそれぞれ 3 等分し，それぞれの中央の開区間 $A_2 = (1/3^2, 2/3^2) \cup (7/3^2, 8/3^2)$ を取り除く．

$$C_2 = \left[0, \frac{1}{3^2}\right] \cup \left[\frac{2}{3^2}, \frac{1}{3}\right] \cup \left[\frac{2}{3}, \frac{7}{3^2}\right] \cup \left[\frac{8}{3^2}, 1\right]$$

が残る．C_2 の 4 つの開区間をそれぞれ 3 等分し，それぞれの中央の開区間の和 A_3 を取り除き C_3 が残る．以下同様に繰り返し

$$C = \bigcap_{k=1}^{\infty} C_k$$

とおく．この C を Cantor 集合という．C の 1 次元測度は，除かれる測度を考えて計算すると

$$1 - \sum_{k=1}^{\infty} \frac{2^{k-1}}{3^k} = 1 - \frac{1}{3}\frac{1}{1-\frac{2}{3}} = 1 - 1 = 0$$

である．

一般に C_k は，長さ $1/3^k$ の区間の 2^k 個の和である．よってフラクタル次元の定義において，$\delta = 1/3^k$ とすれば $n_C(\delta) = 2^k$ なので

$$\dim_\mathcal{F}(C) = \limsup_{k \to \infty} \frac{\log 2^k}{\log 3^k} = \frac{\log 2}{\log 3}$$

となることがわかる．これは Hausdorff 次元とも等しいことが示される．

もし I を 4 等分し，その中央の 2 つの開区間の和 $A_1' = (1/4, 3/4)$ を取り除くとすれば

$$C_1' = \left[0, \frac{1}{4}\right] \cup \left[\frac{3}{4}, 1\right]$$

が残る．C_1' の 2 つの閉区間をそれぞれ 4 等分し，それぞれの中央の 2 つの開区間の和 $A_2' = (1/4^2, 3/4^2) \cup (13/4^2, 15/4^2)$ を取り除くとすれば

$$C_2' = \left[0, \frac{1}{4^2}\right] \cup \left[\frac{3}{4^2}, \frac{1}{4}\right] \cup \left[\frac{3}{4}, \frac{13}{4^2}\right] \cup \left[\frac{15}{4^2}, 1\right]$$

が残る．以下同様に繰り返し

$$C' = \bigcap_{k=1}^{\infty} C_k'$$

とおくと C' も Cantor 集合の一種である．この場合も 1 次元測度は 0 であり，次元は

$$\dim_{\mathcal{F}}(C') = \dim_{\mathcal{H}}(C') = \frac{1}{2}$$

であることが示される． ◁

4.5.4 Lyapunov 次元

Hausdorff 次元やフラクタル次元は，定義からも想像できるように，数学としての概念であり，Lorenz 方程式 (4.1) のアトラクターのような，微分方程式由来の対象には応用が難しいようである．そこで，解軌道の特徴を表す Lyapunov (リャプノフ) 数 (あるいは Lyapunov 指数) を用いた Lyapunov 次元を導入しよう．特に，最大 Lyapunov 数は，初期値鋭敏性を特徴付ける量として知られており，カオスの判定に広く用いられている．

一般に，散逸系非線形偏微分方程式のアトラクターに関して定義可能であるが，簡単のために，常微分方程式系 (4.7) を例にとろう．式 (4.7) には吸引集合 $\mathcal{B}$ が存在すると仮定する．初期値が $\boldsymbol{x}_0 \ (\in \mathcal{B})$ である解を $\boldsymbol{x}(t) = \boldsymbol{x}(t; \boldsymbol{x}_0)$ と表す．解 $\boldsymbol{x}(t; \boldsymbol{x}_0)$ の初期値 $\boldsymbol{x}_0$ に関する微分 $\mathrm{D}_{\boldsymbol{x}_0}\boldsymbol{x}(t; \boldsymbol{x}_0)$ は $n \times n$ 行列であり，対称行列 ${}^t(\mathrm{D}_{\boldsymbol{x}_0}\boldsymbol{x}(t; \boldsymbol{x}_0)) \cdot \mathrm{D}_{\boldsymbol{x}_0}\boldsymbol{x}(t; \boldsymbol{x}_0)$ の固有値を，大きい順に $m_1(t; \boldsymbol{x}_0) \geq m_2(t; \boldsymbol{x}_0) \geq \cdots \geq m_n(t; \boldsymbol{x}_0) \geq 0$ とする．$1 \leq k \leq n$ に対して

$$P_k(t) = \sup_{\boldsymbol{x}_0 \in \mathcal{B}} \sqrt{\prod_{j=1}^{k} m_j(t; \boldsymbol{x}_0)}$$

および

$$\mu_1 + \mu_2 + \cdots + \mu_k = \limsup_{t \to \infty} \frac{\log P_k(t)}{t}$$

を，上から順々に $\mu_1 \geq \mu_2 \geq \cdots \geq \mu_n$ と定める．この μ_k $(k = 1, 2, \cdots, n)$ を **Lyapunov 数**とよぶ．

もし，常微分方程式系 (4.7) が線形系 (4.8) ならば，Lyapunov 数は係数行列 A の固有値の実部を，上から順に並べたものにほかならないことがわかる．

非線形常微分方程式系 (4.7) のアトラクター $\mathcal{A} = \omega(\mathcal{B})$ に対する Lyapunov 次元 $\dim_{\mathcal{L}}(\mathcal{A})$ とは，Lyapunov 数により次のように定められる．k を，$\mu_1 + \mu_2 + \cdots + \mu_k + \mu_{k+1} < 0$ となる最小の自然数とする．吸収集合の存在から，$k \leq n-1$ が定まることがわかる．このとき，$\mu_1 + \mu_2 + \cdots + \mu_k \geq 0$, $\mu_{k+1} < 0$ に注意して

$$\dim_{\mathcal{L}}(\mathcal{A}) = k + \frac{\mu_1 + \mu_2 + \cdots + \mu_k}{|\mu_{k+1}|} \tag{4.37}$$

と定め，$\mathcal{A}$ の **Lyapunov 次元**とよぶ．

Lyapunov 数は軌道の伸縮の度合を表す統計的な量であり，アトラクターの複雑さは軌道の伸縮の度合に依存するから，Lyapunov 次元の定義式 (4.37) は，その間の関係を示していると解釈できるだろう．Hausdorff 次元との関係では

$$\dim_{\mathcal{H}}(\mathcal{A}) \leq \dim_{\mathcal{L}}(\mathcal{A})$$

が成り立つことが示されている (R. Temam[32], Remark III.3.5, p.289 参照)．

例 4.17 Lorenz アトラクター $\mathcal{A}$ の Lyapunov 次元 $\dim_{\mathcal{L}}(\mathcal{A})$ を評価しよう．上からの評価を与えるのである．

Lorenz 方程式 (4.1) の，初期値 $\boldsymbol{x}_0$ を吸引集合 $\mathcal{B}$ (式 (4.29) 参照) にとる解 $\boldsymbol{x}(t) = \boldsymbol{x}(t; \boldsymbol{x}_0) = (x(t), y(t), z(t))$ に対して，$\boldsymbol{x}_0$ に関する微分 $\mathrm{D}_{\boldsymbol{x}_0}\boldsymbol{x}(t; \boldsymbol{x}_0)$ は

$$\frac{d}{dt} \mathrm{D}_{\boldsymbol{x}_0}\boldsymbol{x}(t; \boldsymbol{x}_0) = L(t) \cdot \mathrm{D}_{\boldsymbol{x}_0}\boldsymbol{x}(t; \boldsymbol{x}_0)$$

を満たす．ただし，$L(t)$ は式 (4.1) の線形化行列

$$L(t) = \begin{pmatrix} -\sigma & \sigma & 0 \\ R - z(t) & -1 & -x(t) \\ y(t) & x(t) & -b \end{pmatrix}$$

である．これより

$$\mathrm{D}_{\boldsymbol{x}_0}\boldsymbol{x}(t; \boldsymbol{x}_0) = \exp\left(\int_0^t L(s)ds\right) \mathrm{D}_{\boldsymbol{x}_0}\boldsymbol{x}(0; \boldsymbol{x}_0) = \exp\left(\int_0^t L(s)ds\right)$$

となり，定義に従って計算すると

$$\sup_{\boldsymbol{x}_0 \in \mathcal{A}} \prod_{k=1}^{3} m_k(t; \boldsymbol{x}_0) = \sup_{\boldsymbol{x}_0 \in \mathcal{A}} \det({}^t\mathrm{D}_{\boldsymbol{x}_0}\boldsymbol{x}(t; \boldsymbol{x}_0) \cdot \mathrm{D}_{\boldsymbol{x}_0}\boldsymbol{x}(t; \boldsymbol{x}_0))$$

$$= \det\left(\exp\left(\int_0^t (L(s) + {}^t L(s))ds\right)\right)$$

$$= \exp\left(2\int_0^t \mathrm{Tr}L(s)ds\right) = e^{-2(1+b+\sigma)t}$$

を得る．すなわち

$$\mu_1 + \mu_2 + \mu_3 = -(1+b+\sigma) < 0$$

となる．

次に，Lyapunov 次元 (4.37) の上限を評価するには，$\mu_1 + \mu_2 = M\ (\geq 0)$ と仮定すれば，$-\mu_3 = 1 + b + \sigma + M\ (> 0)$ なので

$$\dim_{\mathcal{L}}(\mathcal{A}) \leq 2 + \frac{M}{1+b+\sigma+M}$$

となり，M の上限を評価すればよいことに注意する．そこで $\boldsymbol{v}_i(t) \in \mathbb{R}^3\ (i=1,2)$ を，微分方程式

$$\frac{d}{dt}\boldsymbol{v}_i(t) = S(t)\boldsymbol{v}_i(t), \quad S(t) = \frac{1}{2}(L(t) + {}^t L(t)) \qquad (i=1,2)$$

$$\boldsymbol{v}_i(0) = \boldsymbol{v}_{i0} \in \mathbb{R}^3$$

の解とし，ある $\alpha > 0$ に対して

$$|(\boldsymbol{v}_1 \times \boldsymbol{v}_2)(t)| \leq e^{\alpha t}|\boldsymbol{v}_{10} \times \boldsymbol{v}_{20}|$$

が成り立つとすれば，$\mu_1 + \mu_2 \leq \alpha$ であることを用いる．ここで，$\times$ は外積を表す．最初から $L(t)$ を対称化して $S(t)$ としても可であることは，上の $\prod_{k=1}^{3} m_k(t; \boldsymbol{x}_0)$ の計算からわかる．

さて，$(\boldsymbol{v}_1 \times \boldsymbol{v}_2)(t)$ を

$$(\boldsymbol{v}_1 \times \boldsymbol{v}_2)(t) = c_1(t)(\boldsymbol{e}_2 \times \boldsymbol{e}_3) + c_2(t)(\boldsymbol{e}_3 \times \boldsymbol{e}_1) + c_3(t)(\boldsymbol{e}_1 \times \boldsymbol{e}_2)$$

と展開すれば

$$\frac{d}{dt}\begin{pmatrix} c_1(t) \\ c_2(t) \\ c_3(t) \end{pmatrix} = \begin{pmatrix} S_{22}+S_{33} & -S_{21} & -S_{31} \\ -S_{12} & S_{33}+S_{11} & -S_{32} \\ -S_{13} & -S_{23} & S_{11}+S_{22} \end{pmatrix}\begin{pmatrix} c_1(t) \\ c_2(t) \\ c_3(t) \end{pmatrix}$$

が導かれる．ただし，e_i $(i=1,2,3)$ は $\mathbb{R}^3$ の標準単位ベクトルを表し，$S(t) = (S(t)_{ij})_{1\leq i,j\leq 3}$ と成分表示した．具体的に書いておくと

$$\frac{d}{dt}\begin{pmatrix}c_1(t)\\c_2(t)\\c_3(t)\end{pmatrix} = -\begin{pmatrix}1+b & \frac{1}{2}(R+\sigma-z(t)) & \frac{1}{2}y(t)\\ \frac{1}{2}(R+\sigma-z(t)) & b+\sigma & 0\\ \frac{1}{2}y(t) & 0 & 1+\sigma\end{pmatrix}\begin{pmatrix}c_1(t)\\c_2(t)\\c_3(t)\end{pmatrix} \quad (4.38)$$

となる．吸引集合の評価 (4.29) があるので，式 (4.38) より，$|(\boldsymbol{v}_1\times\boldsymbol{v}_2)(t)|^2 = c_1(t)^2 + c_2(t)^2 + c_3(t)^2$ の評価を導くことはむしろ容易である．

結果は，$\sigma=10$, $R=28$, $b=8/3$ のときの解析的な評価は $\dim_{\mathcal{L}}(\mathcal{A})\leq 2.41\cdots$ となる．数値計算では $\dim_{\mathcal{L}}(\mathcal{A})=2.06\cdots$ が得られるので，アトラクターの解析的な次元評価そのものは，あまり精度が良くない． ◁

5 非線形波動・ソリトン

　非線形波動は水面波やプラズマ中の電磁波などさまざまな系に見られ，物理的に重要な役割を果たしている．その挙動を記述する非線形の微分方程式は一般に解析的に解くことは困難であるが，その中で可解な一群の方程式が存在する．例えばさまざまな 1 次元非線形波動を記述する KdV 方程式が代表的であるが，本章ではこれら非線形方程式の解法と，その解——ソリトン——について説明する．そしてソリトン理論の発展と応用として，方程式の階層 (ヒエラルキー) や超離散法等についても述べる．

5.1 はじめに

5.1.1 ソリトン小史

　線形の微分方程式には，重ね合わせの原理という「マスターキー」が存在する．それを利用した Fourier 変換法によって，一般に解を積分表示することが可能である．しかし残念ながらこの強力な原理が成り立たないのが非線形の世界である．非線形微分方程式の研究はこれまで研究者のひらめきによって進展してきたといえるだろう．一般的な解法というものがないため，個別の方程式ごとに考え，上手い変数変換などが運よくみつかると解ける，ということの繰り返しであった．しかしそうした努力のおかげで，1980 年代までに，物理的に重要な非線形微分方程式の中で，きちんと厳密解が求められるものがさまざまな分野でたくさん発見されてきた．例えば，水の表面波や渦，弾性体の変形，プラズマ中の波動，電気回路のパルス，磁性体などの研究分野においてである．

　そうなると，今度は非線形方程式が「なぜ解けるのか」という疑問が自然に湧き上がってくる．その「解ける仕組み」が数学的に明らかになれば，その他にも解ける方程式を新しく見出せる可能性が出てくる．そこで，数学者が中心になって「可積分な非線形微分方程式」の統一的理解を目指す研究が開始され，当時京都大学の佐藤幹夫教授のグループによって 1981 年に完成したのが，いわゆる「佐藤理論」である．この理論の登場で，これまで解けていた非線形方程式がすべて

統一的な視点で整理され，またその他にも無限個の解ける方程式が新しくつくり出された．さらに具体的な厳密解の構成方法までが示され，実用的にもたいへん意義深い理論が完成したといえる．個別的に見える非線形の世界に，このような理論的な普遍性が存在すること自体がたいへんな驚きである．

この佐藤理論の完成に至るまでの経過について少し触れておこう．まず，1844年にイギリスの Scott Russell（スコット・ラッセル）が水路にて大振幅の波が崩れずに長い距離を伝播しているのを観測した．これが歴史上初めて非線形波動が報告された例といえる．その後，この波を記述する非線形微分方程式をオランダの Korteweg（コルトベーグ）と de Vries（ドフリース）の 2 人が流体の基礎方程式から 1895 年に導出した．これが今日 2 人の頭文字をとって KdV 方程式といわれているものである．ただし，フランスの Boussinesq（ブシネスク）も 1877 年に同様の方程式を導いている．その後，1965 年にアメリカの Zabusky（ザブスキー）と Kruskal（クラスカル）が当時の最先端の計算機を用いてこの KdV 方程式の数値計算を行った．そこで彼らは大振幅の波が波形や速度を変えずに伝播するのを計算機上で再現し，さらにそれらの波どうしが衝突しても崩れずに安定であることを発見した．孤立した波がまるで粒子のように振る舞うことから，その波を「孤立した」を表す英語の solitary に，粒子の表す接尾語の -on をつけてソリトン (soliton) と名付けた．ここからソリトンの研究は一気に研究者の注目を浴びて加速した．まず，1966 年に物理学者の谷内俊弥と矢嶋信男は，物理の基礎式から弱非線形近似をすることで系統的に非線形波動方程式を導出する逓減摂動法を考案した．そして 1967 年には同じく物理学者の戸田盛和が解ける非線形格子モデルを発見し，それは戸田格子とよばれるようになった．同年，ソリトン方程式の初期値問題を解く逆散乱法がアメリカの Gardner（ガードナー）らによって発見された．そして 1971 年には応用数学者の広田良吾によりソリトン方程式の厳密解をきわめて簡便に解く直接法が考案され，この発見が佐藤理論につながっていった．以上のように，ソリトン理論には日本人研究者の理論的貢献が大きいことも特徴である．

5.1.2 非線形と分散

それではソリトンとはどのような非線形構造なのかを説明しよう．そのために，まずはもっとも簡単な線形波動を表す方程式

5.1 はじめに

$$u_t + cu_x = 0 \tag{5.1}$$

から出発する．ここで c は定数とし，下付きの添え字はその変数による偏微分を表すとする．この線形方程式の一般解は，f を任意関数として

$$u = f(x - ct) \tag{5.2}$$

と書ける．この形から，解は時間とともに形を変えずに x の正の向きに速度 c で平行移動する波を表していることがわかる．

それでは，上記の c を u に変えて

$$u_t + uu_x = 0 \tag{5.3}$$

という非線形方程式を考えてみよう．これは流体力学ではお馴染みの非線形項 uu_x がついた式である．この場合，実は解も c を u に変えればよく，

$$u = f(x - ut) \tag{5.4}$$

と書くことができる．実際にこれをもとの式 (5.3) に代入すれば解であることが確認できる．しかし，この解は解くべき u の中にさらに u が入っているので，解を具体的に表示したものではなく，形式解である．それでもこの形式解からわかる重要な事実がある．それは，波の速度はもはや定数でなく u に依存する，ということである．つまり，u が大きいほど早く進むので，いつかは波が突っ立ってしまうことになり，非線形効果は波の急峻化をもたらすといえる (図 5.1)．そしてさらに時間が経過すれば，ある x に対して u が一意に決まらず，多価性を示す特異解になってしまう．物理的にはこれが波の砕波に関係している．

それでは次に，高階の線形偏微分項は時間発展に対してどのような効果があるのかを調べてみよう．まず，もっとも簡単な

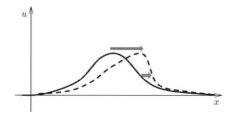

図 **5.1** 非線形方程式 (5.3) の性質．速度が振幅 u に依存しているため，大きな u の部分が早く進み，波が突っ立つようになる．

$$u_t = u_{xx} \tag{5.5}$$

を考える．これは熱伝導方程式，あるいは拡散方程式といわれているものである．その名前が示すとおり，初期に与えた u は時間とともに減衰して広がっていく．このような線形方程式の場合，Fourier 変換がもっとも強力であり，Fourier モードを 1 つ取り出して考えるとわかりやすい．したがって解を

$$u = \exp(ikx - i\omega t) \tag{5.6}$$

とおいてみよう．ただし，i は虚数単位，そして k, ω はそれぞれ波数と角振動数で，定数とする．これを式 (5.5) に代入すると

$$\omega = -ik^2 \tag{5.7}$$

を得る．この ω と k の関係を表す式を分散関係式という．これより特解は

$$u = \exp(ikx - k^2 t) \tag{5.8}$$

と求まり，これより波は時間とともに指数関数的に減衰していくことがわかる．以上の導出から明らかであるが，一般に空間の偶数 ($2n$) 階微分を含む

$$u_t = \frac{\partial^{2n}}{\partial x^{2n}} u, \quad n = 1, 2, \cdots \tag{5.9}$$

は，必ず分散関係式に虚数単位 i が残るので，その項の符号により波の減衰 (あるいは散逸ともいわれる) か増幅のどちらかをもたらすことがわかる．

それでは次に

$$u_t = u_{xxx} \tag{5.10}$$

という空間 3 階微分の方程式を考える．この解の様子も Fourier モードで見てみよう．同様に考えると

$$\omega = -k^3 \tag{5.11}$$

という分散関係式が得られるので，特解は

$$u = \exp\{ik(x + k^2 t)\} \tag{5.12}$$

である．したがって今度は時刻 t の係数に虚数単位 i が含まれているため減衰 (散逸) はしないが，その伝播速度が波数 k によって異なることがわかる．一般に波

は異なる波数の重ね合わせで表されるので，この方程式で記述される波は時間がたてばその速度差によってバラバラに分かれて伝播していく．つまり初期の波形は，しだいに波数の異なる Fourier モードに分散して崩れていくため，これを**分散効果**という．分散と散逸は混同しやすいが，この 2 つはまったく異なる性質であることに注意しよう．以上より，空間の奇数階微分を含む

$$u_t = \frac{\partial^{2n+1}}{\partial x^{2n+1}} u, \quad n = 1, 2, \cdots \tag{5.13}$$

は，一般に分散効果を表すことがわかる．

それでは以上の基本的な性質をあわせて考えてみよう．まず，非線形効果と散逸効果をもった式は式 (5.3) と式 (5.5) とをあわせて

$$u_t + u u_x = u_{xx} \tag{5.14}$$

と書くことができる．これは **Burgers** (バーガース) **方程式**といわれており，流体力学で弱い衝撃波の振舞いを記述するのに用いられている非線形方程式である．また近年では弾性論や乱流，そして交通流の理論にも登場しており，工学的にもたいへん有用な方程式である．

Burgers 方程式には，非線形項による波の急峻化と，散逸項による波の減衰の 2 つが含まれている．それゆえ，これらの効果がうまくバランスすれば，定常的な非線形構造ができることが期待される．実はそれが衝撃波に相当しており，以下のようにその厳密解を求めることができる．まず，式 (5.14) は従属変数を

$$u = -2 \frac{f_x}{f} \tag{5.15}$$

と変換すれば線形化できることが知られており，この変換は **Cole-Hopf** (コウル・ホップ) 変換とよばれている．実際，f に対する方程式は，式 (5.15) を式 (5.14) に代入して整理すると，

$$f_t = f_{xx} \tag{5.16}$$

となり，よく知られた線形の拡散方程式になる．これにより，式 (5.16) の解を式 (5.15) に代入すれば，それがもとの式 (5.14) の厳密解になっているのである．この Cole-Hopf 変換が発見されたおかげで，Burgers 方程式は線形化されて解けるようになった．そしてこの変換は後にソリトン方程式の階層を考える際にもおおいに役立つことを見るだろう．

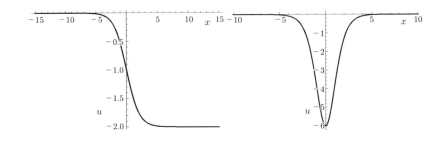

図 5.2 (a) Burgers 方程式の衝撃波解, (b) KdV 方程式の 1 ソリトン解.

 それでは Burgers 方程式の衝撃波を表す厳密解を具体的に求めよう. まず, 式 (5.16) の解として

$$f(x,t) = 1 + \exp(kx + \omega t) \tag{5.17}$$

とおく. これは, 定数 k, ω が分散関係式 $\omega = k^2$ を満たせば式 (5.16) の解になっていることがすぐにわかる. したがって式 (5.17) を式 (5.15) に代入して整理すれば, 式 (5.14) の解として

$$u = -2\frac{k \exp(kx + k^2 t)}{1 + \exp(kx + k^2 t)} = -k - k \tanh \frac{kx + k^2 t}{2} \tag{5.18}$$

を得る. これは u の値が $x = -kt$ 付近で急激に変化する衝撃波解になっている (図 5.2(a)).

 次に, 非線形効果と分散効果をもった式を考えよう. これは式 (5.3) と式 (5.10) とをあわせて

$$u_t + uu_x = u_{xxx} \tag{5.19}$$

となり, これが **KdV 方程式**である. この式には非線形項による波の急峻化と, 波の分散効果が含まれており, これもある意味でお互い逆に作用する性質といえる. つまり, ソリトンとは非線形性と分散性の微妙なつりあいの中に生まれる非線形構造なのである.

 それではこの KdV 方程式の特解を求めよう. まず解の形を限定して $u = u(x+vt)$ とおく. これは右に速度 v で平行移動する伝播解を仮定したことに相当する. このとき,

$$\frac{\partial u}{\partial t} = v \frac{\partial u}{\partial x} \tag{5.20}$$

であるので, 式 (5.19) は常微分方程式になり

$$vu_x + uu_x - u_{xxx} = 0 \tag{5.21}$$

となる．これは一度 x で積分すると，C_1 を積分定数として

$$vu + \frac{1}{2}u^2 - u_{xx} = C_1 \tag{5.22}$$

となる．さらに式 (5.22) の両辺に u_x を掛けるともう一度 x で積分でき，C_2 を積分定数として

$$\frac{1}{2}vu^2 + \frac{1}{6}u^3 - \frac{1}{2}(u_x)^2 = C_1 u + C_2 \tag{5.23}$$

を得る．式 (5.23) は変数分離形なので積分できて，その解は一般に楕円関数によって表される．ただしソリトン解の場合は積分定数 C_1, C_2 を 0 とおくことができ，この場合は簡単に積分ができて

$$u = -6A \operatorname{sech}^2 \sqrt{\frac{A}{2}}(x + 2At) \tag{5.24}$$

が得られる．ここで，$\operatorname{sech} x = 1/\cosh x$ であり，$v = 2A$ とおいた．この解の形より，ソリトンの速度と幅，振幅がお互いに関係していることがわかる (図 5.2(b))．これは線形の波にはない特徴であることに注意しよう．線形の場合，重ね合わせの原理が成り立つためにその振幅は自由に選べて，もちろん波の振幅と速度とは無関係である．

また，ここで得られたのはソリトンが 1 つの解であり，**1 ソリトン解**といわれるものであるが，実はソリトン方程式には N 個のソリトンの動きを表す N ソリトン解といわれる一般的な厳密解が存在する．これは後に述べるが，直接法や佐藤理論などの方法で求めることができる．

5.1.3　ソリトン方程式と物理系

それでは以下に物理的に重要なソリトン方程式，および伝播解の形を仮定して得られる 1 ソリトン解の例をあげよう．

1) **KdV 方程式** (浅水波，イオン音波などのモデル)

$$u_t + 6uu_x + u_{xxx} = 0 \tag{5.25}$$

ここで，KdV 方程式の係数は式 (5.19) と異なるが，この方程式は u, x, t のスケール変換により符号も含めて任意の係数に移り変わることができる．式

(5.25) の係数は理論的取扱いに適しており，よく用いられる標準形である．この式の 1 ソリトン解は k, c を定数として

$$u = 2k^2 \text{sech}^2(kx - 4k^3 t - c) \tag{5.26}$$

となる．

2) **変形 KdV 方程式** (弾性体変形，交通流などのモデル)

$$u_t + 6u^2 u_x + u_{xxx} = 0 \tag{5.27}$$

これは KdV 方程式よりも非線形性が強い方程式であるが，KdV 方程式と数学的に密接な関係があり，次の Miura 変換

$$v = u^2 + iu_x \tag{5.28}$$

を通じて，もしも u が変形 KdV 方程式 (5.27) の解ならば，v は KdV 方程式 (5.25) の解になっていることが簡単に示せる．

変形 KdV 方程式の 1 ソリトン解は k, c を定数として以下のように与えられる．

$$u = k \, \text{sech}(kx - k^3 t - c) \tag{5.29}$$

3) **非線形 Schrödinger 方程式** (渦糸，光ファイバー内の波動などのモデル)

$$iu_t + u_{xx} + 2|u|^2 u = 0 \tag{5.30}$$

ここで u は複素数に値をとる関数であり，この式はポテンシャルが従属変数に非線形に依存する Schrödinger 方程式とみなすことができる．

1 ソリトン解は k, c, V を定数として以下のようになる．

$$u = k \, \text{sech}\{k(x - Vt - c)\} \exp\left\{i\frac{V}{2}x - i\left(\frac{V^2}{4} - k^2\right)t\right\} \tag{5.31}$$

この解の exp の部分が搬送波で，sech の部分がその包絡線を表しており，包絡ソリトンともいわれている．

4) **Sine-Gordon 方程式** (結晶転位，弾性体のねじれ波などのモデル)

$$u_{tt} - u_{xx} = -\sin u \tag{5.32}$$

これは sin という非線形項が存在する方程式であり，その 1 ソリトン解は c, V を定数として

$$u = 4 \tan^{-1}\left\{\exp\left(\pm \frac{x - Vt - c}{\sqrt{1 - V^2}}\right)\right\} \tag{5.33}$$

となる．ここでプラス符号の解をキンク解，マイナスの方を反キンク解とよぶ．

5) **戸田格子** (電気回路，コンクリートなどのモデル)

2つの質点に働く力として，次の指数型ポテンシャル

$$\phi(r) = \frac{a}{b}(e^{-br} - 1) + ar \tag{5.34}$$

を考える (図 5.3)．これは相対変位 r が小さい近似では，バネ定数が ab となる線形バネを表している．また，ab を一定に保ったまま $a \to 0$ とすれば，剛体球ポテンシャルを表すものになっている．質量 m の質点をこの指数型ポテンシャルでつなげたものを戸田格子といい，その質点の運動方程式は，$r_n = x_n - x_{n-1}$ の関係で変位 x_n で表すと

$$m\frac{d^2 x_n}{dt^2} = a\left[e^{-b(x_n - x_{n-1})} - e^{-b(x_{n+1} - x_n)}\right] \tag{5.35}$$

となる．格子を伝播する1ソリトン解は

$$x_n = \frac{1}{b} \ln \frac{1 + e^{2(kn - \omega t)}}{1 + e^{2\{k(n+1) - \omega t\}}} \tag{5.36}$$

で与えられる．ただし ω は分散関係式

$$\omega = \pm\sqrt{\frac{ab}{m}} \sinh k \tag{5.37}$$

によって定められる．これより，$k > 0, b > 0$ のときソリトンの位置で格子は縮むことになり，圧縮波になっていることがわかる．

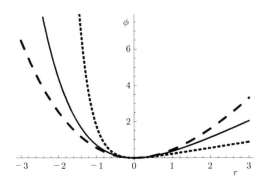

図 5.3 戸田格子の指数型ポテンシャル．引っ張りと圧縮が非対称になっている．$ab = 1$ として，実線は $a = 1$，細かい破線は $a = 1/3$，荒い波線が $a = 3$ の場合である．

6) **Kadomtsev-Petviashvili (KP；カドムツェフ-ペトビアシュビリ) 方程式**
(2 次元の浅水波, イオン音波などのモデル)

$$(u_t + 6uu_x + u_{xxx})_x + u_{yy} = 0 \tag{5.38}$$

これは空間 2 次元で代表的なソリトン方程式である. 1 ソリトン解は k, r, c を定数として

$$u = 2k^2 \operatorname{sech}^2(kx + kry - (4k^3 + kr^2)t - c) \tag{5.39}$$

となる. ここで, $r = 0$ として y 依存性を無視すれば, KdV 方程式 (5.25) の解になり, KP 方程式自体も KdV 方程式に帰着される.

5.1.4　ソリトンの性質

1) **無限個の保存量**

ソリトン方程式は一般に独立な保存量が無限個存在することが特徴である. 例えば KdV 方程式 (5.25) の場合, まず

$$\frac{\partial}{\partial t} u + \frac{\partial}{\partial x}(3u^2 + u_{xx}) = 0 \tag{5.40}$$

と保存形式に書くことができることに注目しよう. したがってこの式を x で積分し, 無限遠で u とその微分がすべて 0 になるとすると,

$$I_1 = \int_{-\infty}^{\infty} u\, dx = \text{const.} \tag{5.41}$$

となり, 積分 I_1 は時間によらないため保存量になっている. 同様にして, KdV 方程式 (5.25) に u を掛けた式は

$$\frac{\partial}{\partial t}\frac{u^2}{2} + \frac{\partial}{\partial x}\left(2u^3 + uu_{xx} - \frac{u_x^2}{2}\right) = 0 \tag{5.42}$$

と保存形式に書けるので, 同様にして保存量

$$I_2 = \int_{-\infty}^{\infty} \frac{u^2}{2} dx = \text{const.} \tag{5.43}$$

が得られる. このようにして, KdV 方程式に $1, u, u^2, \cdots$ を順に掛けて積分していくことで無限個の保存量 $I_1, I_2, I_3, \cdots$ が得られる. その他の方程式も同様にして保存量が得られるが, 後に戸田格子についてエレガントな方法で無限個の保存量を出す方法を紹介しよう.

2) 多ソリトン解と衝突

これまで求めてきた 1 ソリトン解は，単純に局在構造が平行移動していく厳密解であった．この解の振舞いだけでは線形波動と見かけ上変わらない．しかし 2 ソリトン解以上から非線形波動の特徴が見えてくる．例として KdV 方程式 (5.25) の 2 ソリトン解を考えよう．これは

$$u = 2\frac{\partial^2}{\partial x^2} \ln \left[1 + A_1 e^{2(k_1 x - 4k_1^3 t)} + A_2 e^{2(k_2 x - 4k_2^3 t)} \right.$$
$$\left. + \left(\frac{k_1 - k_2}{k_1 + k_2}\right)^2 A_1 A_2 e^{2(k_1 + k_2)x - 8(k_1^3 + k_2^3)t} \right] \quad (5.44)$$

と書ける．ただし，A_1, A_2, k_1, k_2 は定数である．これをどのように導くのかは後の議論に譲るとして，まずはこの厳密解を図示してその性質を見てみよう (図 5.4)．図より以下のことがわかる．

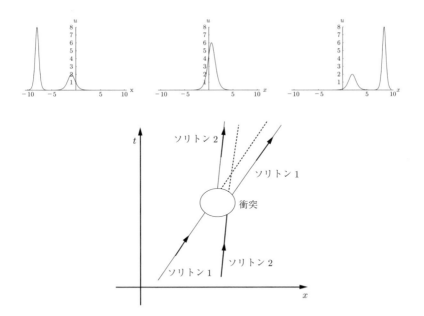

図 **5.4** KdV 方程式の 2 ソリトン解 ($k_1 = 2, k_2 = 1, A_1 = A_2 = 1$)．左から順に $t = -0.5, t = 0.02, t = 0.5$．振幅 8 と振幅 2 のソリトンが衝突中には振幅 6 になっており，重ね合わせの原理が成り立っていない．下は位相シフトの様子．引力的な相互作用のために，衝突後に点線で描かれたもとの軌道からずれる．

(a) 非線形現象のため，重ね合わせの原理が成り立たず，衝突の途中の最大振幅は，2つのソリトンの和と異なる．ただし，保存量 I_1 のため総面積は一定のままである．
(b) 位相シフトが起こる．つまり，非線形の相互作用のため，各ソリトンの x-t 平面における軌道は衝突により直線からずれる．

　これらの性質は他の方程式の多ソリトン解においても同様に見られる非線形特有のものである．

5.2　ソリトン理論

5.2.1　直　接　法

　それではソリトン方程式を解析する手法について以下2つ紹介したい．まずはもっとも簡単にソリトンの特解を求めることができる直接法について解説する．これは非線形方程式を変数変換によって双線形方程式に変換して解く方法である．以下，KdV 方程式

$$u_t + 6uu_x + u_{xxx} = 0 \tag{5.45}$$

を例に説明しよう．まず，これに対して Cole-Hopf 変換に似た変数変換

$$u = 2(\ln f)_{xx} = 2\left(\frac{f_x}{f}\right)_x \tag{5.46}$$

をしてみよう．すると $f(x,t)$ に対する以下の微分方程式を得る．

$$ff_{xt} - f_x f_t + ff_{xxxx} - 4f_x f_{xxx} + 3f_{xx}^2 = 0 \tag{5.47}$$

ただし，この計算の際に u の境界条件として，$|x| \to \infty$ で $u, u_x, u_{xx}, \cdots$ が 0 であるとした．無限遠ですみやかに 0 になるソリトン解はもちろんこの条件を満たす．この f の式は，もとの KdV 方程式より複雑になっているように見えるが，f について2次形式，つまり双線形形式になっていることに気がつく．これより，直接法は双線形化法ともいわれることがある．双線形方程式の解法は以下のとおりである．まず f を

$$f = 1 + \varepsilon f_1 + \varepsilon^2 f_2 + \cdots \tag{5.48}$$

と摂動展開する．ここで ε は展開のために導入した定数である．次に式 (5.48) を双線形方程式に代入して ε のベキのオーダーごとに整理する．その結果，$\varepsilon, \varepsilon^2$ の

オーダーからそれぞれ以下の式を得る.

$$f_{1,xt} + f_{1,xxxx} = 0 \tag{5.49}$$

$$f_{2,xt} + f_{2,xxxx} =$$
$$f_{1,t}f_{1,x} - f_1 f_{1,xt} - f_1 f_{1,xxxx} + 4f_{1,x}f_{1,xxx} - 3f_{1,xx}^2 \tag{5.50}$$

これを順次解いていけばよいが, 線形方程式 (5.49) の解として f_1 をいろいろな形に選ぶことで, KdV 方程式のさまざまな特解を求めることができる. 1 ソリトン解については, 単純に指数関数を用いて

$$f_1 = e^{\eta}, \quad \eta = kx + \omega t + c \tag{5.51}$$

とおけばよい. ただし k, ω, c は定数とする. これが式 (5.49) の解になるためには, パラメタ k と ω は

$$\omega = -k^3 \tag{5.52}$$

という分散関係式を満たさなくてはならない. 次にこの f_1 を式 (5.50) に代入する. すると右辺は 0 になることがわかるので, $f_2 = 0$ とおけばこの式は満たされる. そして ε^3 以上の方程式も, $f_i = 0$ $(i \geq 3)$ とおけばすべて満たされることがわかる. つまり, 式 (5.48) の摂動展開が有限で切れて厳密解が得られたことになる. 以上より 1 ソリトン解は $\eta = kx - k^3 t + c$ として

$$u = 2(\ln f)_{xx} = 2k^2 \frac{e^{\eta}}{(1+e^{\eta})^2} = \frac{k^2}{2}\operatorname{sech}^2 \frac{\eta}{2} \tag{5.53}$$

となる. ただし, 摂動展開で用いた ε は定数 c の中に入れた. この解はもちろん式 (5.26) に一致する.

次に 2 ソリトン解は

$$f_1 = e^{\eta_1} + e^{\eta_2} \tag{5.54}$$

とおけばよい. ここで位相は $\eta_i = k_i x + \omega_i t + c_i$ $(i = 1, 2)$ である. まず式 (5.49) に代入して先ほどと同様に $\omega_1 = -k_1^3, \omega_2 = -k_2^3$ を得る. そして次に

$$f_2 = ae^{\eta_1 + \eta_2} \tag{5.55}$$

とする. ただし a は定数である. これらを式 (5.50) に代入すると,

$$a = \frac{(k_1 - k_2)^2}{(k_1 + k_2)^2} \tag{5.56}$$

が得られる．その後も同様に $f_i = 0$ $(i \geq 3)$ とおけば，ε^3 以上のすべての式を満たすことが確かめられる．以上より，再び摂動展開が有限で切れて厳密解が得られた．つまり，

$$f = 1 + e^{\eta_1} + e^{\eta_2} + \frac{(k_1 - k_2)^2}{(k_1 + k_2)^2} e^{\eta_1 + \eta_2} \tag{5.57}$$

として式 (5.46) に代入したものが，以前に述べた 2 ソリトン解 (5.44) にほかならない．

3 ソリトン解も同様に

$$f_1 = e^{\eta_1} + e^{\eta_2} + e^{\eta_3}$$
$$f_2 = a_{12} e^{\eta_1 + \eta_2} + a_{23} e^{\eta_2 + \eta_3} + a_{31} e^{\eta_3 + \eta_1}$$
$$f_3 = a_{12} a_{23} a_{31} e^{\eta_1 + \eta_2 + \eta_3}$$

とおけばよい．ただし，a_{ij} $(i, j = 1, 2, 3)$ は定数である．これを続けていけば，N ソリトン解の場合の f の展開形は

$$f = \sum_{S \subseteq \{1,2,\cdots,N\}} \left(\prod_{i,j \in S, i < j} a_{ij} \right) \exp\left(\sum_{j \in S} \eta_j \right) \tag{5.58}$$

となることがわかるだろう．ただし，右辺最初の S についての和は，集合 $\{1, 2, \cdots, N\}$ のあらゆる部分集合 S についての和をとることを意味している．

この双線形方程式はその後深い数学的意味をもつことが佐藤理論より明らかになった．後に示すが，ソリトン解は行列式を用いて表すことができる．つまり，f は行列式で書くことができて，そして双線形方程式とは実は行列式の恒等式になっている，ということだけを本書では指摘しておこう．

さて，以上の計算は次で定義される広田の双線形演算子を導入すると見通しがよくなる．

$$D_x^n f \cdot g \equiv \left(\frac{\partial}{\partial x} - \frac{\partial}{\partial x'} \right)^n f(x) g(x')|_{x'=x} \tag{5.59}$$

例えばこの定義より，$n = 1$ のときは

$$D_x f \cdot g = f_x g - f g_x \tag{5.60}$$

であるが，これは通常の積の微分

$$\frac{\partial}{\partial x} f g = f_x g + f g_x \tag{5.61}$$

と比較すればわかるとおり，積の微分で符号をマイナスに変えたものに相当している．これを用いると，式 (5.47) は

$$D_x D_t f \cdot f + D_x^4 f \cdot f = 0 \tag{5.62}$$

と書くことができる．また，この演算子は次のような性質がある．

$$D_x^{2n+1} f \cdot f = 0, \quad n = 0, 1, 2, \cdots$$
$$D_x^m \exp(ax) \cdot \exp(bx) = (a-b)^m \exp(a+b)x, \quad m \geq 0$$

この演算子を用いることで，f の摂動展開の計算をもう少し簡単に進めていくことができる[37]．

5.2.2　Lax ペ ア

次に紹介するソリトン方程式の解析手法は，Lax ペアを用いる方法である．2 章でも解説したが，これは非線形方程式をある 2 つの線形方程式の可解条件として表す，というものであり，この 2 つの線形方程式を Lax ペアとよぶ．この Lax ペアを用いることで，もちろん方程式の解を求めることもできるが，むしろさまざまな数学的性質を調べるため用いられることのほうが多い．

Lax ペアを用いて解を求める方法は，逆散乱法とよばれており，これは単なる特解を得るだけではなく，初期値問題を解くこともできるのが特徴である．その際に用いるのが Schrödinger 方程式の逆問題である．つまり，2 つのペアの線形方程式のうち，1 つを以下の線形の Schrödinger 方程式

$$\phi_{xx} + u(x,t)\phi = \lambda(t)\phi \tag{5.63}$$

に選ぶ．ここで，u はポテンシャル，λ は固有値で，それぞれ変数 x だけでなくパラメタ t にも依存しているとする．順問題とは，この u を与えて，波動関数 ϕ を求めることであるが，逆問題とは，波動関数の情報からポテンシャル u を構成することである．Schrödinger 方程式はこの逆問題がかなり研究されており，それを利用したのが逆散乱法である．

さて，t が変化すれば一般に固有値 λ も t に依存して変化する．しかしここで t が変化しても λ は不変であるようなポテンシャル u は存在するだろうか，という問題を考えてみよう．すぐにわかるのは $u(x,t) = u(x+t)$ という関数形ならば，

これは単なる x 軸に沿った平行移動なので，t が変化しても波の散乱の様子は本質的に何も変化はなく，λ は一定のままであろう，ということである．このことを式で表現してみよう．まず，式 (5.63) の他に，ϕ の時間変化を表すものとして

$$\phi_t = \phi_x + \gamma\phi \tag{5.64}$$

という式を天下り的に考える．ただし γ は一般に複素数の任意定数とする．ここで，式 (5.63) と式 (5.64) とが両立する条件を求めてみよう．式 (5.63) を t で微分し式 (5.64) を代入して ϕ の t 微分を消すと

$$\phi_{xxx} + \gamma\phi_{xx} + u_t\phi + u\phi_x + \gamma u\phi - \lambda\phi_x - \gamma\lambda\phi = \lambda_t\phi \tag{5.65}$$

となる．式 (5.63) と，それを x で微分した式を用いて上式を簡単にすると

$$(u_t - u_x)\phi = \lambda_t\phi \tag{5.66}$$

を得る．したがって，u が波動方程式 $u_t - u_x = 0$ を満たしていれば，すなわち $u = u(x+t)$ ならば λ は t によらず一定である．以上より，波動方程式

$$u_t - u_x = 0 \tag{5.67}$$

と $\lambda_t = 0$ とした式 (5.63)，(5.64) の 2 つの式は同等であることがわかった．この式 (5.63)，(5.64) を波動方程式の Lax ペアといい，波動方程式をこのような Lax ペアで表示することを Lax 表示という．

次に KdV 方程式の同様な表示方法を考える．Schrödinger 方程式

$$L\phi = \phi_{xx} + u(x,t)\phi = \lambda\phi \tag{5.68}$$

はそのままで，もう 1 つの ϕ の時間変化を表すものとして今度は

$$\phi_t = -4\phi_{xxx} - 3u_x\phi - 6u\phi_x + \gamma\phi \equiv M\phi \tag{5.69}$$

という式を考える．式 (5.64) は x 微分の最高階が 1 であるが，今度は 3 階まで上がっていることに注意する．同様に，この式 (5.68) と式 (5.69) の両立条件を考えよう．まず，式 (5.68) を t で微分すると記号的に

$$(L\phi)_t = L_t\phi + L\phi_t = \lambda_t\phi + \lambda\phi_t \tag{5.70}$$

と書ける．ただし，$(L\phi)_t = \phi_{xxt} + u_t\phi + u\phi_t = u_t\phi + L\phi_t$ となるので，$L_t = u_t$ である．式 (5.70) の t 微分のところに式 (5.69) を代入し，λ と M は交換できることに注意すると，再び式 (5.68) を用いて

$$L_t + [L, M] = \lambda_t \tag{5.71}$$

とまとめることができる．ただし $[L, M]$ は交換積を表し，$[L, M] = LM - ML$ である．式 (5.71) の左辺を具体的に計算してみよう．まず，$\partial_x^2 \gamma = \gamma \partial_x^2$ などに注意して

$$\begin{aligned} LM &= (\partial_x^2 + u)(-4\partial_x^3 - 3u_x - 6u\partial_x + \gamma) \\ &= -4\partial_x^5 - 3u_{xxx} - 3uu_x - 12u_{xx}\partial_x - 15u_x\partial_x^2 \\ &\quad - 10u\partial_x^3 - 6u^2\partial_x + \gamma u + \gamma \partial_x^2 \end{aligned} \tag{5.72}$$

である．この計算は慣れないうちは $LMf(x)$ として LM のあとに x の関数 f を補って普通の微分計算を実行し，後で f を抜き去って考えればよい．同様に ML を計算して最終的に

$$L_t + [L, M] = u_t + u_{xxx} + 6uu_x \tag{5.73}$$

となる．ここで大切なことは，式 (5.72) で現れている微分演算子 ∂_x が交換積をとることにより全部消えてしまうことである．このようになる演算子 L, M は準可換であるという．したがって式 (5.71) より，もしポテンシャル u が KdV 方程式を満たすように動くなら，λ は時間によらず一定になることがわかる．つまり前の波動方程式の例と同じく，KdV 方程式の Lax 表示として $\lambda_t = 0$ の条件で式 (5.68) と式 (5.69) とが得られた．

ここで KdV 方程式に対して行ったことは，波動方程式と同じく以下のことである：与えられた u の方程式に対して Schrödinger 方程式の L を考え，さらにこれとペアになる M を $L_t + [L, M] = $ (与えられた u の方程式) となるようにうまくみつけるのである．

ここで重要なのは KdV 方程式は非線形であるが，Lax 表示である式 (5.68), (5.69) は ϕ についての線形の方程式になっているという点である．したがって直接 KdV 方程式を考察するのではなく，線形の Lax ペアを解く，というのが逆散乱法の基本方針である[38]．ただし，ここから先の逆問題を解く手続きはかなり複雑

であり，解を求めるだけなら直接法のほうがはるかに簡単に求められるため，逆散乱法は今ではあまり使われなくなっている．したがって本書でも逆散乱法を用いて初期値問題をどのように解くかは割愛するが，ソリトン方程式がこのようにLax 表示できる，ということだけは覚えておこう．Lax 表示は，逆散乱法だけでなくその後のさまざまな理論的発展につながっており，ソリトンを考える際にきわめて重要な概念といえる．

式 (5.64) や式 (5.69) をどのようにみつけたのか，という点について少し触れておこう．両立条件で偏微分方程式が出てくるためには，Schrödinger 方程式の演算子 L と準可換な演算子 M をみつければよい．したがって，一般に $M = a_0 + a_1 \partial_x + a_2 \partial_x^2 + \cdots$ とおいて $[L, M]$ を計算し，準可換になる条件から u の関数である係数 $a_0, a_1, \cdots$ を順に決めていけばよい．実は M の x 微分の最高階を 1 ととれば式 (5.64) であり，3 とすれば式 (5.69) を得る．最高階が 2 のときは最高階が 1 のときと同じ結果になる．ちなみに最高階が奇数のとき，すなわち $1, 3, 5, \cdots$ のときにのみ新しい方程式を得て，これらは KdV 階層といわれる高次の可積分方程式に対応している．階層については後ほど佐藤理論の中で解説する．

さて，この Lax ペアを利用すると，保存量についても具体的に計算することができる．戸田格子 (5.35) の例で以下説明しよう．まず，簡単のために係数をすべて 1 とし ($a = b = m = 1$)，さらに以下の変数変換

$$p_n = \frac{1}{2} \exp \frac{x_n - x_{n+1}}{2}, \quad q_n = \frac{1}{2} \frac{dx_n}{dt} \tag{5.74}$$

をする．すると，戸田格子方程式は

$$\frac{dp_n}{dt} = p_n(q_n - q_{n+1}) \tag{5.75}$$

$$\frac{dq_n}{dt} = 2(p_{n-1}^2 - p_n^2) \tag{5.76}$$

となることが簡単な計算で確かめられる．ここで行列 L, B を

$$L = \begin{pmatrix} q_1 & p_1 & 0 & \cdots & & p_N \\ p_1 & q_2 & p_2 & & & \\ & \ddots & \ddots & \ddots & & 0 \\ 0 & & p_{N-2} & q_{N-1} & p_{N-1} \\ p_N & \cdots & 0 & p_{N-1} & q_N \end{pmatrix} \tag{5.77}$$

$$B = \begin{pmatrix} 0 & p_1 & 0 & \cdots & & -p_N \\ -p_1 & 0 & p_2 & & & \\ & \ddots & \ddots & \ddots & & 0 \\ 0 & & -p_{N-2} & 0 & p_{N-1} & \\ p_N & \cdots & 0 & -p_{N-1} & 0 & \end{pmatrix} \quad (5.78)$$

と定義すると，式 (5.75) と式 (5.76) は 1 つの式

$$\frac{dL}{dt} = LB - BL = [L, B] \quad (5.79)$$

にまとめられる．ただし，N 個の質点がリング状に周期的につながっているとした．このとき，

$$\frac{dL^2}{dt} = \frac{dL}{dt}L + L\frac{dL}{dt} = (LB - BL)L + L(LB - BL) = L^2B - BL^2 = [L^2, B] \quad (5.80)$$

などより，k を自然数として

$$\frac{dL^k}{dt} = [L^k, B] \quad (5.81)$$

が成り立つことが示せる．よってこの式の両辺のトレースをとることにより，

$$\mathrm{tr}\left(\frac{dL^k}{dt}\right) = \frac{d\mathrm{tr}(L^k)}{dt} = \mathrm{tr}([L^k, B]) = 0 \quad (5.82)$$

となる．したがってこの方程式の保存量 (行列 L^k の対角成分の和)

$$\mathrm{tr}(L^k) = \mathrm{const.} \quad (5.83)$$

が無限個 ($k = 1, 2, 3, \cdots$) 得られた．そしてこれらの保存量は互いに独立であることも示せる．

5.3 Painlevéテスト

次に非線形方程式が与えられたときに，それがソリトン方程式，つまり可積分なのかどうかを判定する方法について紹介しよう．これは Painlevé(パンルベ) テストといわれ，解の特異点を Laurent 展開を用いて調べる方法である．一般に信じられていることとして，「非線形方程式の解の特異点が動きうる極のみになって

いるとき，その方程式は可積分になっている」というものがある．つまり，可積分であるためには展開の中に極以外の分岐点などの特異点を含んではいけないという主張である．ただし，これはこれまで例外が知られていない，という意味での経験的事実にもとづいたものであり，数学的に厳密に示されたものではない．

特異点とはその関数の「個性」のようなもので，そこでは関数の値は発散して定義されないが，定義域を複素数にまで拡張して考えると特異点はさまざまな役立つ情報をわれわれに与えてくれるのである．この解の特異点に着目すれば可積分方程式を探せるのではないか，ということに初めて気付いたのはロシアの数学者 Kovalevskaya であり，実際にこの手法を用いて彼女は新しいコマの運動を見出した．その後，フランスの Painlevé が初めて系統的にこの問題を研究し，今日では解の動きうる特異点は極のみであるという性質は **Painlevé 性**といわれている．

5.3.1 常微分方程式の Painlevé 性

微分方程式の解の特異点は大きく分けて「固定された」特異点と「動きうる」特異点の 2 つがある．例えば次の線形の微分方程式

$$\frac{du}{dz} = -\frac{u}{z^2} \tag{5.84}$$

の解は，z_0 を任意定数として

$$u(z) = z_0 \exp\left(\frac{1}{z}\right) \tag{5.85}$$

で与えられる．このとき，$z = 0$ は真性特異点であるが，任意定数 z_0 の値はこの特異点に影響しないため，$z = 0$ は**固定された**特異点である．次に，非線形微分方程式

$$\frac{du}{dz} = -u^2 \tag{5.86}$$

の一般解は

$$u(z) = \frac{1}{z - z_0} \tag{5.87}$$

で表され，特異点は $z = z_0$ の極であるが，任意定数のとる値によってこの極の値は変わる．したがってこの場合を**動きうる特異点**という．このように動きうる特異点が現れるのは非線形方程式の特徴で，線形方程式ではこのようなことは決しておこらないことに注意しよう．線形方程式では，その微分方程式の係数がもつ

特異点がそのまま解に現れる，というよく知られた性質がある．実際，式 (5.85) では特異点は $z = 0$ であるが，これはそもそも式 (5.84) の係数 $1/z^2$ の $z = 0$ における特異性に由来したものである．したがって，線形方程式は固定された特異点のみをもつ．

それではまず非線形の常微分方程式に Painlevé テストを適用してみよう．例として，p を定数として $u(x)$ に対する次の非線形方程式

$$\frac{d^2 u}{dx^2} = x^p u + 2u^3 \tag{5.88}$$

が Painlevé 性をもつ条件を考えていこう．$p = 0$ のときは非強制 Duffing 方程式として知られており，楕円関数の一般解が書き下せるので可積分である．この方程式の解を Laurent 級数の形で求めるために $-m$ というベキから始まる級数展開

$$u = \frac{a_0}{(x-x_0)^m} + \frac{a_1}{(x-x_0)^{m-1}} + \cdots = (x-x_0)^{-m} \sum_{n=0}^{\infty} a_n (x-x_0)^n \tag{5.89}$$

で表そう．ここで $-m$ を主要次数という．これが Laurent 展開になり，$x = x_0$ が極となるためにはもちろん m は有限の値の正の整数である必要がある．そして，展開係数である a_n が矛盾なく決定できればよい．主要次数 $-m$ を求めるには，次のようにすればよい．まず，式 (5.89) を式 (5.88) に代入する．すると，式 (5.88) の左辺は 2 階微分が作用しているので全体として主要次数 $-m-2$ 次の級数になり，右辺は 3 乗される項があるので全体として主要次数 $-3m$ の級数になる (ただし，p は正と仮定する)．a_n を係数比較によって順に決定するためには，右辺と左辺でまず級数の主要次数をあわせなくてはならない．それゆえ

$$-m - 2 = -3m \tag{5.90}$$

より $m = 1$ とすればよい．この手続きを**主要次数解析**という．次に，式 (5.89) で $m = 1$ とした式

$$u = \sum_{j=0}^{\infty} a_j (x-x_0)^{j-1} \tag{5.91}$$

を再び式 (5.88) に代入し，$x - x_0$ の各ベキに整理して順にその係数を取り出して解いてゆくと

$$(x-x_0)^{-3} : \quad 2a_0 = 2a_0^3 \tag{5.92}$$

$$(x-x_0)^{-2} : \quad 0 = 6a_0^2 a_1 \tag{5.93}$$

$$(x-x_0)^{-1}: \quad 0 = x_0^p a_0 + 6a_0(a_0 a_2 + a_1^2) \tag{5.94}$$

$$(x-x_0)^0: \quad 2a_3 = p x_0^{p-1} a_0 + x_0^p a_1 + 6a_3 \tag{5.95}$$

となる. 式 (5.92) より, a_0 は 0 ではないので $a_0 = \pm 1$ となる. 次に式 (5.93) より, $a_1 = 0$ となり, 式 (5.94), (5.95) よりそれぞれ $a_2 = -x_0^p/(6a_0)$, $a_3 = -pa_0 x_0^{p-1}/4$ となる. 以上で a_3 まで完全に決定された. 次の $(x-x_0)^1$ のオーダーが重要であり, 結果は

$$6a_4 = \frac{p(p-1)}{2} x_0^{p-2} a_0 + p x_0^{p-1} a_1 + x_0^p a_2 + 2(3a_0^2 a_4 + 3a_2^2 a_0) \tag{5.96}$$

となるが, $a_0^2 = 1$ より a_4 は右辺と左辺でキャンセルして消えてしまい, その値は任意に選べることがわかる. これを**レゾナンスが起きた**といい, これにより任意定数を導入することができる. そして式 (5.96) の残りの項はまとめると

$$\frac{p(p-1)}{2} x_0^{p-2} a_0 = 0 \tag{5.97}$$

となることがわかる. これが満たされるためには, $p=0$ または $p=1$ でなくてはならない. $(x-x_0)^2$ のオーダー以降は整理すると, $j \geq 3$ として

$$\begin{aligned}
(j+3)(j-2)a_{j+2} &= x_0^p a_j + p x_0^{p-1} a_{j-1} + \cdots + p x_0 a_{j-p+1} + a_{j-p} \\
&\quad + 2 \sum_{\substack{l+m+n=j+2 \\ 0 \leq l,m,n < j+2}} a_l a_m a_n
\end{aligned} \tag{5.98}$$

となり, これにより矛盾なく順に $a_j (j=5,6,\cdots)$ を定めていくことができる. 以上で, Painlevé テストは終了で, 任意定数として x_0 と a_4 の 2 つを含む Laurent 展開が得られた. したがって式 (5.88) が Painlevé 性をもつ, つまり可積分になる条件は $p=0$ または $p=1$ のときであり, $p=0$ は Duffing 方程式, $p=1$ のときは Painlevé 方程式の 2 型といわれているものである.

以上をまとめると, まずはじめに主要次数解析を行い, そしてその次数から始まる Laurent 級数展開を行い, 係数を次々と求めていく. その際, 主要次数が整数であり, もとの微分方程式の階数だけの任意定数が矛盾なく決定できれば形式的に Laurent 級数展開で表された一般解が求められたことになり, Painlevé テストをパスした, という. 一般に非可積分方程式のときはこの主要次数 m は必ずしも整数にならず, 有理数や複素数になる場合もある. このときは展開式 (5.89) の特異点は極ではなく, 分岐点などになる. さらに, たとえ主要次数 m が整数にな

る場合でも，非可積分方程式のときは，級数展開の係数がうまく任意定数を含むように決定できない場合も生じ得る．したがって，Painlevé テスト実行の際は主要次数とともにこの係数決定の問題もきちんと調べる必要がある．ちなみに 1 階の非線形常微分方程式の場合，Painlevé テストを満足するのは Riccati の微分方程式の場合のみであり，2 階の場合は Painlevé 方程式といわれる 6 つの型に帰着されることが知られている[39].

5.3.2 偏微分方程式の Painlevé 性

それでは次に偏微分方程式について Painlevé テストを実行してみよう．以下，比較的計算が簡単な Burgers 方程式

$$u_t = uu_x + u_{xx} \tag{5.99}$$

を例にとって説明する．これは以前述べたとおり，変数変換で線形の熱伝導方程式に変換でき，それを利用して初期値問題も解けるので可積分方程式である．今式 (5.99) の解を Laurent 級数展開したい．しかし今回は変数が x, t と 2 つあり，一般に特異「点」ではなく，この 2 変数によって決まる特異「曲線」になる．そこで，複素 2 変数 x, t のある関係式で決まる曲線 $\phi(x, t) = 0$ によって特異性を表すことにする．この ϕ を一般に**特異多様体**とよぶ．そして ϕ は滑らかで微分可能な解析関数であり，$\phi(x, t) = 0$ の解が特異多様体 (曲線) を決定する．これは常微分の場合の拡張で，独立変数が 1 つだけの場合では $\phi = x - x_0$ であり，$\phi = 0$ つまり $x = x_0$ が特異点を表している．この ϕ を動きうる多様体とし，これを用いて Laurent 展開すると

$$u(x, t) = \phi(x, t)^{-m} \sum_{j=0}^{\infty} u_j(x, t) \phi(x, t)^j \tag{5.100}$$

と表せる．ここで係数 $u_j(x, t)(j = 0, 1, \cdots)$ は $\phi = 0$ の近くで正則な関数とする．以下同様に，m が整数になり，かつ u_j が矛盾なく任意関数を含むように (式 (5.99) の場合，2 階の微分方程式なので 2 つ) 決定できるかどうか調べる．ちなみに特異多様体 ϕ は，特性多様体 (特性曲線) ではない必要がある．なぜなら特性多様体上にはどのような特異点も存在できるからである．例えば線形波動方程式

$$u_{tt} - u_{xx} = 0 \tag{5.101}$$

の一般解は $u = f(x-t) + g(x+t)$ (f, g は任意関数) と表され，f, g を初期条件として特異性のある関数に選べば特性多様体 $x \pm t = k$ (ただし k は任意定数) 上では選んだいかなる特異性も存在し得るのは明白である．これは一般の非線形方程式の場合でも同様である．したがって特性多様体上にない特異性についての性質を調べることがその方程式の真の Painlevé 性を調べることになるのである．

それではまず主要次数 $-m$ を決定しよう．このためには展開 (5.100) の第 1 項のみを式 (5.99) に代入して ϕ の次数を調べればよい．$u = u_0 \phi^{-m}$ として代入すると

$$-u_{0t}\phi^{-m} + mu_0\phi^{-m-1}\phi_t + u_0 u_{0x}\phi^{-2m} - mu_0^2\phi^{-2m-1}\phi_x$$
$$+u_{0xx}\phi^{-m} - 2mu_{0x}\phi^{-m-1}\phi_x + m(m+1)u_0\phi^{-m-2}\phi_x^2$$
$$-mu_0\phi^{-m-1}\phi_{xx} = 0 \tag{5.102}$$

が得られる．ここで ϕ の次数のもっとも小さいものとしては，$-2m-1$ と $-m-2$ の 2 つが考えられるので，前節同様にこの 2 項の次数を釣り合わせて

$$-2m - 1 = -m - 2 \tag{5.103}$$

より $m = 1$ を得る．次に

$$u(x,t) = \sum_{j=0}^{\infty} u_j(x,t)\phi^{j-1} \tag{5.104}$$

を式 (5.99) に代入して ϕ のベキで整理すると

$$\phi^{-3}: \quad 2u_0\phi_x^2 - u_0^2\phi_x = 0 \tag{5.105}$$

$$\phi^{-2}: \quad u_0\phi_t - 2u_{0x}\phi_x - u_0\phi_{xx} - u_0 u_1\phi_x + u_0 u_{0x} = 0 \tag{5.106}$$

$$\phi^{-1}: \quad -u_{0t} + u_{0xx} + (u_1 u_0)_x = 0 \tag{5.107}$$

などとなる．ただし，式 (5.107) ではレゾナンスが起きて u_2 が消えている．式 (5.105) より，$u_0 = 2\phi_x$ を得る．これを式 (5.106) に代入して整理すると，

$$\phi_t - \phi_{xx} - u_1\phi_x = 0 \tag{5.108}$$

となり，これより u_1 が決まる．同様に式 (5.107) に代入すると，式 (5.108) を x で 1 回微分した式が得られて，式 (5.107) は自動的に成立することがわかる．そして一般に $j \geq 0$ として

$$j(j+3)\phi_x^2 u_{j+2} = F(u_{j+1}, \cdots) \tag{5.109}$$

という式が成り立つことがわかる．ただし，F は正確に書き下すのは省略するが，u_{j+1} 以下の係数を含む式である．これにより，順に u_3 以降が低次の係数で決定されることがわかる．$j=0$ のときレゾナンスが生じるが，これは式 (5.107) で見たとおり u_2 が任意に選べることに相当している．以上で，主要次数が整数であり，任意関数が u_2 と ϕ の 2 つある級数展開が決定できたので，Burgers 方程式は Painlevé 性をもつといえる．

そしてこれまで扱ってきたソリトン方程式は，以上の手続きと同じように計算すれば，すべて Painlevé テストをパスすることがわかる．また，もとの非線形方程式が非可積分のときは，m が整数にならないとか，レゾナンスの起こるときに式 (5.109) の右辺が自動的に 0 にならなかったりする．

5.4 ソリトン方程式の階層

さていよいよ解ける非線形方程式の統一理論である **佐藤理論** について解説しよう．これは 2 章でも触れた内容であるが，オリジナルの理論は数学的にかなり高度な概念が多く使われているため，ここではその理論の本質部分について予備知識をほとんど必要としない形で解説することを試みた．以下，まずこれまで何度も登場してきた Burgers 方程式にこの理論を適用して理解し，その後に KP 方程式に拡張していこう．

5.4.1　Burgers 方程式の階層

Burgers 方程式を以下扱いやすいように係数を変えて

$$w_t = w_{xx} - 2ww_x \tag{5.110}$$

と書こう．この場合，Cole-Hopf 変換は

$$w = -\frac{f_x}{f} \tag{5.111}$$

となり，f に対する式は

$$f_t = f_{xx} \tag{5.112}$$

である．この変換を別の観点から眺めると，広大な佐藤理論の入り口が見えてくる．まず，f の x に関する 1 階の線形微分方程式

$$f_x + w(x)f = 0 \tag{5.113}$$

を考えよう．ここで w は x の適当な関数とする．これは式 (5.111) をただ書き換えただけにすぎない．式 (5.113) は今後もよく出てくるので，

$$Wf(x) = 0, \quad \text{ただし } W = \partial_x + w(x) \tag{5.114}$$

と書いておく．ここで W は演算子で，x による微分演算子を ∂_x と書いた．

さて，ここまではまだ独立変数は x のみであるため，もう 1 つの変数 t を導入しよう．それは次のような関係を満たすものとして，関数 f の t 依存性を定める．

$$f_{t_n} = \partial_x^n f \tag{5.115}$$

ただし，∂_x^n は x による n 階微分を表し，さらに無限個の変数 $t_n(n = 2, 3, \cdots)$ を用意する．また定義より $t_1 = x$ としておく．そして $n = 2$ のとき，時間変数を t_2 だと思えば式 (5.115) は式 (5.112) に相当する．

このように f に対して t_n 依存性を導入すると，式 (5.114) を通して自動的に $w(x)$ にも t 依存性が入ることになる．それを求めよう．まず式 (5.114) を t_n で微分して，式 (5.115) を用いると

$$\partial_{t_n} Wf = W_{t_n} f + W f_{t_n} = w(x, t)_{t_n} f + W \partial_x^n f = 0 \tag{5.116}$$

となる．ここで，演算子 W の微分は $W_{t_n} = w_{t_n}$ となることに注意する．こういった演算子の計算に慣れていない場合は，まず式 (5.113) を直接 t_n で微分して式 (5.116) と比較してみるとよい．

ここで重要な考え方を導入する．それは，「演算子の因数分解」というものである．式 (5.116) は

$$(W_{t_n} + W \partial_x^n) f = 0 \tag{5.117}$$

とも書けるが，f はもともと式 (5.114) を満たしている．すると，演算子 $W_{t_n} + W \partial_x^n$ は明らかに x に関して $1 + n$ 階の微分演算子なので，演算子 W によって次のように因数分解できなければならない．

$$W_{t_n} + W \partial_x^n = B_n W \tag{5.118}$$

ただし，B_n は x に関して n 階の微分演算子である．一般に 2 つの演算子は可換ではないため，右辺の演算子 B_n と W はこの順番でなくてはならないことに注意

する.なぜならこの演算子に右から f を掛けたときに 0 になる必要があるため,式 (5.114) よりこれが正しい順序であることがわかる.式 (5.118) は剰余定理としておなじみの考え方であり,例えば $x^3 - 2x^2 + 2x - 1$ を因数分解するのに,$x = 1$ でこの式は 0 になるので,$(x-1) \times (x \text{ の 2 次式})$ となるはずである,というのと同じことをいっている.

それでは B_n を具体的に求めてみよう.その過程で,目標であった t 依存性が入った $w(x, t)$ の満たす式も得られることがわかる.

- $\underline{n = 1 \text{ のとき}}$

  一般に B_1 は任意関数 a_0 を用いて

  $$B_1 = \partial_x + a_0 \tag{5.119}$$

  と書ける.これを式 (5.118) に代入して,

  $$\begin{aligned} w_{t_1} + \partial_x^2 + w\partial_x &= (\partial_x + a_0)(\partial_x + w) \\ &= \partial_x^2 + (w + a_0)\partial_x + w_x + a_0 w \end{aligned} \tag{5.120}$$

  が得られる.これより,まず ∂_x の項の比較により $w = w + a_0$ となるため,$a_0 = 0$ である.そして微分のない項の比較により

  $$w_{t_1} = w_x \tag{5.121}$$

  となることがわかる.これは t_1 を時間と思えば w の線形波動方程式であり,また定義 $t_1 = x$ より自明な式であるともいえる.以上の導出からわかるとおり,この w の式は Cole-Hopf 変換 (5.111) によって,f についても

  $$f_{t_1} = f_x \tag{5.122}$$

  という線形波動方程式になる.

- $\underline{n = 2 \text{ のとき}}$

  同様に B_2 を任意関数 a_0, a_1 を用いて

  $$B_2 = \partial_x^2 + a_1 \partial_x + a_0 \tag{5.123}$$

  とおく.これを式 (5.118) に代入して,

  $$w_{t_2} + \partial_x^3 + w\partial_x^2 = (\partial_x^2 + a_1\partial_x + a_0)(\partial_x + w)$$

$$= \partial_x^3 + (w + a_1)\partial_x^2 + (2w_x + a_1 w + a_0)\partial_x$$
$$+ w_{xx} + a_1 w_x + a_0 w \tag{5.124}$$

が得られる．これより，まず ∂_x^2 の項の比較により $w = w + a_1$ となるため，$a_1 = 0$ である．次に ∂_x の項の比較により $a_0 = -2w_x$ を得る．そして最後に微分のない項の比較により

$$w_{t_2} = w_{xx} - 2ww_x \tag{5.125}$$

となることがわかる．これが式 (5.110) の Burgers 方程式である．そしてこの w の式は Cole-Hopf 変換 (5.111) によって，f について線形拡散方程式 (5.112) とつながっていることは，この構成方法から明らかである．

- $n = 3$ のとき

$$B_3 = \partial_x^3 + a_2 \partial_x^2 + a_1 \partial_x + a_0 \tag{5.126}$$

とおくと，

$$w_{t_3} + \partial_x^4 + w \partial_x^3 = B_3 W \tag{5.127}$$

より同様の計算を行う．その結果，$a_2 = 0$, $a_1 = -3w_x$, $a_0 = -3w_{xx} + 3ww_x$ が得られ，最終的に w の満たす微分方程式は

$$w_{t_3} = w_{xxx} + 3w^2 w_x - 3ww_{xx} - 3w_x^2 \tag{5.128}$$

となる．これは 2 次 Burgers 方程式といわれる．そしてこの式は Cole-Hopf 変換 (5.111) によって，f について

$$f_{t_3} = f_{xxx} \tag{5.129}$$

になることは明らかである．

一般の n のときも同様に計算すれば，w についての微分方程式が得られ，これが **Burgers 階層**といわれているものである．以上の結果を簡単にまとめると次のようになる．Burgers 階層に属する方程式は，Cole-Hopf 変換 $w = -f_x/f$ によって，線形方程式 $f_{t_n} = \partial_x^n f$ になる．$n = 2$ のときは Burgers 方程式 $w_{t_2} = w_{xx} - 2ww_x$ であり，また $n > 2$ のときをまとめて高次 Burgers 方程式という．

また，途中で重要な役割を果たしていた B_n の具体的な形をまとめると

$$B_1 = \partial_x \tag{5.130}$$

$$B_2 = \partial_x^2 - 2w_x \tag{5.131}$$

$$B_3 = \partial_x^3 - 3w_x\partial_x - 3w_{xx} + 3ww_x \tag{5.132}$$

などとなっている．この B_n のみを使って直接 w の満たす式を求めることも可能である．それは，異なる独立変数による微分は可換なので，任意の自然数 n, m について

$$\partial_{t_m}\partial_{t_n} = \partial_{t_n}\partial_{t_m} \tag{5.133}$$

となることに注目すればよい．これを式 (5.114) に作用させることにより，

$$\partial_{t_m}\partial_{t_n}Wf = \partial_{t_n}\partial_{t_m}Wf = 0 \tag{5.134}$$

を得るが，B_n を用いると $\partial_{t_n}Wf = B_n Wf$ などより，さらに

$$\partial_{t_m}\partial_{t_n}Wf = \partial_{t_m}B_n Wf = \left(\frac{\partial B_n}{\partial t_m} + B_n B_m\right)Wf \tag{5.135}$$

などと変形できるので，両辺の Wf に作用する演算子どうしを比較して

$$\frac{\partial B_n}{\partial t_m} + B_n B_m = \frac{\partial B_m}{\partial t_n} + B_m B_n \tag{5.136}$$

という B_n の満たすべき式を得る．さらに交換積を用いて

$$\frac{\partial B_n}{\partial t_m} - \frac{\partial B_m}{\partial t_n} + [B_n, B_m] = 0 \tag{5.137}$$

と書きなおすことができる．これは **Zakharov-Shabat 方程式**といわれている．例えば，$n=2, m=3$ と選んで式 (5.137) を具体的に計算してみよう．まず，

$$\frac{\partial B_2}{\partial t_3} = -2w_{xt_3} \tag{5.138}$$

$$\frac{\partial B_3}{\partial t_2} = -3w_{xt_2}\partial_x - 3w_{xxt_2} + 3(ww_x)_{t_2} \tag{5.139}$$

であり，$[B_2, B_3]$ も計算して，式 (5.137) の x による 1 階微分 ∂_x を含む項の係数を 0 とおくと

$$3w_{xt_2} - 3w_{xxx} + 6(ww_x)_x = 0 \tag{5.140}$$

すなわち

$$w_{t_2} = w_{xx} - 2ww_x \tag{5.141}$$

を得る．t_2 を時間変数 t とみなせば，式 (5.141) は Burgers 方程式 (5.110) そのものである．また式 (5.137) の中で ∂_x の含まれない項を 0 とおけば

$$-2w_{xt_3} + 3w_{xxt_2} - 3(ww_x)_{t_2} - w_{xxxx} + 3w_x w_{xx} + 3w w_{xxx} = 0 \qquad (5.142)$$

を得る．ここで式 (5.141) を用いて，上式中の t_2 による微分を x による微分で置き換えれば，全体が x で一度積分できて，t_3 を時間変数 t とみなせば最終的に 2 次 Burgers 方程式 (5.128) を得る．なお，式 (5.137) において，n か m のいずれかを 1 に選べば，式 (5.137) が成り立つことは自明であることを確認しよう．

5.4.2 KP 階 層

さてこれまでは 1 階の線形方程式 (5.113) をもとに考えてきたが，次にこれを 2 階の線形方程式

$$f_{xx} + w_1 f_x + w_2 f = 0 \qquad (5.143)$$

に拡張してみよう．ただし係数になる x の関数は，今度は w_1, w_2 の 2 つを導入する．この場合の Cole-Hopf 変換に相当する式，つまり w を f で表す式を求めよう．それは，式 (5.143) が 2 階の方程式なので，2 つの線形独立な解 f_1, f_2 があることに注意すればすぐに求めることができる．以下，$\partial f_1/\partial x$ を $f_{1,x}$ などと表すと，

$$f_{1,xx} + w_1 f_{1,x} + w_2 f_1 = 0 \qquad (5.144)$$
$$f_{2,xx} + w_1 f_{2,x} + w_2 f_2 = 0 \qquad (5.145)$$

が成り立つ．これらの式から，Cramer の公式を用いると

$$w_1 = -\frac{\begin{vmatrix} f_1 & f_{1,xx} \\ f_2 & f_{2,xx} \end{vmatrix}}{\begin{vmatrix} f_1 & f_{1,x} \\ f_2 & f_{2,x} \end{vmatrix}}, \quad w_2 = \frac{\begin{vmatrix} f_{1,x} & f_{1,xx} \\ f_{2,x} & f_{2,xx} \end{vmatrix}}{\begin{vmatrix} f_1 & f_{1,x} \\ f_2 & f_{2,x} \end{vmatrix}} \qquad (5.146)$$

と行列式を用いて表すことができる．このままでは Cole-Hopf 変換式 (5.111) とはだいぶ見た目が異なるが，実は

$$\tau = \begin{vmatrix} f_1 & f_{1,x} \\ f_2 & f_{2,x} \end{vmatrix} \qquad (5.147)$$

とおくと，w_1 だけは
$$w_1 = -\frac{\tau_x}{\tau} \tag{5.148}$$
と書くことができるので，式 (5.111) と同じ形になる．

さて，次に前節と同様に変数 t_n を導入しよう．
$$f_{i,t_n} = \partial_x^n f_i \quad (i=1,2) \tag{5.149}$$
そしてこの変数 t_n を使うと，w_2 に関しても
$$w_2 = \frac{\tau_{xx} - \tau_{t_2}}{2\tau} \tag{5.150}$$
と書けることがわかる．w_2 は Cole-Hopf 変換とは同じ形ではないが，結局 w_1, w_2 とも行列式 τ の微分のみで表すことができた，という事実に気がつくのは大切である．この行列式 τ は佐藤理論の中心的役割を果たすものである．

ここから後の計算は，前節とまったく同じである．ただし
$$W = \partial_x^2 + w_1 \partial_x + w_2 \tag{5.151}$$
とする．そして
$$\partial_{t_n} W f = B_n W f = 0 \tag{5.152}$$
として B_n を求めながら，w_1, w_2 の満たす方程式を計算する．結果は

- $\underline{n=1\text{ のとき}}$
$$B_1 = \partial_x \tag{5.153}$$
であり，w_1, w_2 の満たす式は
$$w_{1,t_1} = w_{1,x} \tag{5.154}$$
$$w_{2,t_1} = w_{2,x} \tag{5.155}$$

という線形の波動方程式になるのは前節と同じである．そして変換 (5.148) と式 (5.150) により，f_1, f_2 についての式
$$f_{i,t_1} = f_{i,x} \quad (i=1,2) \tag{5.156}$$
を得る．

- <u>$n=2$ のとき</u>

$$B_2 = \partial_x^2 - 2w_{1,x} \tag{5.157}$$

が得られ，w_1, w_2 の満たす式は

$$w_{1,t_2} = w_{1,xx} + 2w_{2,x} - 2w_1 w_{1,x} \tag{5.158}$$

$$w_{2,t_2} = w_{2,xx} - 2w_2 w_{1,x} \tag{5.159}$$

という連立の非線形偏微分方程式となる．これは **Broeur-Kaup 方程式**とよばれており，水の波の非線形挙動を表す式として知られている．そして変換 (5.148) と式 (5.150) により，

$$f_{i,t_1} = f_{i,xx} \quad (i=1,2) \tag{5.160}$$

になる．逆にいえば，線形の拡散方程式 (5.160) を満たす関数 f_1, f_2 を用意し，それらを式 (5.146) に代入すれば，それは式 (5.158) と式 (5.159) の解になっている．

- <u>$n=3$ のとき</u>

$$B_3 = \partial_x^3 - 3w_{1,x}\partial_x - 3w_{1,xx} + 3w_1 w_{1,x} - 3w_{2,x} \tag{5.161}$$

を得る．また，w_1, w_2 の連立方程式は少々複雑であるが，

$$\begin{aligned} w_{1,t_3} &= w_{1,xxx} - 3(w_1 w_{1,x})_x + 3w_1^2 w_{1,x} \\ &\quad + 3w_{2,xx} - 3(w_1 w_2)_x \end{aligned} \tag{5.162}$$

$$w_{2,t_3} = w_{2,xxx} - 3w_2 w_{2,x} + 3w_2 w_1 w_{1,x} - 3(w_{1,x} w_2)_x \tag{5.163}$$

となる．これらの式は特に名前はついていないようである．たいへん複雑な非線形方程式であるが，繰り返し述べてきたとおり，変換 (5.148) と式 (5.150) により，

$$f_{i,t_1} = f_{i,xxx} \quad (i=1,2) \tag{5.164}$$

として線形化されるために解けるのである．

また，今回も同様に式 (5.137) が成り立つことがわかる．そして適当な自然数 n, m を選んで w_1, w_2 に対する方程式を求めることができる．これらの方程式系を KP 階層とよんでいる．自明でないもっとも簡単な場合である $n=2, m=3$ として，式 (5.137) を計算してみよう．ただし，B_2, B_3 はそれぞれ式 (5.157)，(5.161) を

代入する．計算過程は省略するが，∂_x の項，∂_x のない項をそれぞれ 0 とおけば w_1, w_2 の式が得られる．結果は

$$-3w_{1,xt_2} + 3w_{1,xxx} + 6w_{2,xx} - 6(w_1 w_{1,x})_x = 0 \tag{5.165}$$

$$4w_{1,xt_3} - 6w_{1,xxt_2} - 6w_{2,xt_2} + 6(w_1 w_{1,x})_{t_2} + 2w_{1,xxxx}$$
$$-6(w_1 w_{1,x})_{xx} + 6w_{2,xxx} = 0 \tag{5.166}$$

となる．そしてこれらの式から容易に w_2 が消去できて，

$$4w_{1,xxt_3} - w_{1,xxxxx} + 12(w_{1,x} w_{1,xx})_x - 3w_{1,xt_2 t_2} = 0 \tag{5.167}$$

が得られる．さらに，$w_{1,x} = u$ とおき，$t_3 = t, t_2 = y$ とおくと

$$(4u_t - u_{xxx} + 12uu_x)_x - 3u_{yy} = 0 \tag{5.168}$$

となる．これは **KP 方程式**であり，佐藤理論の中心的役割を果たす重要な (2+1) 次元の非線形方程式である．

また，式 (5.168) において，u の t_2 依存性を無視すれば，KdV 方程式

$$4u_{t_3} - u_{xxx} + 12uu_x = 0 \tag{5.169}$$

あるいは

$$4w_{1,t_3} - w_{1,xxx} + 6w_{1,x}^2 = 0 \tag{5.170}$$

を得る．このように，ある変数の依存性を無視する操作を**リダクション**とよんでいる．そして，t_2 変数を無視するので，2 リダクションとよばれる．正確には，$\boldsymbol{n}$ **リダクション**とは，$t_n, t_{2n}, t_{3n}, \cdots$ という変数を無視する操作のことをいうが，今は t_4 以上の変数は表れていないので結局 2 リダクションとは t_2 を無視することになっている．

この KdV 方程式は，もちろん式 (5.158)，(5.159)，(5.162)，(5.163) からも導出されるが，最後にそれを確認しておこう．まず，t_2 依存性を無視するため，式 (5.158) より $2w_2 = w_1^2 - w_{1,x}$ を得る．これを式 (5.159) と式 (5.162) に代入して整理すると

$$6w_{1,x}^2 - \frac{3}{2} w_{1,xxx} + 3w_1 w_{1,xx} - 3w_1^2 w_{1,x} = 0 \tag{5.171}$$

$$2w_{1,t_3} + w_{1,xxx} - 3w_{1,x}^2 - 3w_1 w_{1,xx} + 3w_1^2 w_{1,x} = 0 \tag{5.172}$$

となる．この 2 式を足せばただちに式 (5.170) を得る．

5.4.3 ソリトン解の構成

前節で得られた主要なソリトン方程式のソリトン解を具体的に構成してみよう．その前に1つ重要な注意があるが，以前にソリトン方程式は一般にソリトンを N 個含む一般的な解をもつ，と述べた．しかし実は今回の枠組みでは，高々ソリトンの個数は2個までに限定して解析を進めてきたのである．ソリトンの個数とは演算子 W の階数に等しい．そして W は高々2階のものを考えていたため，2ソリトン解までの取扱いに限られるのである．もしもソリトンを3つ以上含む解が必要ならば，W の階数を上げて前節とまったく同じ議論をすればよいが，もちろん面倒になる．そして一般の N 階の場合でも，w_1, w_2 などの具体的な表示以外は今回の簡略化とまったく同じ式変形と結論になっている．そのため本書では W を2階と限定することにより，本質部分を失わずに記法が大幅に簡略されたのである．そして一般の N 階 ($N \to \infty$ も含む) にまで拡張した W について前節と同じ議論をするのが佐藤理論なのである．一般の場合をうまく計算をしていくためには，2章で述べたように微分作用素の負ベキである ∂^{-1} が登場して難しくなるが，今回の簡略化は，この負ベキのない初等的な記述で理論の本質部分の解説を試みたものである．

さて，それでは具体的に2ソリトン解を構成してみよう．式 (5.146) における f_1, f_2 を以下のように指数関数に選ぶ．

$$f_i = e^{\xi_i} + e^{\eta_i}, \quad i = 1, 2 \tag{5.173}$$

ただし位相部分は

$$\xi_i = p_i x + p_i^2 y + p_i^3 t + c_{1i} \tag{5.174}$$

$$\eta_i = q_i x + q_i^2 y + q_i^3 t + c_{2i} \tag{5.175}$$

であり，p_i, q_i, c_{1i}, c_{2i} は定数とする．また，独立変数は $t_1 = x$, $t_2 = y$, $t_3 = t$ とおいた．これは明らかに式 (5.149) を満たすもっとも簡単な解である．また式 (5.173) において2つの指数関数からなる理由は普通のソリトン解を考えているからである．もしも指数関数が1つだけだとすると，それはトリビアルな定数解に対応し，また指数関数が3つ以上の場合は，ソリトン共鳴解というものに対応していることだけ指摘しておこう．さて，KP方程式

$$(4u_t - u_{xxx} + 12uu_x)_x - 3u_{yy} = 0 \tag{5.176}$$

の解は
$$u = w_{1,x} = -(\ln \tau)_{xx} \tag{5.177}$$
ただし
$$\tau = \begin{vmatrix} f_1 & f_{1,x} \\ f_2 & f_{2,x} \end{vmatrix} \tag{5.178}$$
であった．したがって τ 関数は式 (5.173) を代入し
$$\tau = (p_2-p_1)e^{\xi_1+\xi_2} + (q_2-p_1)e^{\xi_1+\eta_2} + (p_2-q_1)e^{\xi_2+\eta_1} + (q_2-q_1)e^{\eta_1+\eta_2} \tag{5.179}$$
である．この解は p, q という 2 つの主要なパラメタで記述され，2 つのソリトンが衝突する動きを表している (図 5.5)．そしてこの τ は，直接法で述べた f そのものであり，解が行列式で書けるのはその構成方法から理解できるだろう．

1 ソリトン解については，例えば $f_1 = 1, f_2 = e^\xi + e^\eta$ として，一方の f を定数に選べばよい．これにより $\tau = pe^\xi + qe^\eta$ となり，式 (5.177) に代入してまとめると
$$u = -\frac{1}{4}(p-q)^2 \text{sech}^2\left[\frac{1}{2}((p-q)x + (p^2-q^2)y + (p^3-q^3)t + c_0)\right] \tag{5.180}$$
となる．

KdV 方程式は，KP 方程式で y 依存性を落としたものである (2 リダクション)．これは式 (5.180) を見ればどのようにすればよいかただちにわかる．y の係数を 0 とおき，他は 0 としないためには

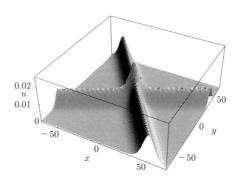

図 **5.5** KP 方程式の 2 ソリトン解．2 つのソリトンが交差しながら伝播してゆく様子を表している．

$$q = -p \tag{5.181}$$

とおけばよい．結果は

$$u = -p^2 \text{sech}^2(px + p^3 t + c_0) \tag{5.182}$$

であり，これはもちろん KdV 方程式

$$4u_{t_3} - u_{xxx} + 12uu_x = 0 \tag{5.183}$$

を満たす 1 ソリトン解である．このように，リダクションとは，解に現れるパラメタを式 (5.181) のように特殊化することに相当している．

以上が佐藤理論の入門的解説であるが，これまであげたソリトン方程式をすべて含むように拡張するには発展的な参考書を参考にして頂きたい[40].

5.5 曲線の運動とソリトン

ここからはソリトン理論の応用について紹介しよう．まず本節で曲線の運動への応用を述べ，次節でセルオートマトンへの応用について解説する．

ソリトン理論は曲線や曲面の幾何学と深い関係にあり，研究の歴史も長い[41]．ここでは曲線の平面運動について詳しく解説しよう．まず，平面曲線は一般に次の Frenet-Serret の公式によって幾何学的に表される．

$$\frac{\partial}{\partial s}\begin{pmatrix} \bm{t} \\ \bm{n} \end{pmatrix} = \begin{pmatrix} 0 & \kappa \\ -\kappa & 0 \end{pmatrix}\begin{pmatrix} \bm{t} \\ \bm{n} \end{pmatrix} \tag{5.184}$$

ただし，s は弧長，κ は曲率で s の関数であり，$\bm{t}$ と $\bm{n}$ はそれぞれ曲線に沿った座標の接線方向，法線方向の単位ベクトルである．

これは平面に固定された曲線を表しているが，いまこの曲線が時間とともに運動している状況を考えよう．そしてその運動を

$$\frac{d\bm{r}}{dt} = U\bm{t} + W\bm{n} \tag{5.185}$$

として，速度を用いて一般的に表すことにする．ここで $\bm{r}$ は曲線の位置ベクトルを表し，U, W はそれぞれの方向の速度成分である．ここで注意したいことは，曲線の運動は質点の運動とは異なり，速度 U, W は勝手にとることができない，ということである．つまり，Frenet-Serret の関係式により，幾何学的にその運動が

制限されるのである．それでは次にこの式 (5.184) と式 (5.185) とが両立する条件を求めよう．

まず，単位ベクトル t と n のもつ性質を検討する．t は

$$t = \frac{\partial r}{\partial s} \tag{5.186}$$

で定義される．さらに $t \cdot t = 1$ なのでこの式を時間 t で微分することにより

$$\frac{dt}{dt} \cdot t = 0 \tag{5.187}$$

となる．この直交条件により，t の時間微分は法線方向のベクトルとなるため，実数 A を用いて $\dot{t} = An$ と表すことができる．同様に n の時間微分は，実数 B を用いて $\dot{n} = Bt$ と表すことができる．以上の結果と式 (5.184), (5.185) とをまとめて行列の形で書くと

$$\frac{d}{dt}\begin{pmatrix} r \\ t \\ n \end{pmatrix} = \begin{pmatrix} 0 & U & W \\ 0 & 0 & A \\ 0 & B & 0 \end{pmatrix} \begin{pmatrix} r \\ t \\ n \end{pmatrix} \equiv L\Phi \tag{5.188}$$

$$\frac{\partial}{\partial s}\begin{pmatrix} r \\ t \\ n \end{pmatrix} = \begin{pmatrix} 0 & 1 & 0 \\ 0 & 0 & \kappa \\ 0 & -\kappa & 0 \end{pmatrix} \begin{pmatrix} r \\ t \\ n \end{pmatrix} \equiv M\Phi \tag{5.189}$$

となる．式 (5.188) と式 (5.189) の両立条件は，式 (5.188) を s で微分したものと式 (5.189) を t で微分したものを辺々比較すればよい．ここで，s による微分と t による微分は順序によらない，つまり

$$\frac{\partial}{\partial s}\frac{d}{dt} = \frac{d}{dt}\frac{\partial}{\partial s} \tag{5.190}$$

であるとする．これは伸び縮みしない曲線に対しては弧長 s が時間と独立なために正しい式である．以上より両立条件として

$$L_s + LM = M_t + ML \tag{5.191}$$

が得られる．具体的に式 (5.191) の成分を計算すると，独立なものとして

$$A = W_s + \kappa U \tag{5.192}$$

$$B = -(W_s + \kappa U) \tag{5.193}$$

$$U_s - \kappa W = 0 \tag{5.194}$$

$$\kappa_t = W_{ss} + \kappa^2 W + \kappa_s U \tag{5.195}$$

の 4 本の式が得られる．これより明らかに $B = -A$ であり，また，式 (5.194) が速度 U, W の関係を与えており，そして式 (5.195) が曲率の時間変化を表す方程式である．以下，この曲率の式に着目してみよう．

曲率に対する式を式 (5.194) を用いれば W のみで表すことができて

$$\kappa_t = W_{ss} + \kappa^2 W + \kappa_s \int ds\, \kappa W \equiv RW \tag{5.196}$$

となる．ただし

$$R = \frac{\partial^2}{\partial s^2} + \kappa^2 + \kappa_s \int ds\, \kappa \tag{5.197}$$

とおいた．そして，もしも

$$W = \kappa_s \tag{5.198}$$

とすれば，式 (5.196) は

$$\kappa_t = \kappa_{sss} + \frac{3}{2}\kappa^2 \kappa_s \tag{5.199}$$

となり，変形 KdV 方程式を得る．つまり，法線方向の速度を曲率の空間変化に比例する，という式 (5.198) の条件を課せば，その曲線の運動はソリトン方程式の 1 つである変形 KdV 方程式に厳密に一致することがわかった．以上の導出から明らかなように，変形 KdV 方程式と 1 次元幾何とはきわめて自然な関連があるのである．

ここで，式 (5.197) で定義される R は，変形 KdV 方程式の**再帰** (リカージョン) **演算子**といわれるものになっている，ということを指摘しておこう．これを繰り返し用いると，以下のように階層を構成することが可能になる．まず，法線方向の速度成分 W を一般に

$$W = R^n \kappa_s \tag{5.200}$$

のように選ぶと，式 (5.196) は

$$\kappa_t = R^{n+1} \kappa_s \tag{5.201}$$

となり，これが変形 KdV 階層である．具体的には

$$n=0 \quad \cdots \quad \kappa_t = \kappa_{sss} + \frac{3}{2}\kappa^2 \kappa_s \tag{5.202}$$

$$n=1 \quad \cdots \quad \kappa_t = \kappa_{sssss} + \frac{15}{8}\kappa^4 \kappa_s + \frac{5}{2}(\kappa(\kappa_s)^2 + \kappa^2 \kappa_{ss})_s \tag{5.203}$$

$$\vdots$$

となる．そしてこの階層は Miura 変換 (5.28) によって KdV 階層と関連付けられている．

さて，式 (5.201) の厳密解を利用して具体的に曲線の運動を求めてみよう．これには，次の明らかな関係式

$$\frac{dx}{ds} = \cos\left(\int \kappa ds\right), \quad \frac{dy}{ds} = \sin\left(\int \kappa ds\right) \tag{5.204}$$

を用いて曲線の位置を計算すればよい．いくつかの解の例を以下に示す．

1) 1 ソリトン解

変形 KdV 方程式 $n=0$ の 1 ソリトン解は以下のように与えられる．

$$\kappa = -4\frac{\partial}{\partial s}\tan^{-1}(\exp(\alpha s + \alpha^3 t)) = -2\alpha\,\mathrm{sech}\{\alpha(s + \alpha^2 t)\} \tag{5.205}$$

で与えられる．ただし α は定数である．このとき曲線の位置は，式 (5.204) を積分して

$$x = s + \frac{4}{\alpha(1 + \exp\{2(\alpha s + \alpha^3 t)\})} \tag{5.206}$$

$$y = \frac{-4\exp(\alpha s + \alpha^3 t)}{\alpha(1 + \exp\{2(\alpha s + \alpha^3 t)\})} \tag{5.207}$$

となる．ただし境界条件を $s \to \pm\infty$ のとき $y \to 0$ とした．この解は曲線がループを形成し，そのループが伝播していく様子を表している (図 5.6 上段)．

2) 高次変形 KdV 方程式の 1 ソリトン解

次に変形 KdV 階層で $n=1$ の場合を考えよう．1 ソリトン解は以下のように求められる．

$$\kappa = -4\frac{\partial}{\partial s}\tan^{-1}\left(\frac{\sin(2\alpha(s - 64\alpha^4 t))}{\cosh(2\alpha(s - 64\alpha^4 t))}\right) \tag{5.208}$$

このとき曲線の位置は以下のように求められる．

$$x = s + \frac{\cos\Theta \sin\Theta - \cosh\Theta \sinh\Theta}{\alpha \cosh^2\Theta + \alpha \sin^2\Theta} \tag{5.209}$$

$$y = \frac{\cos\Theta \cosh\Theta + \sin\Theta \sinh\Theta}{\alpha \cosh^2\Theta + \alpha \sin^2\Theta} \tag{5.210}$$

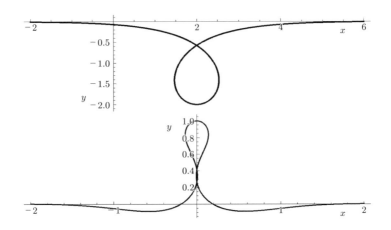

図 5.6 変形 KdV 方程式のループソリトン解 ($\alpha = 1$, $t = 0$). 上段は変形 KdV 階層で $n = 0$ の場合，下段は $n = 1$ の場合の 1 ソリトン解を xy 平面で図示したもの．

ただし $\Theta = 2\alpha s - 128\alpha^5 t$ である．これはループではなく強くたわんだ波が形を変えずに伝播していく様子を表している (図 5.6 下段)．

さて，これまでは曲線は伸び縮みしないという仮定をおいていたが，実際に応用するにあたり，曲線の伸びを考慮した場合にも以上の解析を拡張しておくことは重要である．それは次のようにすればよい．まず，曲線の座標を $\boldsymbol{r}(\sigma, t)$ とおく．ただし，σ は曲線に沿ったパラメタであり，伸びがないときの曲線の弧長を表している．曲線の伸びは

$$g = \frac{\partial \boldsymbol{r}}{\partial \sigma} \cdot \frac{\partial \boldsymbol{r}}{\partial \sigma} \tag{5.211}$$

で定義されるメトリック g を用いて表すことができる．この g を用いて弧長 s は

$$s = \int_0^\sigma \sqrt{g(\sigma', t)}\, d\sigma'. \tag{5.212}$$

と定義される．単位長さの接ベクトルは

$$\boldsymbol{t} = \frac{\partial \boldsymbol{r}}{\partial s} = g^{-1/2} \frac{\partial \boldsymbol{r}}{\partial \sigma} \tag{5.213}$$

そして時間微分は，$ds = \sqrt{g}d\sigma$ に注意すると

$$\frac{d}{dt} = \frac{\partial}{\partial t} + \frac{ds}{dt}\frac{\partial}{\partial s} = \frac{\partial}{\partial t} + \left(\int \frac{d}{dt}\ln\sqrt{g}\, ds\right)\frac{\partial}{\partial s} \tag{5.214}$$

と表され，最後の項の存在が曲線の伸びの効果を表す．σ と t の微分は交換するが，先ほどと異なり s と t の微分は伸びの効果のために交換しない．それは

$$\left[\frac{d}{dt}, \frac{\partial}{\partial s}\right] = -\left(\frac{\partial U}{\partial s} - \kappa W\right)\frac{\partial}{\partial s} \tag{5.215}$$

となることからもわかる．以上より前節と同様にして両立条件を計算すれば

$$\frac{d}{dt}\ln\sqrt{g} = \frac{\partial U}{\partial s} - \kappa W \tag{5.216}$$

$$\frac{\partial \kappa}{\partial t} = \frac{\partial^2 W}{\partial s^2} + \kappa^2 W + \frac{\partial \kappa}{\partial s}\int \kappa W ds \tag{5.217}$$

を得る．これより，曲率に対する方程式は伸びを入れないときと同じ偏微分方程式になることがわかった．

以上，ソリトン理論の平面曲線の運動への応用について紹介したが，なぜ1次元幾何とソリトンが関連しているかといえば，Frenet-Serret の公式 (5.184) を見ればわかるとおり，これは Lax ペアの1つである，と見ることができるからである．また，これらの結果は近年1次元弾性体の大変形挙動への応用もなされており，工学的な応用も進んでいる．

5.6 超離散法

5.6.1 セルオートマトン

ソリトン理論の対象は微分方程式だけでなく，差分方程式や，さらには究極の差分系であるセルオートマトンにまで広がってきている．それでは最後に近年研究の進展が著しいソリトンセルオートマトンについて述べよう．まずセルオートマトンとは，現代のコンピューター生みの親である von Neumann が，ロスアラモス国立研究所の同僚 Ulam（ウラム）とともに 1940 年代に考え出したものである．von Neumann は自己複製できる機械を研究している中で，個々の単純な規則の集まりから，全体として何か複雑なシステムをつくり出すという着想を得た．複雑で巨大なシステムを初めから設計するのはたいへんであるが，単純な規則をもつモジュールを組み合わせるだけで目的とするものが自動的にできればたいへんすばらしいことであり，当時，月の宇宙基地建設にもこのアイデアが検討されたこともある．1980 年代になって，有名な数式処理ソフト Mathematica の生み

の親である Wolfram がこのセルオートマトンを理論的に研究し，その分類方法を確立した．その後，数理物理学の研究者がこのオートマトンに着目し，さまざまな自然科学への応用が始まった．中でも世間の注目を浴びたのは，セルオートマトンを用いて流体が円柱周りを流れるときの Kármán 渦を再現して見せたことである．今では，セルオートマトンは自然科学だけでなく，社会科学を含む複雑系のモデリング手法として使われており，また工学的な応用としては，電子回路や機械システムの設計などにも使われ，活発に研究がすすめられている[42]．

セルオートマトンとは，空間をセルに分割し，その各セルに整数の状態量を割り当て，ある決まった規則でその状態量を時間更新していくものである．この例として，次の単純なモデルを考えてみよう．

「1次元的に並んだ各セルに自然数を1つ対応させる．時刻 $t+1$ でのセル j の値は，前の時刻 t でのその前と後ろのセルの値の大きいほうとする」

この規則を与えられた場合，例えば初期に直線上に配置した 0 と 1 の数字は，時間とともに以下のように変化していく．

t $\cdots$ 0001101111100100011000

$t+1$ $\cdots$ 0011111111111010111100

$t+2$ $\cdots$ 0111111111111101111110

ただし各数字はセルに書いてあるとし，セルは省略して表してある．

ここで，与えられた規則を式で表せば

$$f_j^{t+1} = \max(f_{j-1}^t, f_{j+1}^t) \tag{5.218}$$

となる．ただし，時刻 t のときのセル j の値を f_j^t と表した．つまり方程式 (5.218) の初期値問題を解けば，各セルの時間発展の様子がわかるが，われわれは残念ながらこうした max などの入った非線形の差分方程式を解くのに有効な手法を持ち合わせていない．規則は単純でその時間発展もたやすく計算機で実行できるが，その最終状態を理論的に求めるのは難しい．そこで，やはり微積分法が使える偏微分方程式のような連続系との対応を考えることは自然であろう．これに関連して，Wolfram は 1985 年にセルオートマトンにおける 20 の未解決問題を提案し，そのうち 9 番目に

「与えられたオートマトンに対応する偏微分方程式を見出せ」

というものをあげた．そしてこれが最近，ソリトンの一部の方程式に関しては肯定的に解かれた．これが超離散の方法である．そして実はこの式 (5.218) は，以

下に示すとおり拡散方程式と密接に関係していることもわかる．

5.6.2 超離散法とは

まず，次が**超離散公式**といわれているものである．

$$\lim_{\varepsilon \to +0} \varepsilon \log \left(\exp\left(\frac{A}{\varepsilon}\right) + \exp\left(\frac{B}{\varepsilon}\right) \right) = \max(A, B) \tag{5.219}$$

これは左辺の解析的な関数と，右辺の非解析的な関数をつなげる重要な公式である．この式が成り立つことは簡単に示せる．まず，明らかに $A = B$ のときは成り立つ．$A > B$ とすれば，

$$\lim_{\varepsilon \to +0} \varepsilon \log \exp\left(\frac{A}{\varepsilon}\right) \left(1 + \exp\left(\frac{B-A}{\varepsilon}\right)\right) = A + \lim_{\varepsilon \to +0} \varepsilon \log \left(1 + \exp\left(\frac{B-A}{\varepsilon}\right)\right) \tag{5.220}$$

であるから，極限値は A になる．$A < B$ の場合も同様に考えて，極限値は B となり，公式は示された．

この超離散公式がどのように使われるかについて，拡散方程式の例をあげて説明する．まず，次の単純な差分方程式を考える．

$$u_j^{t+1} = \frac{1}{2}(u_{j-1}^t + u_{j+1}^t). \tag{5.221}$$

ここで，u_j^t は 1 次元格子上で時刻 t，位置 j における u の値を表す．この式を，$u_{j\pm 1}^t = u(t, x \pm \Delta x)$, $u_j^{t+1} = u(t + \Delta t, x)$ とおいて $\Delta x, \Delta t \to 0$ の連続極限をとれば，

$$u_t = D u_{xx}, \tag{5.222}$$

となる．ただし，$D = \Delta x^2/(2\Delta t)$ は定数で，これが定数となるような極限をとるものとする．つまり，式 (5.221) は，拡散方程式 (5.222) の差分版とみなすことができる．次にこの式 (5.221) に対して次の変数変換を行う．

$$u_j^t = \exp\left(\frac{U_j^t}{\varepsilon}\right). \tag{5.223}$$

ただし，ε は新たに導入したパラメタである．そして式 (5.223) を式 (5.221) に代入すると

$$U_j^{t+1} = \varepsilon \log \left(\exp\left(\frac{U_{j-1}^t}{\varepsilon}\right) + \exp\left(\frac{U_{j+1}^t}{\varepsilon}\right) \right) + \varepsilon \log \frac{1}{2} \tag{5.224}$$

となる. ここで, $\varepsilon \to +0$ の極限をとり, 先ほどの超離散公式 (5.219) を用いれば

$$U_j^{t+1} = \max(U_{j-1}^t, U_{j+1}^t) \tag{5.225}$$

を得る. これはまさに前節で述べた式 (5.218) そのものである. この式より, もし $t = T$ ですべての j に対して $U_j^t \in \mathbb{Z}$ ならば, 明らかに $t > T$ ですべての j に対して $U_j^t \in \mathbb{Z}$ である. つまり, 式 (5.225) は拡散方程式のセルオートマトンとみなすことができる. 確かにセルオートマトンでは時間発展をするにつれて周囲に数値が拡散していく様子が表現されているが, もとの拡散方程式に見られる値の減衰はこのままでは表現できていない. したがって, あくまでもこの場合は公式を用いた形式的な対応関係があると考えればよい. 以上が偏微分方程式とセルオートマトンとの対応関係を与える超離散法の概要である.

次にこの超離散法を用いて, 戸田格子のセルオートマトンを求めよう. 戸田格子を粒子間距離 r_n により表示すると

$$\frac{d^2 r_n}{dt^2} = 2e^{-r_n} - e^{-r_{n-1}} - e^{-r_{n+1}} \tag{5.226}$$

となる. この可積分性を保った差分方程式は

$$\begin{aligned}u_n^{t+1} - 2u_n^t + u_n^{t-1} &= \log\left(1 + \delta^2(e^{u_{n+1}^t} - 1)\right) \\&\quad - 2\log\left(1 + \delta^2(e^{u_n^t} - 1)\right) + \log\left(1 + \delta^2(e^{u_{n-1}^t} - 1)\right)\end{aligned} \tag{5.227}$$

となることが知られている. 確かにこの式で $u_n^t = -r_n(\delta t)$ とおいて, $\delta \to 0$ とすると極限で式 (5.227) は式 (5.226) になるのはすぐにわかる. このように差分と微分の対応が見えやすいのが戸田格子の特徴である. 次に超離散公式に従って式 (5.227) の極限をとろう. $u_n^t = U_n^t/\varepsilon$, $\delta = e^{-L/2\varepsilon}$ とおいて $\varepsilon \to +0$ とれば, 超離散化された戸田格子

$$\begin{aligned}U_n^{t+1} - 2U_n^t + U_n^{t-1} &= \max(0, U_{n+1}^t - L) \\&\quad - 2\max(0, U_n^t - L) + \max(0, U_{n-1}^t - L)\end{aligned} \tag{5.228}$$

を得る. これはもとの戸田格子の性質によく似たセルオートマトンになっている.

5.6.3 超離散 Burgers 方程式

次にやや複雑な例として, 散逸系でかつ厳密に解ける Burgers 方程式について超離散化を行ってみよう. まず, Burgers 方程式

$$u_t = 2uu_x + u_{xx} \tag{5.229}$$

の性質として，これまで繰り返し述べてきたとおり，Cole-Hopf 変換 $u = f_x/f$ によって線形化され，f について熱伝導方程式 $f_t = f_{xx}$ になる．さて，この CA を求めるわけであるが，さて，Burgers 方程式の差分方程式をまず求めなくてはならないが，これは直接式 (5.229) を差分化するのではなく背後の数学的性質，つまりはこの場合熱伝導方程式の構造を保つように差分化する．まず線形の熱伝導方程式を差分化し，それを離散的な Cole-Hopf 変換を逆に解いて差分 Burgers 方程式を求めるのである．熱伝導方程式を差分すると

$$f_j^{t+1} - f_j^t = \delta(f_{j+1}^t - 2f_j^t + f_{j-1}^t) \tag{5.230}$$

となる．ただし，$\delta = \Delta t/\Delta x^2$ であり，Δt, Δx はそれぞれ時間差分間隔，空間差分間隔である．そして，$x \to j\Delta x$, $t \to t\Delta t$ とし，$f(j\Delta x, t\Delta t) = f_j^t$ などとおいた．次に，Cole-Hopf 変換の離散版として

$$u_j^t = c\frac{f_{j+1}^t}{f_j^t} \tag{5.231}$$

というものを考える．ただし c は定数である．式 (5.231) から c を引いて $c \sim 1/\Delta x$ とおくと極限で Cole-Hopf 変換に一致することはすぐわかる．次に式 (5.231) を用いて式 (5.230) を u のみで表すと

$$u_j^{t+1} = u_j^t \frac{1 - 2\delta + \delta\left(\frac{c}{u_j^t} + \frac{u_{j+1}^t}{c}\right)}{1 - 2\delta + \delta\left(\frac{c}{u_{j-1}^t} + \frac{u_j^t}{c}\right)} \tag{5.232}$$

となる．これが時間・空間の差分化された Burgers 方程式である．次にこれを CA に変換する．そのために従属変数を離散化する操作が必要であり，これが超離散といわれる手法である．まず，

$$u_j^t = \exp\left(\frac{U_j^t}{\varepsilon}\right) \tag{5.233}$$

とおいて，新たに小さい変数 ε を導入する．さらに

$$\frac{1 - 2\delta}{c\delta} = \exp\left(-\frac{M}{\varepsilon}\right) \tag{5.234}$$

$$\frac{1}{c^2} = \exp\left(-\frac{L}{\varepsilon}\right) \tag{5.235}$$

とおいて，δ, c のかわりに L, M を導入する．そして極限 $\varepsilon \to +0$ を考える．これは $c\delta \to +\infty$ としながら $c \to +\infty$, $\delta \to 0$ となるような極限をとることに相当している．

すると，超離散公式 (5.219) より，式 (5.232) は

$$U_j^{t+1} = U_j^t - \max(-M, -U_{j-1}^t, -L+U_j^t) + \max(-M, -U_j^t, -L+U_{j+1}^t) \quad (5.236)$$

となる．最後に式 (5.236) を min で表すと，$\max(A, B) = -\min(-A, -B)$ より

$$U_j^{t+1} = U_j^t + \min(M, U_{j-1}^t, L - U_j^t) - \min(M, U_j^t, L - U_{j+1}^t) \quad (5.237)$$

を得る．これが Burgers セルオートマトン (Burgers CA, 略して BCA) である．この BCA はもし $M > 0, L > 0$ であり，かつすべての j に対して $0 \leq U_j^t \leq L$ ならば，すべての j に対して $0 \leq U_j^{t+1} \leq L$ が成り立つことが示せる．つまり式 (5.237) は $\{0, 1, \cdots, L\}$ の $(L+1)$ 状態をとる 3 近傍のセルオートマトンとみなすことができる．また，式 (5.237) において，$L = M = 1$ とおくと，0 と 1 の値をとる通常のセルオートマトンになり，真理値表を書き出してみると

$$\frac{U_{j-1}^t U_j^t U_{j+1}^t}{U_j^{t+1}} = \frac{000}{0}, \frac{001}{0}, \frac{010}{0}, \frac{011}{1}, \frac{100}{1}, \frac{101}{1}, \frac{110}{0}, \frac{111}{1} \quad (5.238)$$

となる．これはアメリカ物理学者の Wolfram のセルオートマトンによる分類でルール 184CA に相当している[43]．ちなみに 184 という数字は，式 (5.238) の分母だけを逆から 1 列に並べてできる 2 進数を 10 進数表示したものである．

ここで興味深いのは，このルール 184CA と Burgers 方程式は，交通流のモデルとして歴史的にまったく独立に導入された，ということである．それがこの超離散法によってつながったのである．ルール 184CA のルールは単純に言い換えると以下のようになる．進行方向を右向きにとり，車のいるセルを 1，いないセルを 0 で表し，車は時間 1 ステップで 1 セル分動けるとする．そして前に車がいれば動けない，というものである．このルールにより 1 の動きは図 5.7 のように表されることがわかる．これより，1 の塊 (渋滞部分) が進行方向と逆に伝播しており，車や人の動きの基本的特性を捉えたモデルになっていることがわかる．

さらに一般の BCA のダイナミクスは，粒子の運動として以下のような解釈が可能である．

「各セルは最大 L 個の粒子を格納できる．そして U_j^t はセル j の時刻 t での粒子

$t=0$	⋯	0	1	1	0	1	0	0	1	1	1	0	1	0	1	0
$t=1$	⋯	0	1	0	1	0	1	0	1	1	0	1	0	1	0	1
$t=2$	⋯	0	0	1	0	1	0	1	1	0	1	0	1	0	1	0
$t=3$	⋯	0	0	0	1	0	1	1	0	1	0	1	0	1	0	1
$t=4$	⋯	0	0	0	0	1	1	0	1	0	1	0	1	0	1	0

図 **5.7** ルール 184CA での時間発展の様子

数を表している．時刻 t から $t+1$ で，セル j にいる粒子は隣のセル $j+1$ に動くことができるが，その最大数は M である．そしてこの制限のもとで，隣のセルの空きの分 $L - U_{j+1}^{t}$ に入るだけすべて隣へ動かす．」

これより，もし $M < L$ ならば，M はボトルネックの効果を表している．また，このルールからわかるとおり，この BCA のダイナミクスは，全粒子数を保存するものになっている．そして近年ではこのモデルを拡張することでさまざまな渋滞現象の研究が進められている[43]．

5.6.4 超離散法の課題

超離散法では，変数に対して式 (5.223) や式 (5.233) という置き換えをした後，$\varepsilon \to +0$ という極限をとっている．したがって，もとの従属変数が正の値だけでなく，負の値もとる場合は指数関数による置き換えができず，超離散法の適用は難しい．また，超離散公式で対数関数の中の式の符号が一部マイナスになっている次のような場合は極限値がとれない．

$$\lim_{\varepsilon \to +0} \varepsilon \log \left(\exp\left(\frac{A}{\varepsilon}\right) - \exp\left(\frac{B}{\varepsilon}\right) \right) \tag{5.239}$$

したがって，例えば次の式の場合，超離散化はそのままでは困難である．

$$u_j^{t+1} = u_j^t u_{j+1}^t - u_{j-1}^t \tag{5.240}$$

しかし，移項すれば見かけ上超離散公式が適用できるようになるが，そうすると別の問題が発生してしまう．移項すると

$$u_j^{t+1} + u_{j-1}^t = u_j^t u_{j+1}^t \tag{5.241}$$

となるが，これを超離散化すると

$$\max(U_j^{t+1}, U_{j-1}^t) = U_j^t + U_{j+1}^t \tag{5.242}$$

となる．これは明らかに時間発展が一意に決まらない式である．

さらに，式 (5.219) 以外にも極限で max に収束する公式はいくらでも存在する．例えば

$$\lim_{\varepsilon \to +0} x\left(\frac{1}{\pi}\tan^{-1}\left(\frac{x}{\varepsilon}\right) + \frac{1}{2}\right) = \max(0, x) \tag{5.243}$$

などという式も成り立つのである．したがって何でも公式 (5.219) で置き換えようとしても意味がない．そして，逆に max の入った式にこの公式を当てはめ，有限の ε に留めることでセルオートマトンから差分方程式を導く方法が逆超離散法であるが，これも公式のバリエーションがこのようにたくさんあるため，その手続きは一意ではない．

以上のように超離散法はすべての差分方程式に自動的に適用できるものではなく，一般に限定された範囲で使えるに過ぎない．さらにもとの微分方程式との対応関係であるが，数学的にはこれまで見てきたように決まった手続きによって結ばれているが，その意味についてはまだわかっていないことも多い．例えば，そもそも変数変換 (5.223) や (5.233) をを見ればわかるとおり，極限 $\varepsilon \to +0$ をとれば，有限の U では右辺は発散してしまう．つまり，もとの差分方程式の中の変数の特異点を拾い出しているのがこの変数変換だといえる．これが何を意味するのかはまだわかっていないが，超離散極限とは，ある種の「低温極限」である，という統計力学との形式的な対応は興味深い．これは式 (5.219) が見出された当初から指摘されていたことではあるが，式 (5.219) の中のパラメタ ε を「温度」とみなして，統計力学とつなげて議論する，という視点である．統計力学において，自由エネルギーを形式的に

$$F = -kT \log\left(\sum_n \exp(-E_n/kT)\right) \tag{5.244}$$

と書き，低温極限 $kT \to +0$ を考える．ただし k は Boltzmann 定数で，T は温度，E_n は系の部分エネルギーである．すると，式 (5.219) より自由エネルギーは

$$F = -\max(-E_1, -E_2, \ldots) \tag{5.245}$$

と書けるのである．この事実は，量子可積分系の研究において「結晶化」といわれ，代数的なアプローチで現在さかんに研究されている．

参　考　文　献

[第 1 章]
 [1] 吉田善章：新版　応用のための関数解析，サイエンス社，2006.
 [2] 伊藤清三：関数解析 III（岩波講座・基礎数学），岩波書店，1978.
 [3] K. Yoshida: *Functional Analysis* (sixth ed.), Springer, 1980.
 [4] 吉田善章：非線形とは何か——複雑系への挑戦，岩波書店，2008; Z. Yoshida: *Nonlinear Science —the challenge of complex systems*, Springer, 2010.
 [5] 高木貞治：解析概論（改訂版），岩波書店，1983，第 4 章.
 [6] F. H. Clarke: Trans. Amer. Math. Soc. **205**, 247 (1975).
 [7] H. Brézis: *Opérateurs maximaux monotones et semi-groupes de contractions dans les espaces de Hilbert*, North-Holland, 1973.
 [8] 増田久弥：非線型数学，朝倉書店，1985.

[第 2 章]
 [9] 吉田善章：新版　応用のための関数解析，サイエンス社，2006.
[10] L. Nirenberg, *Topics in Nonlinear Functional Analysis*, New edition, Courant Lecture Notes in Mathematics, ISSN1529-9031;6 (2001).
[11] 増田久弥：非線型数学，朝倉書店，1985.
[12] H. Fujita, T. Kato: *On the Navier-Stokes initial value problem I*, Arch. Rational Mech. Anal. **16** (1964), 269-315.
[13] 高村幸男，小西芳雄：非線型発展方程式（岩波講座・基礎数学），岩波書店，1977.
[14] 森本光生：佐藤超函数入門（復刊），共立出版，2000.
[15] 三輪哲二，神保道夫，伊達悦朗：ソリトンの数理，岩波書店，2007.
[16] 吉田善章：非線形とは何か——複雑系への挑戦，岩波書店，2008; Z. Yoshida: *Nonlinear Science —the challenge of complex systems*, Springer, 2010.
[17] 谷内俊弥，西原功修：非線形波動，岩波書店，1977.
[18] 柏原正樹：代数解析入門，岩波書店，2008.
[19] V. I. アーノルド：古典力学の数学的方法（邦訳：安藤韶一，蟹江幸博，丹羽敏雄），岩波書店，1980.
[20] P. J. Morrison: *Hamiltonian description of the ideal fluid*, Rev. Mod. Phys. **70** (1998), 467.
[21] 大森英樹：一般力学系と場の幾何学，裳華房，1991.
[22] Y. Nambu: *Generalized Hamiltonian dynamics*, Phys. Rev. D **7** (1973), 2405.

[第 3 章]

[23] N. Goldenfeld: *Lectures on Phase Transitions and the Renormalization Group*. Addison-Wesley, 1992.

[24] 今田正俊: 統計物理学, 丸善, 2004.

[25] 宮下精二: 熱・統計力学, 培風館, 1993.

[26] 江沢洋, 渡辺敬二, 鈴木増雄, 田崎晴明: くり込み群の方法 (現代物理学叢書), 岩波書店, 2000.

[第 4 章]

[27] R.L. Devaney: *An Introduction to Chaotic Dynamical Systems*, Second Edition, Perseus Books, Reading, 1989.

[28] J. Guckenheimer and P. Holmes: *Nonlinear Oscillations, Dynamical Systems, and Bifurcation of Vector Fields*, Springer-Verlag, New York, 1983.

[29] 金子邦彦, 津田一郎：複雑系のカオス的シナリオ, 朝倉書店, 1996.

[30] 岡本久：ナヴィエーストークス方程式の数理, 東京大学出版会, 2009.

[31] C. Robinson: *Dynamical Systems*, Second Edition, CRC Press, Boca Raton, 1999.

[32] R. Temam: *Infinite-Dimensional Dynamical Systems in Mechanics and Physics*, Springer-Verlag, New York, 1988.

[33] 山口昌哉：カオス入門, 朝倉書店, 1996.

[34] 柳田英二, 栄伸一郎：常微分方程式論, 朝倉書店, 2002.

[35] 吉田善章：新版 応用のための関数解析, サイエンス社, 2006.

[第 5 章]

[36] 戸田盛和：非線形波動とソリトン 新版, 日本評論社, 2000.

[37] 広田良吾：直接法によるソリトンの数理, 岩波書店, 1992.

[38] G.L. ラム Jr (戸田盛和 監訳)：ソリトン 理論と応用, 培風館, 1983.

[39] 野海正俊：パンルヴェ方程式 ―対称性からの入門―, 朝倉書店, 2000.

[40] 三輪哲二, 神保道夫, 伊達悦朗：ソリトンの数理, 岩波書店, 2007.

[41] 井ノ口順一：曲線とソリトン, 朝倉書店, 2010.

[42] 加藤恭義, 築山洋, 光成友孝：セルオートマトン法 ―複雑系の自己組織化と超並列処理―, 森北出版, 1998.

[43] 西成活裕：よくわかる渋滞学, ナツメ社, 2009.

索引

欧文

α-極限集合 (α-limit set) 135
ε-展開 (ε-expansion) 110
ω-極限集合 (ω-limit set) 134
Banach 空間 (Banach space) 6
Burgers 階層 (Burgers Hierarchy) 186
Burgers 方程式 (Burgers equation) 163
　超離散—— 202
Cantor 集合 (Cantor set) 154
Casimir 元 (Casimir element) 77
Cayley 変換 (Cayley transformation) 19
Clarke 微分 (Clarke derivative) 29
Cole-Hopf 変換 (Cole-Hopf transformation) 163
Darboux の定理 (Darboux's theorem) 77
Euler 方程式 (Euler equaiton) 68
FitzHugh-Nagumo 方程式 (FitzHugh-Nagumo equation) 115
Frenet-Serret の公式 (Frenet-Serret formula) 194
Gauss 近似 (Gaussian approximation) 92
Gauss 積分 (Gaussian integral) 95
Gelfand 表現 (Gelfand representation) 19
Ginzburg-Landau の自由エネルギー (Ginzburg-Landau free energy) 87
Hamilton 正準方程式 (Hamilton's canonical equation) 75
Hamilton ベクトル場 (Hamiltonian vector field) 72
Hausdorff 次元 (Hausdorff dimension) 152

Hilbert 空間 (Hilbert space) 7
Hopf 分岐 (Hopf bifurcation) 129
irrelevant 104
Jacobi の等式 (Jacobi identity) 64
Jordan 標準形 (Jordan canonical form) 118
KdV 階層 (KdV hierarchy) 62, 197
KdV 方程式 (KdV equation) 56, 67, 164
　変形—— 166
KP 階層 (KP Hierarchy) 188
Landau の平均場理論 (Landau's mean field theory) 89
Lax ペア (Lax pair) 52, 173
Li-Yorke の定理 (Li-Yorke theorem) 147
Lie 環 (Lie ring) 53
Lie 群 (Lie group) 53
Lipschitz 連続 (Lipschitz continuous) 38
Lorenz アトラクター (Lorenz attractor) 113
Lorenz 方程式 (Lorenz equation) 113
Lyapunov 次元 (Lyapunov dimension) 156
Lyapunov 数 (Lyapunov number) 156
marginal 104
Navier-Stokes 方程式 (Navier-Stokes equation) 42, 115
Painlevé テスト (Painlevé test) 177
Poincaré-Bendixson の定理 (Poincaré-Bendixson theorem) 152
Poisson 括弧 (Poisson bracket) 64, 72
Poisson 作用素 (Poisson operator) 64
Poisson 代数 (Poisson algebra) 72
relevant 104

Schrödinger 方程式 (Schrödinger equation) 66
　非線形―― 166
Schwartz 超関数 (Schwartz distribution) 27
Sine-Gordon 方程式 (Sine-Gordon equation) 166
Sobolev 空間 (Sobolev space) 9
von Neumann の定理 (von Neumann's theorem) 14

あ 行

アトラクター (attractor) 133
　――の安定性 145
　――の吸引領域 139
安定性 (stability) 117
安定性交代型分岐 (transcritical bifurcation) 127
安定多様体 (stable manifold) 103, 122
鞍点法 (saddle point method) 91
異常次元 (anomalous dimension) 98
イデアル (ideal) 19
陰関数 (implicit function) 29
陰関数定理 (implicit function theorem) 125
渦方程式 (vortex equation) 68
エネルギー・カシミール関数 (energy-Casimir function) 79
オブザーバブル (observable) 8, 66

か 行

解軌道 (orbit) 134
階数 (rank) 9
階層方程式 (hierarchy equations) 59
カオス (chaos) 146
核 (kernel) 9
可積分 (integrable) 58, 83
カタストロフィー (catastrophe) 31
カットオフ (cut-off) 93
環 (ring)

Lie―― 53
可換―― 18
線形作用素の―― 18
関数空間 (function space) 6, 134
規格化 (normalization) 23
軌道 (orbit) 21
余随伴―― 74
擬微分作用素 (pseudo-differential operator) 61
吸引集合 (absorbing set) 140
強圧性 (coercivity) 81
共役作用素 (adjoint operator) 13
行列の指数関数 (matrix exponential) 118
局所安定多様体 (local stable manifold) 123
局所不安定多様体 (local unstable manifold) 123
極大アトラクター (maximal attractor) 139
グラフ (graph) 15
　――ノルム 16
くりこみ群方程式 (renormalization group equation) 109
くりこみ群理論 (renormalization group theory) 100
係数行列 (coefficient matrix) 118
固定点 (fixed point) 102
固有値 (eigenvalue) 10

さ 行

佐藤理論 (Sato theory) 183
サドル・ノード分岐 (saddle-node bifurcation) 126
作用素 (operator)
　共役―― 13
　自己共役―― 14
　縮小―― 39
　多価―― 44
　単調―― 45
　閉―― 17

磁気流体方程式 (magnetohydrodynamics equations) 116
自己共役作用素 (self-adjoint operator) 14, 22
指数関数 (exponential function) 20
沈み込み点 (sink) 123
時定数 (time constant) 20
写像度 (degree) 35
自由エネルギー汎関数 (free energy functional) 90
周期点 (periodic point) 148
周期倍型分岐 (period-doubling bifurcation) 150
収束半径 (convergence radius) 23
縮小作用素 (contraction mapping) 39
準同型写像 (homomorphism) 7
剰余スペクトル (residual spectrum) 12
初期値鋭敏性 (sensitive dependence on initial condition) 151
シンプレクティック構造 (symplectic structure) 75
随伴表現 (adjoint representaiton) 71
スケーリング解析 (scaling analysis) 96
スケーリング仮説 (scaling hypothesis) 98, 99
スケール (scale) 23
スペクトル (spectrum) 12
　——分解 11, 14
　剰余—— 12
　点—— 12
　連続—— 12
赤外領域 (infrared region) 95
絶対収束級数 (absolute convergence series) 38
摂動論的くりこみ群 (perturbative renormalization group) 110
セルオートマトン (cellular automaton) 199
漸近安定 (asymptotically stable) 117
線形応答 (linear response) 88
線形化行列 (linearized matrix) 120

線形化方程式 (linearized equation) 120
線形空間 (linear space) 6
線形写像 (linear function) 7
相関長 (correlation length) 96
双曲型 (hyperbolic) 123
双線形方程式 (bilinear equation) 172
相転移 (phase transition) 88
粗視化 (coarse graining) 100

た 行

大域アトラクター (global attractor) 139
大域的な安定多様体 (global stable manifold) 124
大域的な不安定多様体 (global unstable manifold) 124
退化次数 (nullity) 9
対称作用素 (symmertic operator) 13
対称性 (symmetry) 54, 57
単位の分解 (resolution of identity) 14
単調作用素 (monotone operator) 45
　極大—— 46
値域 (range) 8
逐次代入法 (iteration) 38
秩序パラメタ (order parameter) 87
中心多様体 (center manifold) 122
超離散 (ultradiscrete)
　——Burgers 方程式 202
　——法 201
直接法 (direct method) 170
定義域 (domain) 8
点スペクトル (point spectrum) 12
特異性 (singularity) 26
特性常微分方程式 (characteristic ordinary differential equation) 82
戸田格子 (Toda lattice) 167

な 行

熱対流方程式 (heat convection equations) 116
ノルム (norm) 6

は 行

爆発 (blow up)　25
ハミルトニアン (Hamiltonian)　64
汎関数積分 (functional integral)　91
半群性 (semigroup property)　123
反応拡散方程式 (reaction-diffusion equation)　114
ヒステリシス (hysteresis)　32
非正準 Hamilton 力学系 (noncanonical Hamiltonian system)　77
非線形 Schrödinger 方程式 (nonlinear Schrödinger equation)　166
襞 (pleat)　29
ピッチフォーク分岐 (pitchfork bifurcation)　127
不安定多様体 (unstable manifold)　122
不動点 (fixed point)　35
不動点定理 (fixed point theorem)
　　Brouwer の——　36
　　Schauder の——　37
　　縮小写像の——　39
不変 (invariant)　137
不変集合 (invariant set)　137
フラクタル次元 (fractal dimension)　152
分岐 (bifurcation)　29, 125
分散関係式 (dispersion relation)　162
平衡点 (equilibrium point)　117
閉作用素 (closed operator)　17
ベクトル空間 (vector space)　6
ベクトル算法 (law of vector composition)　6
ヘテロクリニック軌道 (heteroclinic orbit)　136
変形 KdV 方程式 (modified KdV equation)　166
変分法 (variational principle)　48
飽和 (saturation)　25
保存量 (conserved quantity)　168
ホモクリニック軌道 (homoclinic orbit)　137
ホモトピー不変量 (homotopy invariant)　34

や 行

葉層化 (foliation)　77
余核 (cokernel)　9
余随伴軌道 (co-adjoint orbit)　74

ら 行

ラプラシアン (Laplacian)　40
離散力学系 (discrete dynamical systems)　148
リダクション (reduction)　191
臨界現象 (critical phenomena)　95
臨界次元 (critical dimension)　95
臨界指数 (critical exponent)　104
臨界多様体 (critical manifold)　103
ルール 184CA (rule 184 CA)　204
レゾルベント (resolvent)　12
　　——作用素の応用　44
　　——作用素　12
劣微分 (subderivative)　29, 48
連続スペクトル (continuous spectrum)　12

わ 行

湧き出し点 (source)　123

東京大学工学教程

編纂委員会	光 石　　　衛 (委員長)
	相 田 仁
	北 森 武 彦
	小 芦 雅 斗
	佐 久 間 一 郎
	関 村 直 人
	高 田 毅 士
	永 長 直 人
	野 地 博 行
	原 田 昇
	藤 原 毅 夫
	水 野 哲 孝
	吉 村 忍 (幹事)
数学編集委員会	永 長 直 人 (主査)
	岩 田 覚
	竹 村 彰 通
	室 田 一 雄
物理編集委員会	小 芦 雅 斗 (主査)
	押 山 淳
	小 野 靖
	近 藤 高 志
	高 木 周
	高 木 英 典
	高 田 雅 昭
	陳 中 昱
	山 下 晃 一
	渡 邉 聡
化学編集委員会	野 地 博 行 (主査)
	加 藤 隆 史
	高 井 まどか
	野 崎 京 子
	水 野 哲 孝
	宮 山 勝
	山 下 晃 一

2015 年 12 月

著者の現職

吉田善章（よしだ・ぜんしょう）
自然科学研究機構 核融合科学研究所 所長／東京大学名誉教授

永長直人（ながおさ・なおと）
東京大学大学院工学系研究科物理工学専攻教授

石村直之（いしむら・なおゆき）
中央大学商学部教授

西成活裕（にしなり・かつひろ）
東京大学先端科学技術研究センター教授

東京大学工学教程　基礎系　数学
非線形数学

平成28年1月20日	発　　行
令和7年4月10日	第6刷発行

編　者　東京大学工学教程編纂委員会

著　者　吉田善章・永長直人
　　　　石村直之・西成活裕

発行者　池田和博

発行所　丸善出版株式会社
〒101-0051　東京都千代田区神田神保町二丁目17番
編集：電話（03）3512-3266／FAX（03）3512-3272
営業：電話（03）3512-3256／FAX（03）3512-3270
https://www.maruzen-publishing.co.jp

Ⓒ The University of Tokyo, 2016

印刷・製本／三美印刷株式会社

ISBN 978-4-621-08992-7 C 3341　　　　Printed in Japan

JCOPY〈（一社）出版者著作権管理機構　委託出版物〉
本書の無断複写は著作権法上での例外を除き禁じられています．複写される場合は，そのつど事前に，（一社）出版者著作権管理機構（電話03-5244-5088, FAX 03-5244-5089, e-mail：info@jcopy.or.jp）の許諾を得てください．